U0338490

国际碳中和

竞争与合作

中国现代国际关系研究院
能 源 安 全 研 究 中 心

International Carbon Neutrality

Competition and Cooperation

时 事 出 版 社
北 京

图书在版编目（CIP）数据

国际碳中和：竞争与合作／中国现代国际关系研究院能源安全研究中心著．—北京：时事出版社，2023.2

ISBN 978-7-5195-0527-1

Ⅰ.①国… Ⅱ.①中… Ⅲ.①二氧化碳—排污交易—研究—世界 Ⅳ.①X511

中国版本图书馆 CIP 数据核字（2022）第 245096 号

出版发行：时事出版社
地　　址：北京市海淀区彰化路 138 号西荣阁 B 座 G2 层
邮　　编：100097
发行热线：（010）88869831　88869832
传　　真：（010）88869875
电子邮箱：shishichubanshe@ sina. com
网　　址：www. shishishe. com
印　　刷：北京良义印刷科技有限公司

开本：787×1092　1/16　印张：16.5　字数：270 千字
2023 年 2 月第 1 版　2023 年 2 月第 1 次印刷
定价：108.00 元

主　编：赵宏图

副主编：韩立群　梁建武

撰稿人：（按拼音顺序排列）

曹　廷　陈向阳　董一凡　韩立群
胡　泊　梁建武　苗中泉　尚　月
司　文　孙立鹏　汤　祺　唐恬波
王海霞　王际杰　赵宏图

前　言

政府间气候变化专门委员会特别报告指出，要实现《巴黎协定》规定的21世纪温升控制在2摄氏度和1.5摄氏度的目标，分别要求全球在2070年左右和2050年左右实现碳中和。根据《巴黎协定》，2020年是提交“长期低排放发展战略”的关键时间点，提交净零排放目标的期限年。目前，欧盟、中国、日本等世界主要经济体已先后宣布碳中和目标和减排战略。与此同时，“气候雄心”“零碳竞赛”等国际组织也积极响应。从长远看，全球碳中和行动有着广泛的社会基础，有望成为国际气候行动的重要内容。不过，由于牵涉国际政治经济的方方面面，全球碳中和又将是一个渐进和复杂的过程。

气候变化问题表现为环境问题，本质上则是发展问题。各经济体发展阶段和国情不同，全球达成应对全球变暖的共识还有很长的路要走。目前，国际社会在气候问题上的共识更多体现在科学家层面，而在政治、经济等方面存在着诸多不同的声音和争论。各国碳中和承诺预期存在较大差异，时间节点不一，相关概念表述和技术重点各有不同。大多数承诺尚停留在政治目标层面，缺少法律手段、技术战略和政策路径等有效的支持，缺乏明确中期和行业目标。欧盟在低碳发展方面一向积极主动，而美国受政党更替影响存在较大的波动和不连续性，俄罗斯虽推出系列举措但推进落实面临较大阻力。目前，欧盟、美国、日本等主要发达经济体已实现碳达峰，而多数新兴和发展中经济体碳排放仍在持续增加。印度、俄罗斯等主要二氧化碳排放增量国碳达峰年份尚未最终明确，全球碳排放峰值仍未到来。

国际能源转型将是个缓慢、长期甚至曲折的过程。目前化石能源几乎无所不在，比清洁能源密度更高、更便宜、更可靠。要实现经济发展目标，能源消费就必然持续增长，而要实现生态环保目标，又必须控制温室气体排放，发展权与排放权存在明显矛盾。如果没有颠覆性创新，清洁能源很难获得主导性优势，化石能源也很难较快退出历史舞台，上述矛盾很难化解。当前国际能源发展正由“资源为王”转向“技术为王”，低碳技术创新不仅是气候解决方案的关键，还是新一轮工业和科技革命的核心。但在技术层面，能源转型不符合“摩尔定律”，特别是电动汽车和太阳能电池板等，无法取得与信息技术等同样的指数级进步。除部分欧美发达国家外，大多数新兴和发展中经济体的经济发展和能源消费仍保持正线性关系，而近期新冠病毒感染疫情的冲击进一步增加了经济增长与碳排放脱钩的难度。

在推进全球碳中和的过程中，各种阵痛和反弹的出现不可避免。近期，欧洲、中国等地出现的能源价格飙升和电力短缺等“能源危机”，是新冠病毒感染疫情冲击下多重供需因素“共振”的结果，也与全球碳中和大背景下化石能源投资需求受抑制有着密切的联系。《巴黎协定》以来，全球拟建煤电项目下降了75%。2020年国际油气企业资本支出同比下降21%～35%，2020年全球油气并购市场创近20年来新低。在“十三五”期间推行供给侧改革后，中国累计煤矿退出达5500个，每年淘汰“落后”产能约10亿吨。2021年5月18日，国际能源署发布《2050年净零排放：全球能源行业路线图》报告，提出为保证2050年实现全球净零排放，需立即停止油气等化石能源项目新的投资。欧佩克秘书长巴尔金多认为，目前欧洲等地的能源危机主要源于油气行业投资不足，除非全球增加对油气新开发项目的投资，否则消费者就得接受更多的能源短缺。2021年10月6日，欧盟气候政策主席提孟思称，碳市场不是欧洲天然气和电力价格飙升的主因，“顶多要负五分之一的责任”，也从侧面说明此轮能源价格上涨与低碳转型有关。

从各国内部看，碳中和意味着经济增长方式的转变和经济社会的深刻变革，政治阻力不可避免。在欧洲，2018年底法国因拟征收“燃油税”引发“黄马甲”运动，最终政府不得不叫停。德国过去10年里从核能和煤电转向可再生能源付出了电价急升等代价。在美国，每隔4～8年新政府就会提出自己的能源优先事项，选举周期变化使许多项目很难取得真正进展。能源转型也面临利益相关者的反对，如部分西部地区对风电项目的抗议，拜登气候政策在新墨西哥州等遇到的抵制等。作为一个整体，欧盟无疑是全球碳中和行动的领头羊，但欧盟内部各国在具体政策和利益等方面仍存在诸多分歧和争议。

全球变暖是人们面临的共同挑战，实现全球碳中和目标离不开国际社会的合作。不过，令人遗憾的是，当今气候变化问题政治化倾向日趋明显，并不断向经济、贸易、外交等领域扩散，逐渐成为一种国际政治博弈的新工具。欧盟积极推动“碳边境调节机制”，声称要对那些没有按要求减排的国家征收碳关税，目前已经通过相关法律决议。美国此前也曾多次尝试征收碳关税，在欧盟的示范效应下，其很可能重拾这一设想。美国和欧盟打着应对气候变化的旗号实施碳关税，可能形成新型的贸易壁垒，对国际贸易公平产生严重的消极影响。

在低碳转型过程中，各国利益不同，全球气候治理需强调“共同但有区别的责任”，发达国家要有对发展中国家的资助和补偿机制。各国也需要把握好碳减排的节奏，把握好发展与环保、发展与安全之间的动态平衡。国际社会在追求气候中立目标的同时，也应积极争取气候政治中立，失去政治中立的气候中立将极大妨碍全球碳中和行动的顺利推进。就中美而言，气候问题是两国在双边关系前所未有紧张的背景下拥有的难得共识和合作亮点，但若美国依然以竞争心态对待中国参与全球气候治理，绿色竞争或对抗的风险将不可避免地被加剧。未来，中国、美国及欧盟等主要经济体之间，应该相互尊重、凝聚共识和互信，以合作者和建设者的姿态引领全球碳减排和应对气候变化行动，推动全球低碳转型。

中国与欧美国家存在基本国情方面的差异，决定了中国的“双碳”路径势必具备一定特殊性。中国已成为全球碳排放占比最高的单一国家，低碳转型虽取得显著成效，但发展不平衡不充分、产业结构偏重等问题仍然突出。中国总体仍处于扩张型发展阶段，相对于欧美，实现“双碳”目标所需的时间更短、任务更艰巨。需坚持新发展理念，推动经济增长及生活方式、产业结构等全方位变革。重点推进能源和经济结构调整，统筹政府调控与市场调节，纠正“运动式”减排，推动“渐进式”能源转型，力推低碳技术创新。兼顾近期能源供应与长远低碳经济转型，加快构建新型电力系统，完善国内安全保障机制，统筹推进。

中国国内社会各界的支持和理解，也是实现“双碳”目标的重要保证。近年来国内气候共识显著增强，但对碳中和仍存在不尽相同的声音。总体而言，国内民众对碳中和的了解相对有限，一般企业对碳中和热情不高。应积极推动碳达峰和碳中和理念的教育和宣传，提升公众认知能力，引导居民低碳消费，促使公众在生产、生活和消费行为模式中向减碳降碳方向转变。与此同时，应积极探索普惠的资源交易模式，运用市场机制推动和引导公众低碳生活，通过类似"低碳军运""低碳冬奥"及"蚂蚁森林"等移动互联网应用软件，推动个人低碳出行、垃圾分类、光盘行动等绿色消费。

目　录

第一章

国际碳中和发展态势及挑战*

碳中和概念问世于20世纪90年代末期，最初主要是指个体及组织通过购买碳汇、植树造林等方式实现个体行为及组织活动的绿色环保。目前国际社会热议的、在全球及国家层面提出的碳中和目标，与全球气候治理进程密切相关，直接源起于联合国政府间气候变化专门委员会相关报告和2015年的《巴黎协定》。政府间气候变化专门委员会发表《IPCC全球升温1.5℃特别报告》指出，要实现《巴黎协定》规定的21世纪温升控制在2摄氏度和1.5摄氏度的目标，分别要求全球在2070年左右和2050年左右实现碳中和。① 根据《巴黎协定》，2020年是提交"长期低排放发展战略"的关键时间点，提交净零排放目标的期限年，2021年是《巴黎协定》全面实施之年。②

目前，随着欧盟、中国、日本等世界主要经济体纷纷宣布碳中和目标和减排战略，越来越多的国家将把碳中和作为提高经济竞争力的重要抓手，借能源低碳转型促经济绿色复苏。与此同时，"气候雄心""零碳竞赛"等国际组织也积极响应。从长远看，全球碳中和行动有着广泛的社会基础，有望成为国际气候行动的重要内容。国际碳中和行动的规模和影响日趋扩大，也将对全球气候治理乃至国际政治经济格局产生重要影响。不过，目前全球碳中和行动不对称性突出，大多数承诺尚停留在

---

* 本章作者：韩立群，中国现代国际关系研究院副研究员；赵宏图，中国现代国际关系研究院世界经济所研究员。

① ［美］比尔·盖茨著，陈召强译：《气候经济与人类未来》，中信出版集团2021年版，前言第14页。

② UNFCCC, *The Paris Agreement*, https: unfcc. int/process - and - meetings/the - paris - agreement/the - paris - agreement.

政治目标层面，缺少法律手段、技术战略和政策路径等的有效支持，全球碳中和愿景仍存在较大的不确定性。

第一节　问题的由来与演进

碳中和简单来说就是实现人类活动二氧化碳的净零排放，一般是指人类经济社会活动所必需的碳排放，通过森林碳汇和其他人工技术或工程手段加以捕集利用或封存，而使排放到大气中的温室气体净增量为零。[①] 在国家或全球层面的碳中和，主要是基于大幅度减少二氧化碳排放总量的基础之上，通过碳捕集与封存、植树造林等方式吸收剩余的排放量。

碳中和概念问世于 20 世纪 90 年代末期，后逐渐在西方流行，由一个前卫概念发展成大众概念，进而形成碳中和运动。一些环保人士及机构开始计算自己的碳排放量，并通过投资植树造林等碳中和项目为减缓全球变暖做贡献。许多国际会议组织者给会议定下了实现“碳中和”的目标，一些明星、企业和体育赛事等也纷纷打出“碳中和”旗号。早期的碳中和运动也遭到过质疑和反对，但总体上唤起了越来越多的人对气候变化问题的重视。2006 年，《新牛津美国字典》将“碳中和”评为当年年度词汇。2007 年 4 月相关报道称，英国柴郡拥有 1000 多人口的小村庄阿什顿·海耶斯建成英国第一个“碳中和”村。

从国家和全球层面提出的碳中和目标，与全球气候治理进程的发展变化密切相关。从 1972 年联合国召开人类环境会议算起，国际社会为应对气候变化的共同行动已经经历了半个世纪。在此期间，国际社会对气候变化问题的科学和政治认知不断刷新，围绕如何解释和应对气候变化形成了一系列理论。今天被广泛热议的碳中和净零排放、气候中立等概念就是这些理论的最新发展。全球气候变化行动主要沿着科学研究、温升目标、减排安排和行动机制四条主线向前推进，始自 1972 年的斯德哥尔摩环境大会，汇至 2015 年的巴黎气候大会。

---

① 潘家华：《合理选择碳减排路径》，《能源评论》，2021 年第 3 期，第 48 页。

第一，相关科学研究的进展影响着公众认知及全球气候治理进程。20 世纪 60 年代，有关人类活动造成环境破坏的科学研究不断增多。1968 年，瑞典致信联合国经社理事会，呼吁就人类活动对环境的影响举行会议。1972 年，首次人类环境会议在斯德哥尔摩举行，提出了《联合国人类环境会议宣言》。1979 年，300 多位气候相关领域的科学家在日内瓦举行了第一次世界气候大会，提出二氧化碳浓度增加将导致地球升温，温室气体与气候变化的关系立即受到国际社会的高度关注。[①] 不过，这时在国际社会还有很多人怀疑气候变暖学说。

1988 年，联合国成立政府间气候变化专门委员会，1990 年政府间气候变化专门委员会发布第一次评估报告，认为温室气体浓度升高增强了温室效应，导致地表升温。2001 年，政府间气候变化专门委员会发布第三份报告，第一次明确提出，过去 50 年大部分温升与人类活动引起的温室气体浓度增加有关。2007 年，政府间气候变化专门委员会发布第四次报告，将人类活动与气候变化之间因果关系的可信度从 60% 提高到 90%，基本等于确认了是人类活动导致气候变化。2014 年，政府间气候变化专门委员会第五次报告将可信度再次提升到 95%，并指出如果继续排放温室气体，2016～2035 年的全球温度将比 1986～2005 年升高 0.3～0.7 摄氏度，2081～2100 年将升高 0.3～4.8 摄氏度。[②]《京都议定书》确定的温室气体共包括二氧化碳、甲烷、氧化亚氮、氢氟碳化物、全氟化碳、六氟化硫六种，其中氟化物升温效应最强，但二氧化碳对全球升温造成的实际影响最大，含量也最高，因此成为减排的主要目标，实现二氧化碳的净零排放成为温室气体减排的首要任务。近 15 年来，包括遥感、观测等其他领域技术的迅猛发展，使气候研究的可信度大为提升，进一步提高了气候问题的全球关注度。2021 年格拉斯哥气候大会召开前夕，政府间气候变化专门委员会发布新报告，再次明确人类活动与气温升高之间的关系，指出温室气体排放已经造成了未来几个世纪到几千年内“不可逆转”的损害。

---

① World Meteorological Organization, “A History of Climate Activities,” https://public.wmo.int/en/bulletin/history-climate-activities.

② IPCC, “AR5 Synthesis Report: Climate Change 2014,” https://www.ipcc.ch/report/ar5/syr/.

第二，应对气候变化行动温升目标的确定，是气候变化行动的核心指标和碳中和的目的。应对气候变化行动温升目标的制定经历了一个艰苦的过程。在政府间气候变化专门委员会发布第一次评估报告之前，关于气候变化的研究更多集中在人为温室气体排放和大气温室气体浓度的增加与全球平均气温的关系，呼吁全球关注人为因素导致的气候变化可能带来的威胁，但当时没有足够的研究基础确定应该选择何种指标，以及用什么样的具体数值作为全球应对气候变化的最终目标。①

在1995年政府间气候变化专门委员会发布第二份报告之前的数十年里，国际社会没有明确和统一的温升目标。直到1995年第二份报告发布后，欧洲理事会才在一次决议中指出，要将全球升温目标控制在2摄氏度以内。② 因为仍然缺乏广泛的国际共识和明确的科学支撑，之后签署的《京都议定书》并没有将2摄氏度写入正式文件。到2007年，德国主持召开八国集团首脑会议，希望提出一项温室气体减排的新全球框架协议，提出到2050年将全球平均气温上升幅度控制在不超过2摄氏度的范围内，由于美国反对，该目标最终未能写入文件。2009年哥本哈根气候大会前夕，国际社会为确定温升目标进行了大量辩论，最终在中美等国的共同推动下，当年的气候大会首次将2摄氏度写入决议，2010年坎昆世界气候大会再次确认该目标。2015年《巴黎协定》签署，正式将1.5～2摄氏度目标写入协议，以国际条约的形式确立了国际社会行动的共同目标。

第三，减排安排主要涉及温室气体减排的量及时间等安排。1990年，在联合国环境会议召开的10年之后，第二次世界气候大会提出，要把温室气体浓度稳定在能够防止对气候构成人为的危险干扰的水平上。③ 当时的欧共体领衔发达国家在会上提出，到2000年将二氧化碳或未受

---

① 高云、高翔、张晓华：《全球2℃温升目标与应对气候变化长期目标的演进——从〈联合国气候变化框架公约〉到〈巴黎协定〉》，https：//dx. doi. org/10. 1016/j. eng. 2017. 01. 022。

② 欧盟：《欧盟气候政策说明》，https：//ec. europa. eu/clima/sites/clima/files/eu_climate_policy_explained_zh. pdf。

③ UNFCCC，"The Second World Climate Conference，" https：//unfccc. int/resource/ccsites/senegal/fact/fs221. htm.

《蒙特利尔议定书》控制的二氧化碳及其他温室气体排放量控制在1990年基础上，这是首次提出明确的减排目标。当年政府间气候变化专门委员会发布的评估报告细化指出，该目标需要立即把以二氧化碳为主的长寿命温室气体人为排放减少60%，甲烷减少15%～20%。①

1998年，《京都议定书》签署，要求附件一国家在2008～2012年期间将协议规定的温室气体全面排放量从1990年基础上减少5%。2007～2009年，八国集团峰会连续多次讨论减排目标问题，最终在意大利峰会上模糊确定发达国家到2050年排放量在1990年基础上至少减少80%，已经接近于当前各国提出的碳中和目标。2013年，政府间气候变化专门委员会第五份报告发布，首次提出到2100年实现零排放。2015年，《巴黎协定》对这些目标进行了进一步统筹，第四条第一款正式提出"在公平的基础上，在本世纪下半叶实现温室气体源的人为排放与汇的清除之间的平衡"。至此，全球减排量正式从相对减少发展至绝对归零，碳中和也被正式以国际公约的形式提出。2018年，政府间气候变化专门委员会受《巴黎协定》缔约国委托，发布具有战略意义的《IPCC全球升温1.5℃特别报告》，指出要实现1.5摄氏度目标，必须到2050年实现二氧化碳净零排放；要实现2摄氏度目标，必须到2070年左右实现净零排放。

第四，在行动机制层面重点是确定减排的国际行动原则和方式。1972年联合国环境大会召开后，各方为设计减排行动进行做出了艰苦卓绝的努力，到1992年《联合国气候变化框架公约》签署，尽管还存在不少分歧，但在事关全球应对气候变化共同行动的大量基本问题上达成了共识，奠定了坚实的基础。1998年《京都议定书》正式签署，这是国际社会围绕减排的第一份具体实施方案，确立了自上而下的减排原则。但《京都议定书》的落实情况并不尽如人意，许多国家认为应该调整减排的制度安排。到巴黎气候大会期间确立了新的"自主贡献原则"，也就是在共同但有区别责任的基础上，由各国根据《巴黎协定》提交国家减排的自主贡献，一般包括减排量和达标时间两项要素。2015年底，巴

① IPCC, "The IPCC 1990 and 1992 Assessments," https://www.ipcc.ch/report/climate-change-the-ipcc-1990-and-1992-assessments/.

黎气候大会前，有155个国家公布了本国的资助贡献目标。到2021年，由于《京都议定书》第二承诺期到期，《巴黎协定》成为国际社会减排的共同遵循，包括中国在内的很多国家又再次更新了国家自主减排目标。截至2021年初，有59个国家和地区更新国家减排的自主贡献目标，国家减排的自主贡献已经覆盖了全球总排放量的48%。[①]

综合来看，碳中和是上述几条主线融合的最新结果，体现了全球应对气候变化行动的最新进展。其一，碳中和代表了气候科学的最新认识。政府间气候变化专门委员会发布的《IPCC全球升温1.5℃特别报告》指出，要实现二氧化碳净零排放，仅靠减排是不够的，还要加强碳汇（二氧化碳的吸收），在土地、能源、工业、建筑、交通和城市方面进行“快速而深远”的转型。[②] 实现碳中和涉及的领域远远超过气候一个方面，所带动的可能是整个经济与社会结构的转型，并在此基础上形成一个新的低碳经济。

其二，碳中和与全球温升目标及减排安排保持高度一致。根据政府间气候变化专门委员会第五次报告评估，如果将1861～1880年以来的人为二氧化碳累积排放量控制在1000Gt碳当量，到21世纪末有66%的可能实现2摄氏度目标；如果将累积量放宽到1210Gt碳当量，可能性降至50%；放宽到1570Gt碳当量，可能性降至33%。到2011年，人为二氧化碳已经累积排放515Gt碳当量，要实现66%的可能，剩余空间已经十分有限，需要到2030年将年排放量限制在50Gt碳当量，到2050年在2010年基础上减少40%～70%，到2100年实现零排放或负排放。[③]

其三，碳中和体现了自下而上的新行动机制。根据《巴黎协定》，各国通过自下而上的方式，自愿制定碳中和目标，并进行自我约束、自我审查。现实中，一国可以通过多种形式自主对外宣布碳中和目标，包括政治宣言、政府声明、政策文件、气候立法，向联合国提交的正式文

① “Climate Tracker,” https://climateactiontracker.org/climate-target-update-tracker/.

② IPCC, “Global Warming of 1.5 ℃,” https://www.ipcc.ch/sr15/.

③ IPCC, “AR5 Synthesis Report: Climate Change 2014,” https://www.ipcc.ch/report/ar5/syr/；秦大河等：《IPCC第五次评估报告第一工作组报告的亮点结论》，《气候变化研究进展》，2014年1月第1期，第1～6页。

件等，其国内自我约束方式也非常多样化。

第二节　当前态势与各方立场

2015 年 12 月，各国在《巴黎协定》中承诺，把全球平均气温上升控制在较工业化前不超过 2 摄氏度之内，并争取控制在 1.5 摄氏度之内，并在 2050～2100 年实现全球碳中和目标。《巴黎协定》签订后，“争 1.5 保 2”的温度升幅控制也成了各个国际组织的工作要点和世界多数经济体的减排方向，碳中和国际行动影响力不断扩大。不论是《碳中和联盟声明》的多国签署，“气候雄心联盟”的成立，还是“零碳竞赛”的展开，越来越多的国际气候行动敦促世界各国推出碳中和的相关法律和政策。

一、全球碳中和行动趋于积极

2020 年是提交“长期低排放发展战略”的关键时间点，《巴黎协定》鼓励各缔约方在 2020 年底前提交。① 在 2016 年 11 月至 2019 年 12 月间，有 14 个经济体向联合国提交了“长期低排放发展战略”。截至 2020 年底共有 28 个缔约方国家向《联合国气候变化框架公约》提交了到 2050 年的“长期低排放发展战略”。② 许多经济体在“长期低排放发展战略”中提出了碳中和目标。如欧盟委员会提出到 2050 年欧洲在全球范围内率先实现碳中和。与此同时，其他经济体也纷纷宣布碳中和目标。2020 年 9 月 22 日，中国在第七十五届联合国大会上郑重宣布 2030 年前实现碳达峰、2060 年前实现碳中和。此后，日本和韩国等也相继宣布各自的碳中和目标。目前，除已经实现碳中和的苏里南和不丹外，全球有 126 个国家和地区提出了碳中和的目标，大多数经济体的目标年为 2050 年，乌拉

---

① UNFCCC, *The Paris Agreement*, https: unfcc. int/process – and – meetings/the – paris – agreement/the – paris – agreement.

② http: //sdg. iisd. org/news/unfccc – closes – 2020 – with – 28 – long – term – low – e-mission – development – strategies.

圭为2030年，哈萨克斯坦为2060年。

欧盟在全球国际碳中和行动中总体处于领跑地位。欧洲国家是碳中和行动的主要推动者，一直以来都是低碳发展的先驱者，“碳达峰”“碳中和”等概念都起源于欧洲，《巴黎协定》也是由欧洲最先发起的。2018年11月28日，欧盟委员会发布一项长期愿景，目标是到2050年实现碳中和。2019年11月，北欧国家芬兰、瑞典、挪威、丹麦和冰岛五国在芬兰首都赫尔辛基签署的应对气候变化联合声明中表示，将合力提高应对气候变化力度，争取比世界其他国家更快实现碳中和。2019年12月，欧盟委员会公布“绿色协议”，提出努力实现欧盟2050年净零排放目标。2020年3月，欧盟向联合国提交长期战略，进一步确认建立“碳中和大陆”的宏伟目标。在成员国层面，英、法、德等相继出台具有法律效力的碳中和目标及战略。

美国气候立场发生积极变化。2001年6月11日，美国总统布什突然宣布退出《京都议定书》。2014年11月，中美达成气候协议，美国承诺到2025年前将温室气体排放在2005年基础上减少26~28个百分点。2015年3月19日，美国总统巴拉克·奥巴马签署了一项行政命令，要求美国联邦政府部门在在2025年之前将温室气体排放削减40%。2017年6月1日，特朗普正式宣布美国退出《巴黎协定》，将全球气候治理拖入低潮。不过在州层面，2018年9月加利福尼亚州州长杰里·布朗签署了碳中和令，该州还通过一项法律宣布在2045年前实现电力100%可再生。拜登上台后，着力扭转特朗普时期消极的气候政策，宣布重返《巴黎协定》，大力支持可再生能源发展，积极推动气候外交，意欲重塑美国的全球气候治理领导力。

亚洲国家减排态度渐趋积极。过去几十年中，日本煤炭使用稳步增加，特别在福岛核事故后对化石能源的需求急剧增长，使日本政府在减排立场上的态度较为消极。日本将2013年排放峰值用于减排基准年，但远晚于大多数国家的1990年或2005年。安倍晋三在任期间，多次顶住国际社会要求提高2030年目标的压力。菅义伟上台后，开始强调采取气候行动的必要性。2020年9月22日，在第七十五届联合国大会上中国郑重宣布力争2060年前实现碳中和后，日本和韩国也相继宣布到2050年实现净零排放目标。2021年4月22日，菅义伟出席了美国召集的气候峰会，并表示将强化 2030 年减排目标，将此前目标在 2013 年基础上削减 26% 提高到 40% ~45% 。

多数国际组织支持实现碳中和。世界银行、国际货币基金组织、世贸组织、国际可再生能源机构等全球各大领域主要组织或机制，多数对碳中和持积极立场。世界银行表态支持《巴黎协定》和 2050 年长期战略目标，希望通过发展融资、气候融资等方式，采用各种金融工具改善清洁项目的发展环境，降低新技术应用的资金风险，特别是推动方案试点和规模化应用，扩大清洁能源市场。为此，世界银行设计了有关国别计划、技术援助、贷款产品专门项目，帮助各国规划和实现长期脱碳。① 国际货币基金组织认为，气候变化将对各国经济产生明显影响，应该通过政策工具来帮助实现 2050 年净零排放目标。国际货币基金组织总干事格奥尔基耶娃在一次研讨会中表示，碳定价和绿色融资是重要的政策工具，要重视对碳税等工具的应用。②

除苹果、亚马逊、杜邦等国际知名企业外，道达尔、英国石油公司、壳牌等国际石油公司也纷纷制定碳中和或减排目标。为配合欧盟在 2050 年实现净零碳排放的目标，英国石油公司、壳牌、道达尔等加速向综合能源公司转变。2019 年，在英国石油公司向公众发布的能源统计中，“二氧化碳排放”这一统计项首次被提到了最显眼的位置。③ 英国石油公司、雷普索尔、壳牌、康菲、道达尔、埃尼、挪威石油公司等都提出 2050 年碳中和或净零排放目标。马来西亚国家石油公司也提出到 2050 年实现温室气体净零排放。2020 年 1 月，丹麦能源公司 Orsted 将 2050 年实现碳中和目标的计划提前至 2025 年。

2021 年 3 月，英国石油公司宣布，将在 2050 年之前将所有运营业务和油气生产项目以绝对减排为基础实现净零排放，并将所销售产品的碳强

---

① 《世界银行 2050 展望：战略方向文件——支持各国实现长期去碳化目标》，世界银行，2020 年。

② 克里斯塔利娜·格奥尔基耶娃：《实现绿色的经济复苏应对气候变化的经济效益》，https：//www. imf. org/zh/News/Articles/2021/04/15/sp041521 – securing – a – green – recovery。

③ 李宗瀚、王建良、冯连勇：《“碳中和”博弈里的中国机遇》，《能源》，2021 年 3 月 16 日。

度减少50%。2021年3月，壳牌宣布将降低所有出售能源的碳强度，基于2016年的碳排放水平，2023年下降6%～8%，2030年降低20%，2035年降低45%，在2050年实现净零排放。道达尔等企业推出“碳中和油气”概念，旨在油气开采、处理、运输以及最终使用过程中产生的碳排放被其他形式的减碳行为完全抵消。道达尔宣称，近年来通过扩大天然气、生物燃料和电力产品组合，其已经将排放强度降低了近6%。[①]

二、碳排放达峰国家多数支持实现碳中和

根据世界资源研究所统计，在1990年之前就已经实现碳达峰的国家有19个，2000年达峰的国家增至33个，2010年增至49个，2020年增至53个，占全球排放量的40%。[②]《联合国气候变化框架公约》统计认为，在包含LULUCF（土地利用、土地利用变化和林业）情况下，碳达峰国家共计46个，在不包含LULUCF情况下，碳达峰国家共计44个。[③] 双方统计差距不大，同时都包括了美欧等发达国家。

美国在拜登政府上台后气候政策重新转向积极。2021年4月22日，美国总统拜登在其主持召开的全球气候峰会上宣布，美国计划到2030年实现在2005年基础上将温室气体减排50%，到2050年实现碳中和，这是美国首次宣布碳中和目标，也是美国首次宣布如此大幅度的减排安排。与此同时，美国内也在加快多项与气候和能源有关的立法，细化相关目标。其中，由参议院能源和商业委员会推进的《清洁未来法案》包括10个方面的内容，除拜登宣布的“3050”目标外，该法案还要求未来10年在减排领域投资5650亿美元，在能源部和环保署等机构成立新的部门，推动到2035年实现电力系统脱碳，加快实现工业、交通、建筑等领域脱碳，制

---

① Total, “Total Takes Major Steps to Achieves Its Ambitions to Get Net Zero by 2050,” https://www.totalenergies.com/media/news/total-adopts-new-climate-ambition-get-net-zero-2050.

② WRI, “Turning Point: Which Countries’ GHG Emissions Have Peaked? Which Will in the Future?” https://www.wri.org/insights/turning-point-which-countries-ghg-emissions-have-peaked-which-will-future.

③ 李媛媛等：《碳达峰国家特征及对我国的启示》，《中国环境报》，2021年4月13日。

定更加清晰的甲烷等温室气体减排措施，筹资 1000 亿美元帮助各州加快减排等。① 不过，民主党内的气候激进分子和美国内的不少气候组织认为拜登的气候政策过于保守，民主党内部分来自能源州的议员和共和党则批评拜登气候政策与美国的能源结构现实脱节，将引发大量失业，并削弱美国的全球竞争力。

欧盟是最早提出气候中立的经济体。2018 年 11 月，欧委会发布欧洲气候中立战略愿景文件，提议到 2050 年推动欧洲实现气候中立。2019 年 3 ~ 11月，欧洲议会多次通过决议，确认到 2050 年实现温室气体净零排放的目标，并争取尽早实现。2019 年 12 月，新一届欧委会一上任就发布了“欧洲绿色协议”，要求欧盟 2030 年温室气体排放比 1990 年水平降低至少 50% ~55%（原目标为降低 40%），到 2050 年温室气体达到净零排放并且实现经济增长与资源消耗脱钩，成为首个气候中立大陆。2020 年 3 月 6 日，欧盟正式将该目标向《联合国气候变化框架公约》递交。同时欧盟还加快推进气候立法，提升其减排目标的约束力。2020 年 3 月 4 日，欧委会公布了作为“欧洲绿色协议”法律支撑框架的《欧洲气候法》，将欧盟中长期减排目标订立为欧盟法律。12 月，欧洲理事会批准《欧洲气候法》的一般立法程序。2021 年 5 月 10 日，欧洲议会环境委员会投票通过了《欧洲气候法》草案。

英国是最早推进碳中和立法的国家。早在 2008 年，英国就正式颁布《气候变化法》，成为世界上首个以法律形式明确中长期减排目标的国家。2019 年 6 月，英国新修订的《气候变化法》生效，正式确立到 2050 年实现温室气体净零排放，英国成为全球首个立法确立碳中和目标的主要经济体。2020 年 11 月，英政府又宣布一项涵盖 10 个方面的“绿色工业革命”计划，包括海上风能、氢能、核能、电动汽车、绿色金融与创新等。② 2020 年 12 月，英国政府宣布新的减排目标，承诺到 2030 年英国温室气体排放量与 1990 年相比至少降低 68%。为实现碳中和目标，英国政府计划

---

① Committee on Energy and Commerce, “The CLEAN Future Act,” https://energy-commerce. house. gov.

② UK Government, “The Ten Point Plan for a Green Industrial Revolution,” https://www. gov. uk/government/publications/the – ten – point – plan – for – a – green – industrial – revolution.

投资120亿英镑。

三、碳排放爬坡国家出现明显分化

新兴和发展中国家是目前全球新增排放的主要排放者，希望加快能源和经济结构转型，对碳中和也持积极态度。但这些国家普遍面临的问题是经济增长与排放挂钩，平衡减排与增长面临巨大困难。印度和印尼的立场与做法，在新兴和发展中国家中颇具代表性。

印度认为碳中和目标政治意义大于实际作用。国际能源署预计未来20年印度能源需求增长将占全球能源需求增长总量的25%，是增幅最大的国家。[①] 但印度国内对减排争议较大，尚未公布具体的净零排放目标。国内主流声音认为，自己仍是发展中国家，需要更长的时间来实现减排任务，而且印度可能需要资金和技术方面的帮助。在国际场合，印度官方对净零排放总体持反对态度。在2021年3月31日国际能源署和第26届联合国气候变化大会上，印度能源部部长辛格称，到21世纪中叶实现净零排放只是“天上的大饼”，像印度这样的发展中国家不应该被要求设置净零排放目标。[②] 4月15日，印度联邦环境部长普拉卡什·贾瓦德卡尔在一次会议上表示，印度将努力履行其气候承诺，但不会在发达国家的要求或压力下采取行动，强调该国有权在发展目标与气候变化义务之间取得平衡。[③]

在国内，印度低碳发展不尽如人意。能源和环境政策目标设计与实际落实差距较大，环境监管机构长期存在运转资金不足、监管权力受限等问题，各级政府部门无法有效地将各项减排政策落实到位。电动汽车产业发展缓慢，彭博社预计到2040年印度新乘用车中只有约1/3为电动汽车。《印度斯坦时报》一篇文章批评称，印度的净零排放只会是空洞无力的诺

① “IEA Says India's Solar Energy Output to Match Coal - fired Power by 2040,” https://www.reuters.com/article/us - india - iea - idUSKBN2A90ZR.

② “IEA - COP26 Net - zero Summit,” https://www.iea.org/news/energy - and - climate - leaders - from - around - the - world - pledge - clean - energy - action - at - the - iea - cop26 - net - zero - summit.

③ Prakash Javadekar, “India Won't Raise Climate Ambition under Pressure,” https://www.hindustantimes.com/india - news/india - won - t - raise - climate - ambition - under - pressure - javadekar - 101618426554549.html.

言，支持一个严格的净零排放承诺是否正确还不清楚，2050 年实现碳中和承诺只是服务于印度的外交需要，而对改善印度温室气体排放贡献颇微。①

东南亚国家努力实现经济增长与气候问题平衡。东南亚国家大部分人口和经济活动都集中在沿海地区，农业、林业和自然资源行业是部分国家的支柱行业，且国内极端贫困水平仍然很高，非常容易受到气候变化的影响。在全球最易受到海平面上升 1 米影响的 25 个城市中，有 19 个位于该地区，仅菲律宾就有 7 个，印尼将成为该地区受沿海洪灾影响最大的国家，到 2100 年预计每年约有 590 万人受到影响。② 与此同时，东盟也是世界上增长最快的新兴经济体，经济增长与能源消耗直接挂钩，重视气候变化可能严重压抑经济增长。

印尼减排同经济增长的矛盾十分突出。近年来其煤炭生产和消费高速增长，2016～2020 年间年均煤产量达 5.31 亿吨，预计到 2050 年达到 4.2 亿吨，占能源消费的 45%。一方面，印尼提出碳中和目标。2021 年 4 月下旬，提出“到 2030 年实现碳达峰、2070 年实现净零排放”的目标，另一方面又明确表示，不会以牺牲经济为前提追求更为激进的气候目标。2020 年 9 月，印尼议会通过了颇受争议的《新矿业法》，进一步鼓励矿企在不受环境或社会保障措施约束的情况下挖掘更多煤炭。

四、主要油气出口国仍将油气生产摆在优先位置

主要油气出口国担心能源结构转型导致经济收入的下降，但也认识到必须改变严重依赖能源的经济结构，普遍希望在长期推进能源结构转型，但近期不希望全球减排行动升温导致油气市场波动，冲击本国经济。

以沙特为例，其希望推进能源生产与减少排放并行不悖的气候政策。作为全球最主要的油气生产国，沙特对气候变化问题在外交上一直保持温和的积极立场，是《京都议定书》和《巴黎协定》的缔约国，但其具体政策落实情况被认为严重不足，缺少长期减排战略规划，没有制定明确的

---

① Navroz K Dubash, “Net Zero Emission Targets Are a Hollow Pledge,” https://www.hindustantimes.com/opinion/netzero-emission-targets-are-a-hollow-pledge-101616423931009.html.

② ADB, “A Region at Risk: The Human Dimensions of Climate Change in Asia and the Pacific,” https://www.adb.org/publications/region-at-risk-climate-change.

2050 温室气体减排目标。

2021 年初，沙特能源大臣阿普杜勒·阿齐兹亲王在一次采访中称，沙特希望到 2030 年实现可再生能源发展占比超过 50%，也希望未来实现碳中和，但并没有给出具体时间。沙特认为，不应该将温室气体减排同油气资源减产挂钩，油气行业应处在更优先位置上，过于激进的碳中和政策不利于全球能源市场稳定。沙特希望在确保油气市场稳定的前提下，加快推进低碳经济转型，以为未来计。2020 年，沙特作为二十国集团主席国提出建设以“4R”为框架的低碳循环经济，即碳的减少、再次使用、消除和回收利用。在该框架下，沙特开展了不以减少油气生产为前提的减排活动。比如，沙特基础工业公司建造了世界上最大的二氧化碳吸收设施，沙特阿美计划改善油气开采中的温室气体排放量。

第三节　问题与挑战

目前全球碳中和行动不对称性突出，大多数承诺尚停留在政治目标层面，缺少法律手段、技术战略和政策路径等的有效支持，全球碳中和愿景仍存在较大不确定性。这种不确定性也令部分政策制定者陷入一种“碳中和焦虑”，既担心成为碳中和之路上的落后者，也担心冒进引发的各种冲击。近期，全球多地同现能源价格暴涨和电力短缺等“能源危机”，凸显了化石能源在保障近中期国际能源供应安全中不可或缺的作用。总体看，全球碳中和行动将面临政策与认知、技术和资源、资本和市场、政治和社会及国际合作等诸多方面的挑战。

一、碳中和认知与政策目标差异

目前国际社会在气候问题上的共识更多体现在科学家层面，而在政治、经济等方面存在着诸多不同的声音和争论。由于各经济体发展阶段和国情不同，全球达成应对全球变暖的共识还有很长的路要走。多数发达国家有足够的资源参与全球气候治理，发展中国家的首要目标则是提振经济和提升人民生活水平。① 2017 年美国退出《巴黎协定》，其中虽有特朗普个人等特定原因及美国气候政策的不连贯性，但也反映出国际社会有相当一部分人并不接受全球变暖，或对全球变暖原因、应对迫切性等的认知存在着分歧。

2021 年 5 月 18 日，国际能源署发布题为《2050 年净零排放：全球能源行业路线图》的报告后，很快引起有关方面的争论和批评。欧佩克表示国际能源署的净零情景过于雄心勃勃。世界核协会与世界煤炭协会称该报告“非常不切实际”。国际天然气联盟警告称，该路线图可能对能源安全构成严重威胁。卡塔尔能源部长萨阿德·谢里达·卡比指出，“向清洁能源过渡带来的‘欣喜’是‘危险的’”。② 美国前能源部长盖伊称，国际能源署的报告完全不切实际，其公布这份报告的唯一目的就是为了获取运营经费。③

近年来我国国内气候共识显著增强，但对碳中和仍存在不尽相同的声音。国内舆论总体上认为，“双碳”目标是我国主动提出的，是我们认识到温室气体效应对地球和人类的危害后，和西方发达国家一道采取的“正义之举”和“主动之举”，需要尽快实现对现有化石能源产业的替代。但也有部分分析认为，“双碳”是欧美发达国家提出的，是对中国这样发展中大国施加的一种“环境”压力。

在政策目标层面，全球碳中和行动呈明显的非对称性。欧盟在低碳发展方面一向积极主动，而美国受政党更替影响存在较大的波动和不连续性。小岛国集团为争取更多资金支持而态度积极，新兴经济体因经济持续增长对碳排放有刚性需求，也希望借助国际资金和技术实现低碳发展。④

---

① 李宗瀚、王建良、冯连勇：《“碳中和”博弈里的中国机遇》，《能源》，2021 年 3 月 16 日。

② Dina Khrennikova and Olga Tanas, “OPEC Leaders Mock IEA's 2020net zero roadmap La – La Land,” https：//www. worldoil. com/news/2021/6/3/opec – leaders – mock – iea – s – la – la – land – 2050 – net – zero – roadmap.

③ Guy F. Caruso, “IEA's Unrealistic Energy Roadmap Sends Wrong Message for Agency, Developing Nations,” https：//www. realclearenergy. org/articles/2021/06/03/ieas_unrealistic_energy_roadmap_sends_wrong_message_for_agency_developing_nations_779958. html.

④ 陈迎、巢清尘等：《碳达峰、碳中和 100 问》，人民出版社 2021 年版，第 80 ~ 81 页。

在时间节点上，根据《巴黎协定》，全球实现碳中和的时间为 2065 ~ 2070 年。欧洲及小岛屿国家等绝大多数国家的碳中和目标承诺日期是 2050 年，乌拉圭、芬兰、冰岛等则提前至 2035 ~ 2040 年。哈萨克斯坦等部分发展中国家的碳中和的目标日期为 2060 年。新加坡等未承诺明确日期，提出“在本世纪后半叶尽早实现”；在相关概念表述上，多数欧美国家的目标承诺强调气候中性，德、法等目标未纳入土地利用变化和林业等排放，新西兰等一些国家明确提出碳中和目标不含生物甲烷等特定温室气体。而诸多发展中国家更多强调碳中和，对非碳温室气体和气候中和重视程度较弱。在技术重点上，发达国家或地区进行了较为详细的阐述和部署。欧盟提出最大限度提高能效，法国强调低碳出行、低碳住宅等，而小岛屿国家和最不发达国家往往关注成本较低的减排技术，并强调发达国家的技术转移。①

许多国家目标缺乏实质性支撑。目前，媒体广为引用的宣布碳中和目标的经济体有 120 多个，但相关学者经过较为严肃分析后指出，迄今在公开场合由国家领导人或环境部长等正式提出碳中和目标的经济体实际上只有 60 多个，且许多国家的目标落实存在很大的不确定性。一是法律约束力不足。在目前全球提出碳中和目标的经济体中，大部分是政策宣示，只有欧盟、英国、德国、瑞典、丹麦和新西兰等少部分经济体将碳中和目标写入法律。二是目标承诺较为模糊。发展中经济体大多仅做出了目标年和目标范围方面的承诺，如哥斯达黎加仅提出部分部门的净零排放目标。承诺碳中和的发展中经济体以小岛屿和最不发达国家为主，自身排放量较低，更关注可再生能源发展、提高能效等成熟度高、经济成本较低的减排技术。三是缺乏明确中期和行业目标。目前，在全球范围内，只有少数经济体提出了明确且更具雄心的中期目标，如欧盟提出将强化 2030 年减排目标，由相比 1990 年减少 40% 提升至 55%，而且仅有法国、德国和日本等提出了较明确的分行业目标。②

---

① 张雅欣、罗荟霖、王灿：《碳中和行动的国际趋势分析》，《气候变化研究进展》，2021 年第 1 期，第 89 ~ 90 页。

② 张雅欣、罗荟霖、王灿：《碳中和行动的国际趋势分析》，《气候变化研究进展》，2021 年第 1 期，第 89 ~ 90 页。

二、碳中和进程中的阵痛与反弹

人类历史上的每次能源转型都是一个非常缓慢的、渐进的复杂过程。化石能源无所不在，比清洁能源密度更高、更便宜、更可靠。未来发展中国家还要发展，全球能源消费将持续增长。如果没有颠覆性创新，清洁能源很难获得主导性优势，化石能源也很难较快退出历史舞台。

近期，欧洲等地出现能源价格飙升和电力短缺等“能源危机”，除新冠病毒感染疫情冲击下多重因素的影响外，在很大程度上也可以视作全球低碳转型进程中的阵痛与反弹。2021 年 10 月 6 日，欧盟气候政策主席提孟思称碳市场不是欧洲能源危机的主因，“顶多要负五分之一的责任”，也从侧面说明此轮能源价格上涨与低碳转型相关。

在各国更高的减排目标和更为严厉的减排措施下，化石能源投资需求受到抑制。《巴黎协定》以来，全球拟建煤电项目下降了 75%。2021 年 5 月的国际能源署《2050 年净零排放：全球能源行业路线图》报告，提出为保证 2050 年实现全球净零排放，需立即停止油气等化石能源项目新的投资。俄罗斯副总理亚历山大·诺瓦克随即警告说，如果世界各国遵循这一路线图，石油价格可能会涨到 200 美元。欧佩克秘书长巴尔金多认为，目前欧洲等地的能源危机主要源于油气行业投资不足，除非全球增加对油气新开发项目的投资，否则消费者就得接受更多的能源短缺状况。

出于长远发展考虑，壳牌、道达尔、埃克森等跨国石油公司在加大新能源业务投入、加速向综合能源公司转型的同时，着力优化产业结构，削减传统业务支出，进一步抑制油气产能及供应。2020 年国际油气企业资本支出同比下降 21% ~35%。许多石油巨头都宣布削减上游业务，英国石油公司甚至要减少 40% 的上游产能。2020 年全球油气并购市场创近 20 年来新低。

环保压力下煤炭和天然气消费此消彼长，加剧天然气和电力供应压力。一方面，煤炭供给大幅减少。如在“十三五”期间推行供给侧改革后，中国累计煤矿退出达 5500 个，每年淘汰“落后”产能约 10 亿吨，在采煤矿被要求降低产能。由于环保和安全检查不过关等问题，不少煤矿被迫停产停工。另一方面，低碳压力下天然气需求暴涨。煤炭消费减少、气代煤项目的推进等使天然气消费短期内大幅增加。在气电价格连动机制下，许多国家的电价也连带上涨。

“弃煤”过急引起业界反对。在欧洲，短期内强制关停将极大地损害化石能源开发商权益，业界纷纷指责欧盟及各成员国推进气候行动过于激进，频频对政府发起诉讼。未来数年内，在越来越大的环保压力下各国政府可能会更加急切地“弃煤”“弃油”，类似公用事业公司向政府索赔案例可能越来越多。①

三、技术与经济挑战

要实现碳中和，未来30年必须实现清洁能源替代化石能源，并加快推动低碳经济替代化石经济。在这一重大变革进程中，清洁技术的开发和应用速度具有决定性意义。在技术层面，能源转型不符合“摩尔定律”，人类在能源转型方面，特别是电动汽车和太阳能电池板等领域，无法取得与信息技术等同样的指数级进步。② 国际能源署评估认为，到2070年有35%的减排量所依靠的技术目前仍处于原型或示范阶段，有40%的技术尚未被开发出来，商业汽车运输、海洋和航空运输、冶金、水泥生产和其他能源密集型产业所需要的突破性减排技术均不成熟。③

要实现净零排放，仅减少排放是不够的，还必须要增加二氧化碳吸收量，也就是增加碳汇，即二氧化碳的吸收。由此可以在确保发电等高耗能产业不中断的情况下，减少向大气中实际排放的二氧化碳，这是重要的减排过渡技术。政府间气候变化专门委员会发表《IPCC全球升温1.5℃特别报告》提出将全球升温控制在1.5摄氏度的四种情景，涉及大量运用碳捕集、利用与封存技术。过去十年，这种技术在全球范围内被大规模部署，年捕获量已经达到约4000万吨，但要实现联合国设定的可持续发展目标，到2070年需要实现56亿吨的年捕获量，需在现有水平上扩大超过100倍，

① 李丽旻：《欧盟“弃煤”过急引争议》，《中国能源报》，2021年3月8日，第8版。

② ［美］比尔·盖茨著，陈召强译：《气候经济与人类未来》，中信出版集团2021年版，第40页。

③ IEA, “Energy Technology Perspectives 2020,” https://www.iea.org/reports/energy-technology-perspectives-2020.

这需要大幅提升技术水平。①

新能源技术的转化、存储、传输、使用等，是由多种特定材料的独特化学和物理特性所促成的，清洁能源技术通常比化石燃料技术需要更多的矿物材料，电动汽车使用的矿物质是传统汽车的5倍，陆上风力发电厂需要的矿物质是同等容量燃气发电厂的8倍，提高化石燃料能效也需要更多的矿物。巨大需求推动矿物价格不断攀升，2016~2018年初全球钴价上涨了5倍。② 这可能引发对全球关键矿物资源的争夺。

气候变化问题本质上是发展问题，全球碳中和行动的关键在于能源与经济结构的优化与转型，需要在能源和基础设施等领域进行大规模投资。根据国际可再生能源机构估算，要实现《巴黎协定》关于全球升温低于2摄氏度目标，用于可再生能源的年均投资必须从现在的3000亿美元增加到约8000亿美元；③《欧盟绿色协议》计划在未来10年筹集1万亿欧元用于绿色投资，美国正在规划的2万亿美元财政刺激计划向能源转型项目投资3000亿~6000亿美元，英国政府认为到2050年实现净零排放每年需支出500亿英镑。④ 这些投资需求普遍面临巨大缺口，资金不足已经成为许多国家能源转型战略的主要障碍。

国际能源署估计，向低碳经济转型需要每年向新能源部门新增大约3.5万亿美元投资，才能实现在未来30年内完成向低碳社会转型的目标。⑤ 联合国环境规划署等发布《自然融资状况报告》指出，为有效应对气候变化等环境危机，全球在2050年前对自然界的投资总额需达到8.1万亿美

---

① IEA, "About CCUS," https://www.iea.org/fuels-and-technologies/carbon-capture-utilisation-and-storage.

② IEA, "Clean Energy Progress after the Covid-19 Crisis Will Need Reliable Supplies of Critical Minerals," https://www.iea.org/articles/clean-energy-progress-after-the-covid-19-crisis-will-need-reliable-supplies-of-critical-minerals.

③ IRENA, "Global Landscape of Renewable Energy Finance 2020," https://www.irena.org/publications/2020/Nov/Global-Landscape-of-Renewable-Energy-Finance-2020.

④ "How Will Acting on Climate Change Affect the Economy," https://www.imperial.ac.uk/grantham/publications/climate-change-faqs/how-will-acting-on-climate-change-affect-the-economy/.

⑤ ［美］杰里米·里夫金著，赛迪研究院专家组译：《零碳社会：生态文明的崛起和全球绿色新政》，中信出版社2020年版，第102页。

元，每年投资额需达到 5360 亿美元，而目前全球每年相关投资额仅为 1330 亿美元。① 为实现中国 2060 年碳中和目标，中国气候变化事务特使解振华在“全球财富管理论坛”2021 北京峰会上引用相关数据表示大体需 136 万亿人民币投入，而渣打银行《充满挑战的脱碳之路》特别报告也认为投资需求高达 127 万亿～192 万亿元人民币。

与此同时，能源与经济快速转型将带来巨量的化石能源等资产搁浅，对传统能源行业乃至全球经济将造成重大冲击。早在 2015 年花旗集团就预测，如果巴黎气候大会成功敦促世界各国达成约束性承诺，将全球变暖幅度控制在 2 摄氏度以内，将有 100 万亿美元的化石能源资产搁浅。② 发电、钢铁、水泥、化工等高排放行业是重资本行业，固定资产投入大、寿命长，钢铁和水泥厂的典型使用寿命约为 40 年，而初级化工设施的使用寿命约为 30 年，要完全淘汰这些固定资本将产生巨大的沉没成本。

四、国内政治和社会挑战

全面脱碳是一项艰巨的任务，几乎涉及每个部门和行业，是一项巨大的经济和社会工程，势必面临巨大的政治和社会挑战。在许多政府看来，宣布碳中和目标仅仅是为回应国内社会和国际关切而采取的“公关行动”，真正的落实工作远远不到位。碳中和从根本上说意味着经济增长方式的转变和经济社会的深刻变革，面临各种各样的国内政治阻力不可避免。

在欧美，各国领导人面临着政治两难困境。2018 年底法国因拟征收“燃油税”引发“黄马甲”运动，最终政府不得不叫停。德国过去 10 年里从核能和煤电转向可再生能源付出了电价急升等代价。美国每隔 4～8 年就会提出自己的能源优先事项，选举周期变化使许多项目很难取得真正进展。能源转型也面临利益相关者的反对，如部分西部地区对风电项目的抗议，拜登政府气候政策在新墨西哥州等遇到的抵制等。英国政府作为第 26 届联合国气候变化大会的东道主力促其他国家加强气候行动，但国内一些

---

① UN environment programme, “State of Finance for Nature: Tripling investemnts in nature—based solutions by 2030,” https: //www. unep. org/resouces/state - finance - nature.

② ［美］杰里米·里夫金著，赛迪研究院专家组译：《零碳社会：生态文明的崛起和全球绿色新政》，中信出版社 2020 年版，第 34 页。

政策却背道而驰，引发争议。如计划削减国内航班的航空客运税、批准在坎布里亚建设30年来该国第一座深层煤矿、计划削减包括气候最脆弱国家在内的海外发展援助等。①

在亚洲，碳中和也面临诸多国内经济社会阻力。日本前首相菅义伟承诺到2030年在2013年的基础上削减46%碳排放量，引发了官僚机构的恐慌和相关专家对其可信度和可行性的质疑，有分析指出，新的目标将抵消预期生活水平的提高，重创日本经济。② 2021年3月12日，印度前财政国务部长贾扬特·辛哈向议会提交了一份私人法案，敦促政府承诺到2050年实现净零排放目标。该法案被认为不切实际，受到诸多方面的批评。目前，印度仅两大煤炭公司就涉及约9000万人就业，印政府煤炭相关税收达2920亿卢比。

五、国际竞争及政治挑战

实现全球碳中和目标离不开诸多领域深刻的经济社会及技术变革，也将伴随着新一轮国际经济竞争。尽管碳中和目标由各国自主制定，实现碳中和却必须开展广泛国际合作。回顾历史，国际社会应对气候变化的历程充满了各种纵横博弈，而碳中和目标带给各国的压力明显大于此前的减排计划，各种国际竞争的压力恐怕也将水涨船高。

欧美发达国家率先推出碳中和目标，除气候因素外，也不可避免地有着试图引领未来技术和经济及新兴产业竞争等考量。一是各类低碳标准与规则之争。为实现碳中和目标，各国纷纷进入到应对气候变化和发展低碳经济的快车道，但国际社会对新兴绿色低碳产业的行业认定、标准制定、规则约定、市场准入门槛等都缺乏共识。③ 二是低碳与减排技术之争。碳中和目标引领着各国新一代技术的研发，未来全球将进入能源、交通、建

---

① Climate Change News, "Five ways the UK is falling to walk the talk on a green recovery ahead of cop26," https://www.Climatechangenews.com/2021/03/03/11/five - ways - uk - falling - walk - green - recovery - ahead - cop26.

② "Japan's ambitious carbon target sparks bureaucratic panic," https://www.Ondequando.com/2021/05/03/japans - ambitious - carbon - target - sparks - bureaucratic - panic/.

③ 王文：《碳中和，新全球博弈刚刚开始》，《中国经济评论》，2021年第11期。

筑等领域技术的变革时代。虽然欧盟有一定先发优势，美国对绿色技术的投资仍遥遥领先，但外部竞争压力日益增大，新兴经济体后发优势开始显现。欧美早已提前部署碳捕集、利用与封存技术”等前沿技术研发。电动汽车领域，特斯拉和比亚迪等走在世界前列。三是低碳相关的经贸之争。国际贸易的发展带来碳排放的区域转移问题，当前国际社会关于国际贸易中的碳排放责任问题，存在“生产者负责原则”和“消费者负责原则”之争。① 目前，欧盟积极推动“碳边境调节机制”，恐引发新一轮贸易保护主义。联合国贸发会议警告称该机制或改变贸易模式，对发展中国家不利，且对缓解气候变化作用有限。四是绿色金融之争。未来国际资本投向偏好将倾向于环境保护、资源节约、绿色交通、清洁能源等领域。截至2021年4月末，已有来自37个国家的118家金融机构采用了“赤道原则”②，全球符合气候债券倡议组织标准的绿色债券累计发行规模达到1.2万亿美元。③ 截至2020年底，全球已建立28个碳排放交易体系，覆盖38个国家和地区。

目前，气候变化问题的政治化倾向越来越明显，并不断向经济、贸易、外交等领域扩散，逐渐成为一种国际政治博弈的新工具，这很令人担忧，应该加快给这一趋势“踩刹车”。欧盟计划于2023年正式实施“碳边境调节措施”，声称要对那些没有按要求减排的国家征收碳关税，目前已经通过相关法律决议。美国此前也曾多次尝试征收碳关税，在欧盟的示范效应下，其很可能重拾这一设想。美国和欧盟打着应对气候变化的旗号实施碳关税，可能造就一种新型的贸易壁垒，对国际贸易公平产生严重的消极影响。

在欧盟内部，各成员国在具体政策和利益等方面仍存诸多分歧和争议。一是各国转型路径有分歧。德国坚定“弃核”，波兰、捷克、法国、芬兰等国则积极推进新核电设施建设，法国对欧盟未将核能纳入支持范畴表示不满。德国及中东欧国家仍将天然气作为过渡性方案，但北欧国家以及环保人士、绿党等却反对增加天然气消费。新版欧盟“可持续投资”标

---

① 陈迎、巢清尘等：《碳达峰、碳中和100问》，人民日报出版社2021年版，第72页。

② 赤道原则网站，https：//equator - principles. com/members - reporting/。

③ 全球符合气候债券倡议组织网站，https：//www. climatebonds. net/。

准文件显示，欧盟已彻底将天然气移出“可持续投资”的范围，但遭到了波兰、匈牙利、捷克等多个东欧成员国的反对。二是中东欧国家要求调低目标。德国、希腊、西班牙、荷兰等纷纷提出煤炭淘汰计划，但仍依靠燃煤发电的波兰、捷克等普遍要求欧盟调低目标。波兰要求“公正转型机制”给予其更多补偿，反对将建筑供热和道路运输纳入碳交易体系，捷克甚至提出新冠病毒感染疫情下应叫停《欧洲绿色协议》的推进。波兰和匈牙利表示“不会接受不可接受的建议”。①

① Alice Tidey, “We Have a deal: EU to Cut Emissions by ‘at Least 55%’ by 2030,” https: //www. euronews. com/2021/04/21/we – have – a – deal – eu – to – cut – emissions – by – at – least – 55 – by – 2030.

第二章

国际碳经济：金融与市场*

过去150多年，煤炭、油气等化石能源支撑了人类社会走向碳基文明和现代化，但碳基文明也伴生着全球温室气体的大量排放，导致全球气候变暖。随着国际社会对气候变化问题的关注加深，控制温室气体排放成为各界共识。围绕二氧化碳减排和脱碳的技术、能源转型，政府政策等的低碳经济应运而生，碳金融和碳关税成为国际热点话题，向低碳经济转型将引发技术、经济、社会深刻变革，也将面临重大风险和挑战。

第一节　碳经济概念及演变

一般而言，碳经济泛指与低碳相关的诸多经济活动与政策。碳经济这个词很少单独使用，经常有一个形容词置于前面，如“新碳经济”“低碳经济”“零碳经济”“碳中和经济”。从学术研究的视角看，碳经济也被视为是碳政治经济学的简称。

一、由来及演进

18、19世纪的工业革命产生了碳基工业和碳基文明。20世纪60年代，有关碳基工业造成气候变化的科学研究不断增多。1972年，联合国举行首次人类环境会议，提出了《联合国人类环境会议宣言》。1988年联合国成立政府间气候变化专门委员会，1990年政府间气候变化专门委

---

* 本章作者：司文，中国现代国际关系研究院世界经济研究所副研究员；梁建武，中国现代国际关系研究院世界经济研究所研究员。

员会发布第一份评估报告，认为温室气候浓度升高增强了温室效应，导致地表升温。一些经济学家和学者开始就全球气候变暖与经济交互影响进行探索研究。1994 年耶鲁大学经济学教授诺德豪斯提出“气候与经济交互影响”的最优化模型，用于计算减排措施的成本和收益，以及最优减排额的确定，这个模型将经济学、碳循环、气候科学等一系列研究实现对接，让温室效应和气候变暖的成本和收益都可衡量，继而采取措施放缓温室效应。这个分析框架现在已经广泛用于经济政策影响气候变化的研究，碳排放税就是基于这个分析框架而设计的经济政策。

1997 年，150 多个国家在日本京都通过了以法律约束力来控制二氧化碳等温室气体排放的《京都议定书》，该议定书引发经济学家对碳经济的研究热潮。1999 年美国学者莱斯特·布朗出版的《生态经济革命》一书，提出能源经济革命。他在书中提出，创建可持续发展经济，首要工作乃是能源经济的变革，并提出面对地球温室化的威胁，要尽快从以化石燃料为核心的经济，转变为以太阳能、氢能为核心的经济。一些经济学家专注于“新碳经济”这个新方向的研究，侧重研究“新兴的碳排放交易，以及一系列旨在减少全球温室气体排放的基于市场的政策工具，如通过《京都议定书》创造的碳市场灵活机制；通过各种经济、政治、生态、文化冲撞，新的参与者加紧利用这些机制进行自愿碳减排交易”。

2007 年美国地理学家协会在旧金山组织关于“碳经济理论化”系列会议，与会专家共同讨论如何构建碳经济、碳经济学下的政治、经济话语体、碳市场溢出效应对全球政治经济产生的影响等内容。①

二、碳经济的系列概念

低碳经济。起源于可持续发展理论，在全球气候变化问题成为国际社会关注焦点后正式形成，成为应对气候变化、解决能源危机、促进经济可持续增长的重要手段。作为可持续发展理论的延伸，低碳经济涉及

① Boykoff, M. T. , Bumpus. , Liverman, D. , & Randalls, s. (2009). Theorizing the Carbon economy: Introduction to the special issue, Environment and Planning A 2009, Vol. 41, pp. 2299 - 2304, http: //jourals. sagepub. com/doi/pdf/10. 1068/a42196.

人类社会生产方式、生活方式和价值观的变革，是一种以低能源、低污染、低排放为特征的经济发展模式，其目的是实现应对气候变化、保障能源安全、促进经济社会可持续发展的有机结合。2003 年，英国政府发表能源白皮书《我们能源的未来——创建低碳经济》，指出“低碳经济”是通过更少的自然资源消耗和更少的环境污染，获得更多的经济产出；低碳经济是创造更高的生活标准和更好的生活质量的途径和机会，为发展、应用和输出先进技术创造了机会，同时也能创造新的商机和更多的就业机会。该白皮书首次明确提出要发展低碳经济，并将其作为人类社会同时应对气候危机和保持经济发展的唯一途径。① 低碳经济这一理念自提出后便受到国际社会的广泛关注，其内涵也不断得到深化和拓展。

零碳经济。从实现温室气体净零排放的碳中和理念发展而来。“碳中和”是庞大的系统性概念，除了能源产业占据了毫无疑问的绝对主流，工业生产、建筑、人类生活等等都牵涉其中。2010 年英国在发布的《碳中和承诺规范》中提出了碳中和概念；2019 年 6 月在新修订的《气候变化法案》中明确，到 2050 年实现温室气体净零排放的目标。英国政府还进一步制定了《碳中和指南》，认为实现碳中和的步骤为碳排放核算、碳减排、抵消。这和《联合国气候变化框架公约》、澳大利亚的项目步骤是一致的。温室气体净零排放意味着能源系统彻底变革。对代表着超过 80% 的一次能源需求的化石燃料无干预性地使用逐步停止，清洁的电力将成为能源的最主要载体，并辅以氢能、有限的可持续生物质能和有限的化石燃料利用，以及碳捕集、利用与封存技术。零碳经济是在全球范围内，以“零碳”的方式发电、制造产品、种植粮食，以“零碳”的方式为建筑物保温降热，以及以“零碳”的方式转移人员、运送物品，等等。我们需要培育新的种子，需要开展多种创新活动，帮助这个世界上的极端贫困人口（其中很多都是小户农民）适应不断变暖的气候。② 零碳经济是整个经济的脱碳，是更健康、更具韧性的经济，净零排放转型将驱动创新和经济增长，并创造新的就业机会。

---

① UK Department of Trade and Industry, Paper: Our energy future creating a low carbon economy, Energy White, February 2003.

② ［美］比尔·盖茨著，陈召强译：《气候经济与人类未来》，中信出版集团 2021 年版，前言第 15 页。

新碳经济。这个概念源于解决气候变化问题的碳减排研究，目前这个概念活跃于美国学界。2017 年美国多所大学、国家实验室和非政府组织成立了"新碳经济联盟"，与行业领袖共同合作希望建立一个具有碳意识的世界，该联盟提出"新碳经济"的倡议，认为我们站在新碳经济的黎明时刻。该联盟提出的新碳经济是一种存储的二氧化碳比排放的二氧化碳更多、具备强劲增长潜力的经济；新碳经济形态下，主要工业中心是和低碳工业及清洁能源生产相结合，农业区和粮食生产生态系统相结合，将多余的二氧化碳转化为消费品、燃料、建筑材料和肥沃的土壤；这种新碳经济形态依托新兴的创新技术和土地管理，从空气中收集和存储二氧化碳，大气中污染环境的二氧化碳转化为有价值和生产性的资源并存储在土地、建筑物和丰富的地下岩矿中，这些创新支持新碳经济不断增长和繁荣，同时缓解气候变化。新碳经济成为了一个新兴的政策、社会和物理科学研究领域，旨在创造技术和政策工具，推动封存排放的碳，促进经济增长。

三、碳经济研究的新发展

（一）碳经济学（carbonomics）成为热词

这个英文词汇是组合词，来自拉丁语 carb、carbonois 意为"发光的煤和木炭"，以及希腊语 nomics，意为"管理"，合在一起的含义为管理煤炭和木炭的科学，原意扩展至管理所有碳基燃料的科学。2018 年美国经济学家诺德豪斯因在气候变化领域的贡献获得诺贝尔经济学奖，碳经济学受到主流经济学家关注。碳经济学内涵和外延远超过其词原义。世界电力、交通、建筑、农业和工业等各行各业向脱碳转型为各国提供了巨大的潜在投资机会，各国政策逐步转变、鼓励脱碳技术创新的立法和法规出台，碳经济学演变为管理碳排放和脱碳转型的经济学。

高盛 2019 年发表报告《碳经济学——气候变化时代的能源未来》，提出碳经济学成本曲线。2020 年 6 月 16 日发表报告《碳经济学——经济复苏的绿色发动机》，认为清洁技术在即将到来的经济复苏中扮演重要角色，运用碳经济学成本曲线，预测清洁技术通过公私合作将驱动 1 万亿 ~2 万亿美元绿色基础设施投资，在全球范围内创造 1500 万 ~2000 万个工作岗位。2020 年 10 月 13 日发表报告《碳经济学——创新、通缩和可负担的脱碳》，报告指出，由于技术和金融创新和政策支持，净零排放已越来越可负担，正压平了脱碳的开支曲线。2021 年高盛发布报告《碳经济学——中国走向净零碳排放之路：清洁能源技术革新》。高盛基于不同行业和技术对中国未来实现净零碳排放之路作出展望，预计到 2060 年清洁能源技术基础设施投资规模将达到 16 万亿美元，创造 4000 万个净新增工作岗位并推动经济增长。2020 年 11 月 12 日高盛碳经济学团队在伦敦举办第一次碳经济学线上会议，邀请包括英国石油公司、壳牌、道达尔、戴姆勒、汉莎航空等 30 多位领先企业的 CEO 和决策者在内的 5000 多人参加。会议设立了 11 个关键主题，重点关注碳排放的未来、改变所有主要行业的脱碳趋势和清洁技术、可再生能源技术，以及这些举措推动可持续发展发挥的重要作用。

中国人民大学环境学院副教授王克认为，经济学是研究稀缺资源配置的科学。实现碳中和目标，意味着碳排放容量成为一种稀缺性资源，碳中和经济学就是从配置碳排放容量这一稀缺资源入手的。配置碳排放容量的过程，是一个不断明晰和分配全球温室气体容量资源产权的过程。在一个主权国家内部，可以通过国家强制力对这一产权做出强制性定义，然后选择相关政策手段如财政、税收或排放贸易等加以执行。在全球层面分配碳排放容量，目前只能通过跨国谈判和协商来确定。国家应对气候变化战略研究和国际合作中心副研究员张志强认为，碳中和经济学继承现代经济学的分析框架，通过对碳中和涉及的供给与消费、成本与收益、贴现与代际、制度与路径、产业与技术、国内与国际等关系的研究，阐释了自然资本与社会资本在资源配置中的作用机制，对于解决当今世界存在的气候危机具有指导意义。

（二）碳农业解析

2021 年 8 月 18 日，英国《金融时报》发布《碳经济——释放土壤经济的潜力》视频，试图解析碳农业概念。土壤是地球应对气候变化的秘密解决方案，每年吸收全球约 25% 的化石燃料排放量。碳农业是将碳捕获、固定在土壤中的过程，通过可持续方式使农业具有更大的储存和吸收更多碳的能力。碳农业的关键是：避免进一步排放，比如通过减少或取缔化肥的使用，或让土壤保持全年覆盖，以防止土壤氧化以及通过促进再生农业的实践来除去现有的二氧化碳。例如在农田中减少耕作使用覆盖作物以及轮值作物。承诺减少碳足迹、支持碳农业的企业可以通过经认证的碳信用体系购买移除碳的额度来抵消其自身不可避免的碳排放。农民从事碳农业所获经济利益必须超过从精耕细作向再生农业过渡的任何相关风险。如由于短期产量降低而导致的收入损失。碳农业的快速发展，需要建立一个稳定的碳信用市场，买家知道碳额度，农民明确地知道如何获得碳信用并创造收入，市场使双方聚在一起完成交易流程。到2050年，对农业和其他碳抵消信用的需求预计将增加100倍，将为农民提供可喜的收入来源。随着时间的推移将改善土壤的生物多样性、肥力、产量和碳成分，从而从大气中移除更多的二氧化碳，这有助于实现全球净零排放的目标。这其中需要政府补贴和奖励措施，鼓励其他碳节约创新项目生根发芽。

（三）碳经济新指标发布

2020年普华永道可持续发展和气候变化部门发布《净零经济指数2020》研究报告，用净零经济指数替代一直使用的低碳经济指数。

2021年6月高盛碳经济学团队采用其专有的碳经济学成本曲线，按照行业和技术划分提出两种实现净零碳路径的全球脱碳模型。一种情景符合《巴黎协定》将全球变暖控制在2摄氏度的目标；另一条路径更理想，目标是到2050年实现全球净零碳排放，将全球变暖控制在1.5摄氏度的目标。

2021年日本政府将制定将温室气体减排进度与国内生产总值相结合的新指标，这一指标定位为区别现有国内生产总值的“绿色GDP”。新指标“绿色GDP”将调查在日本国内排放的温室气体量，比照实际国内生产总值（GDP）增长率后实施增减，如果排放量增加，则下调增长率，如果企业努力减排，则上调增长率。日本内阁府2021年度将委托民间实施调查，展开制度设计。在碳中和背景下，利用“绿色GDP”还可以从经济增长和经济景气方面追踪减排效果。①

四、国际碳经济图景

21世纪以来，气候变化对全球人口和经济增长的影响凸显了减少碳

① 《日本讨论制定新经济指标“绿色GDP”》，日经中文网，2021年8月12日。

排放以帮助可持续发展的重要性。近10年来，联合国气候变化组织、澳大利亚、法国、英国、哥斯达黎加、中国等在气候中性、碳中和方面开展了很多实际行动，也发布了许多规范与指南。政府间气候变化专门委员会发布的《IPCC全球升温1.5℃特别报告》指出，要实现二氧化碳净零排放，仅靠减排是不够的，还要加强碳汇（二氧化碳的吸收），在土地、能源、工业、建筑、交通和城市方面进行快速而深远的转型。①

21世纪中叶左右，全球经济达到净零碳排放，标志着整个社会与经济结构的转型成功，形成一个脱碳经济或全新的碳经济。期间全球能源和工业体系、交通运输、基础设施、农林业和土地使用将进行根本性变革。全球可再生能源占比高达85%，提供与化石燃料发电完全竞争的电力；对重工业（尤其是钢铁、水泥和石化部门）、长途运输（卡车运输、航空和船运）等所谓“难脱碳”经济部门低成本脱碳。碳经济与18世纪和19世纪形成的碳基经济有不同的发展模式、产业结构，是一种根本性变革。基础产业布局发生变化，转向可再生能源富集和低成本地区，并进一步带动下游产业的转移。产业再布局又带来人口的再布局，社会发展战略与之进行相适应的调整。②

第二节　碳经济路线图

一、碳金融

碳金融是指以减少温室气体排放为目的的各种金融制度安排和金融交易活动的总和，包括碳排放权及其衍生品的交易和投资、低碳项目开发的投融资以及其他相关的金融中介活动。根据世界银行的定义，狭义的碳金融特指出售基于低碳项目或活动产生的温室气体源的人为排放的减少与汇的清除之间的平衡，以及交易碳排放额度所获得的一系列收益

---

① PICC, “Global Warming of 1.5℃,” http://www.ipcc.ch/sr15/.

② 姜克隽等：《零碳电力对中国工业部门布局影响分析》，《全球能源互联网》，2021年第1期。

流的统称，① 即与碳排放权交易相关的金融活动的总和。

（一）碳金融与碳市场的缘起

碳排放权交易兴起于国际气候政策的变化，具体而言主要是两大里程碑式国际公约的签署——《联合国气候变化框架公约》和《京都议定书》。20世纪70年代末至80年代初，全球气温上升引起了国际社会的关注。1979年，第一次世界气候大会在瑞士日内瓦召开，气候变化首次作为国际性议题被提上议事日程。1988年，联合国环境规划署和世界气象组织联合设立政府间气候变化专门委员会。政府间气候变化专门委员会的首份评估报告确认了气候变化的科学依据，认为温室效应正使地球变暖，人类活动导致的排放还在不断增加大气中温室气体的浓度，从而加剧温室效应，结果将造成地球表面平均温度上升。② 1992年，联合国环境与发展大会通过《联合国气候变化框架公约》，提出控制人为导致的温室气体排放，强调发达国家和发展中国家拥有“共同但有区别的责任”。这是国际社会合作应对气候变化的第一个基本框架，规定了减缓气候变化的最基本原则。此后，各缔约方又围绕控制目标与具体法律义务等进行谈判，并于1997年签署附加协议《京都议定书》，2005年正式生效。截至目前，《京都议定书》共有192个缔约方③。

《京都议定书》作为全球第一个具有法律约束力的温室气体减排条约，明确了碳排放的总量目标和分解指标。整体而言，附件一国家需在2008年至2012年第一个承诺期内将温室气体的全部排放量从1990年水平减少至少5%，不同国家要求不一，如欧盟减排8%、日本减排6%。④《京都议定书》规定，为履行上述减排承诺，一缔约方可以转让或者从另一缔约方处获得减排单位。这一规定使温室气体减排量成为可以交易的无形商品，奠定了碳排放交易市场（以下简称“碳市场”）的运行基

---

① World Bank, IFC, MIGA, *Carbon Markets for Greenhouse Gas Emission Reduction in a Warming World*, p. xiii.

② IPCC, *Climate Change: The IPCC Scientific Assessment*, Cambridge University Press, 1990, p. xi.

③ “What if the Kyoto Protocol?” https://unfccc.int/kyoto_protocol.

④ *Kyoto Protocol to the United Nations Framework Convention on Climate Change*, p. 24.

础。此外，《京都议定书》还创设了三大灵活履约机制，分别是国际排放贸易机制、联合履约机制和清洁发展机制，为在全球范围内开展碳交易提供了框架基础。

（二）从《京都议定书》到《巴黎协定》

《京都议定书》最大的贡献在于提出了碳排放权交易这一思路与方法，为各国合作应对气候变化探索了有力路径。此后，不同国家和地区便开始着手建立适合自身实际的交易体系，全球碳市场呈现蓬勃发展态势。在某种程度上，碳市场因《京都议定书》而起，但《京东议定书》并非碳市场运行的必要条件，碳市场诞生和发展的最根本动力还是源自各国气候治理的需求。建立在京都机制下的碳市场只是全球碳市场中的一部分，一些无意进行国际合作、只关注国内减排的国家和地区，也基于自身实情建立了非京都机制下的、强制或者自愿减排的碳市场。例如，美国虽未批准《京都议定书》，但在国内建立了世界上第一个自愿性的温室气体减排和交易项目——芝加哥气候交易所，之后的区域温室气体倡议和加州总量控制交易体系目前依然活跃。因此，即便《京都议定书》在第二个承诺期内，由于发达国家进一步承担减排义务的政治意愿下降以及发展中国家立场的转变分化，推动全球减排的效果大不如前，并且于2020年底正式失效，也不意味着碳市场就此失去作用或将趋于消亡。

截至2021年1月31日，全球共建成24个碳市场，所覆盖的排放总量占全球温室气体的比例由最初的5%增至16%，所属的司法辖区共计占全球GDP的54%，全球将近1/3的人口生活在有碳市场的地区。此外，还有8个碳市场正在酝酿实施，包括哥伦比亚的碳市场和美国的交通和气候倡议等；14个司法辖区正在评估碳市场在应对气候变化中所能发挥的政策作用，如智利、土耳其和巴基斯坦等。① 2020年，全球碳市场总价值增长19%至2290亿欧元，是2017年的5倍还多，连续第四年实现创纪录的增长。其中，欧盟排放交易体系一直保持全球领先，交易

① International Carbon Action Partnership, "Emissions Trading Worldwide: ICAP Status Report 2021," p. 26.

量占全球的比重接近78%，总价值占全球的88%。①

表2－1　全球碳市场在4个不同层级运行

1个超国家机构	8个国家	18个省（州）	6个城市
欧盟成员国	中国	加利福尼亚州、新罕布什尔州、	北京
冰岛	德国	康涅狄格州、新泽西州、	重庆
列支敦士登	哈萨克斯坦	特拉华州、纽约州、	上海
挪威	墨西哥	福建省、新斯科舍省、	深圳
	新西兰	广东省、埼玉县、	天津
	韩国	湖北省、魁北克省、	东京
	瑞士	缅因州、罗德岛州、	
	英国	马里兰州、佛蒙特州、	
		马萨诸塞州、弗吉尼亚州	

资料来源：International Carbon Action Partnership，“Emissions Trading Worldwide：ICAP Status Report 2021，” p. 26。

2015年12月，《巴黎协定》达成，成为史上第一份覆盖近200个国家和地区的全球性减排协定，标志着新的国际气候政策框架的诞生。不同于《京都议定书》“自上而下”的强制减排机制，《巴黎协定》开创了“自下而上”的、由各国以国家自主贡献承诺控制温室气体排放目标的模式。其中，《巴黎协定》第六条对合作减排做了新的规定，为后《京都议定书》时代全球碳市场的建设与发展提供了框架指导。第六条确认了可用于实现国家自主贡献的三个“自愿合作”机制，分别是允许“减缓成果”在缔约方间进行国际转让、建立一个新机制管理“减缓活动”产生的减排额度、允许使用“非市场方法”协助缔约方执行国家自主贡献，前两项与国际碳市场密切相关。2018年，各缔约方完成《巴黎协定》实施细则大部分内容的谈判，由于对第六条实施细则存在严重分歧，一直未能达成统一意见，导致有关未来碳交易与碳市场的国际规则仍停留在基本框架层面。谈判的胶着点主要集中于，减排指标的双重核算、确保碳交易的部分收入用于气候适应工作、《京都议定书》时期的

① Refinitiv，*Carbon Market Year in Review* 2020，p. 3.

减排指标可否用于完成国家自主贡献目标等。

随着气候变化带来的风险日益凸显，实现碳中和成为国际社会的普遍共识。目前，全球共有 49 个国家及欧盟承诺实现“净零”目标，其中，11 个目标被写入法律条文，占全球排放总量的 12%。① 碳市场作为应对气候变化的有力工具之一，可以预见将会发挥更大的作用。美国环保协会的研究显示，全球范围内的碳排放交易可以将实现《巴黎协定》承诺的总减排成本降低 59% ~79%，以现有估值方法计算，在 2020 ~ 2035 年，可节约 3000 亿 ~4000 亿美元。更重要的是，如果这些节省下来的成本继续用于更大幅度的减排，2020 ~2035 年的累计减排量将几乎是当前政策可实现的减排量的两倍。②

（三）构建全球统一碳市场任重道远

不同地区间的碳市场可以通过协议或者灵活机制进行链接，创造更大的、更具流动性的碳市场，这是碳排放权交易体系的一大关键优势。链接之后的碳市场覆盖区域更大、体量更大，其中一个碳市场的控排企业可使用另一个碳市场的配额进行履约，控排企业可由此获得更多、更便宜的减排选择，整个碳市场的减排成本也因此降低。据世界银行测算，全球碳市场若在 2020 年实现链接，将使到 2030 年实现国家自主贡献目标的减排成本下降约 32%，相当于节约 1150 亿美元。③ 不同碳市场的碳价也会实现对接和趋同，不同地区企业的竞争环境将更加公平。碳市场链接可以增加市场参与者的数量，将更有利于匹配供需，提高市场效率。碳市场体量越大，应对市场冲击的能力就越强。此外，碳市场链接还有利于加强国际合作，彰显应对气候变化的决心和领导力。④

目前，全球碳市场尚未统一，碎片化现象严重。但是，部分碳市场已经探索实现了单双向链接。2011 年，日本东京和埼玉的碳市场建立链

---

① “Vague’ net zero promises not enough: Planet still on track for catastrophic heating, UN report warns,” https://news.un.org/en/story/2021/10/1104012.

② “How carbon markets can increase climate ambition,” https://www.edf.org/climate/how-carbon-markets-can-increase-climate-ambition.

③ World Bank, *State and Trends of Carbon Pricing* 2016, p. 83.

④ ICAP, *On the Way to A Global Carbon Market: Linking Emissions Trading Systems*, p. 2.

接。2014 年，美国加利福尼亚州和加拿大魁北克省的碳市场建立链接。2018 年，加拿大安大略省与加利福尼亚州—魁北克省碳市场建立链接。欧盟的碳市场一直在扩大，挪威、冰岛、列支敦士登和瑞士已陆续对接欧盟排放交易体系。[①] 还有一些碳市场正在探索链接可能，全球金融市场数据和基础设施提供商路孚特调查显示，英欧两大排放交易体系将可能在 2025 年建立链接。[②]

若想在 2050 年后实现净零排放目标，就必须实现碳市场的链接。[③] 但是，更大范围内的链接仍然存在诸多障碍，如不同碳市场的系统设计兼容度低、担忧丧失监管控制权、担忧本国企业的资金流向其他碳市场、担忧企业因所在司法辖区碳价上升而竞争力削弱等。碳市场链接最重要的是实现规则和标准的统一，应至少就五个方面达成一致，即对交易产品的共识、对交易主体的边界与范围的共识、对跨国跨区域市场的合规共识、对交易结算方式的共识以及对阶段性配额递减系数的共识。鉴于碳市场一体化可能对不同国家产生不对称影响，还需综合考虑不同国家的发展阶段、产业竞争力差异，从而合理确定各国参与全球碳市场的程度和范围。[④]

二、碳关税

（一）碳关税的提出与发展

碳关税是碳税的一种。碳税是对某些造成二氧化碳排放的商品和服务，依据其排放量征收的一种环境税。碳税依据其征收范围可分为国内碳税和碳关税两种。目前，全球实施的碳税以国内碳税为主。早在 20 世纪 90 年代，芬兰、挪威等北欧国家为应对气候变化就开始征收国内碳税。世界银行发布的《2021 碳定价发展现状与未来趋势》报告显示，截

---

① https：//icapcarbonaction. com/en/linking.

② Refinitiv，“Refinitiv Carbon Market Survey 2021：Higher carbon price triggers companies to slash emissions，” p. 10.

③ “Making the links between carbon markets in a post – Paris world，” https：//blogs. worldbank. org/climatechange/making – links – between – carbon – markets – post – paris – world.

④ 《全球碳市场的起承转合》，https：//cn. ft. com/story/001093418。

至2021年5月，全球27个国家共计实施了35项碳税制度，主要是国内碳税。[1]

碳关税是对国内没有征收碳税或能源税、存在实质性能源补贴的国家的出口商品特别征收的二氧化碳排放关税。碳关税最早由发达国家于21世纪初提出，主要是为了应对在全球减排过程中出现的碳泄漏现象。由于《京都议定书》对发达国家提出了相较于发展中国家更为严苛的减排要求，从而增加了相关产品的生产成本，导致一些企业将生产转移到排放约束较低的国家或地区，或者从第三国进口更多的高碳排放产品，这就是所谓的“碳泄漏”。发达国家发现，碳泄漏的存在不仅可能削弱全球减排的效果，甚至可能导致全球温室气体排放总量上升，同时还有损本国竞争力，不利于产业安全。其结果是，发达国家减排动力下降，关于征收碳关税以推动行业公平竞争的讨论也开始出现。

欧盟是最早开始讨论征收碳关税的经济体之一，长期以来，欧盟内部对此一直存在较大分歧。在2005年《京都议定书》生效当年，欧盟中就出现呼吁使用碳边境调整机制的声音。[2] 欧盟成员国中，法国一直坚定支持气候变化政策并不懈推动实施碳关税。2006年11月的联合国内罗毕气候变化大会上，时任法国总理多米尼克·德维尔潘公开提议对不受《京都议定书》约束的国家的出口产品征收额外关税。之后，有关碳关税的讨论虽未停止，但也波折不断，争取其他欧盟成员国的支持同样并非易事。近年，欧盟所处的内外部环境发生了一定变化，包括社会思潮和政党政治变迁、德国转变立场、美国特朗普政府退出《巴黎协定》等，多重因素最终促成欧盟内部达成一致，成为碳关税政策在全球的先行者。

2021年7月14日，欧盟通过了被称为“Fit－for－55”的一揽子立

---

① World Bank, *State and Trends of Carbon Pricing* 2021, p. 13.

② “Subject: The use of trade restrictive measures to tackle inaction on global warming,” https://www.europarl.europa.eu/doceo/document/H－6－2005－0123_EN.html? redirect.

法建议，旨在实现到 2030 年整体温室气体排放量比 1990 年减少至少 55%。[1] 其中一项政策措施即“碳边界调整机制”，要求欧盟进口商在进口特定种类产品时，参照欧盟排放交易体系的碳排放价格购买相应的碳含量交易许可，现阶段主要针对铝、水泥、化肥、电、钢铁五大碳排放量高以及碳泄漏风险高的行业。提案预计将于 2022 年完成立法，2023～2025 年为过渡期，2026 年正式实施。

（二）国际社会对碳关税的不同看法

欧盟碳关税政策一经公布，立刻在国际社会引发轩然大波。不仅是发展中经济体，绝大多数发达经济体也对此颇有微词，部分国际机构也持不同看法。当然，不乏一些“志同道合”者受此推动，加快了对碳关税政策的探索讨论。

英国、加拿大、日本等已将碳关税纳入政策考量范围。2021 年 5 月，英国首相约翰逊表示，考虑对进口自污染企业的产品征收碳关税，首先将针对钢铁等重工业，未来可能还将覆盖农业，因为农业活动也会产生大量二氧化碳。[2] 加拿大政府在《2020 年秋季经济报告》中表示，在向低碳经济转型的过程中，为确保加拿大的国际竞争力，政府正在探索征收碳关税的可能性，目标是尚未建立碳定价机制国家的出口产品。[3] 2021 年 8 月，加拿大政府启动了针对碳边境调整机制的公众咨询。日本担心各国单方面实施碳关税会挑起贸易争端，引起互相报复，因此积极推动各国在世界贸易组织（WTO）框架下就包括碳边境调节机制在内的环保领域贸易制度展开正式讨论，日本内部也开始摸索建立由美国、欧盟、日本三方参与的讨论框架。[4] 同时，在日本国内，正在进行以经济

---

① “European Green Deal：Commission proposes transformation of EU economy and society to meet climate ambitions，” https：//ec. europa. eu/commission/presscorner/detail/en/ip_21_3541.

② “British industries could be protected from polluting imports by border carbon tax，” https：//www. telegraph. co. uk/environment/2021/05/27/green – british – industries – could – protected – polluting – imports – border/.

③ Fall Economic Statement 2020：Supporting Canadians and Fighting COVID – 19，p. 92.

④《WTO 将协商“碳边境税”》，https：//cn. nikkei. com/politicsaeconomy/investtrade/44180 – 2021 – 03 – 23 – 10 – 40 – 46. html。

产业省和环境省为主的政府间讨论。

与英国和加拿大相比，美国对于碳关税更多处于观望态度。拜登政府在《2021 年贸易政策议程》中明确表示，在适当情况下将考虑实施碳边境调整机制。总统气候问题特使克里也表示，拜登对碳关税“十分感兴趣”，并已指示对其进行全面评估，以确定美国是否有必要实施。① 但其间，克里又警告欧盟称，碳边境调整机制可能会对全球经济、贸易和国际关系产生重要影响，碳关税应是缓解气候变化问题的最终手段。② 2021 年 7 月，克里在接受采访时透露了美国尚未明确态度的一个关键原因，即担心实施碳关税可能有损当前国际多边应对气候变化的努力。③ 美国一直不遗余力地鼓励或说服其他国家承诺实现更具雄心的减排目标，现在正是需要团结各国的时候，而单方面推行碳关税可能破坏与其他国家间的关系，加之实施碳关税的利弊尚未明晰，促使美国暂时按兵不动。除此之外，拜登政府还有其他顾虑。2021 年 7 月，民主党人提出边境碳调整制度，计划对减排不力的国家的出口产品征税，但未能得到白宫支持。一方面，拜登政府担心民主党人的提案可能会打击不太富裕的人群，因为关税涉及钢铁、铝等商品，可能导致从汽车到家电等一系列消费品的价格上涨。另一方面，还担心任何可能导致物价上涨的税收都会引发共和党人的攻击。④

中国、印度、俄罗斯等发展中经济体以及部分发达经济体普遍反对征收碳关税。2021 年 4 月，中国、印度、巴西和南非在气候变化部长级会议发表联合声明，对实施碳边境调节机制等贸易壁垒的提议表示严重关切，认为其“具有歧视性”，违反了公平原则、共同但有区别的责任原则和各

---

① “Biden Exploring Border Adjustment Tax to Fight Climate Change,” https：//www. bloomberg. com/news/articles/2021 – 04 – 23/biden – exploring – border – adjustment – tax – to – fight – climate – change.

② “John Kerry warns EU against carbon border tax,” https：//www. ft. com/content/3d00d3c8 – 202d – 4765 – b0ae – e2b212bbca98.

③ “John Kerry on Border Carbon Tax：The U. S. Doesn’t Want to Push Others Away,” https：//time. com/6084078/john – kerry – border – carbon – mechansim – cbam/.

④ “White House withholds support of Democratic carbon border tax,” https：//www. reuters. com/business/sustainable – business/white – house – withholds – support – democratic – carbon – border – tax – 2021 – 08 – 20/.

自能力原则。① 俄罗斯认为，碳边境调节机制不仅与全球贸易规则相冲突，还可能威胁能源供应安全。② 澳大利亚作为世界上最大的化石燃料出口国，强烈反对实施碳边境调节机制。该国高级官员接连公开抨击该机制，认为其属于保护主义政策，与开放市场的理念背道而驰。③

部分国家或企业已经开始着手应对。世界最大的铝生产商俄罗斯铝业联合公司已经决定将其高碳资产拆分为一个独立公司，主要面向国内市场销售产品。④ 俄罗斯、泰国、越南、印度、南非和土耳其等国已开始深入了解此类机制对本国经济的可能影响，以及哪些政策可以帮助避免或减少支付相关费用。欧盟委员会气候行动总司总司长莫罗·佩特里西奥尼表示，其他国家若想避免支付相关费用，不必采取与欧盟完全相同的政策，“但必须与我们有同样的目标”，并与欧盟的“政策和措施保持一致”。⑤ 目前，乌克兰已经宣布即将实施的碳排放交易体系将向欧盟看齐；土耳其工商协会也有意与欧盟保持政策协同。

国际组织与国际机构试图探索除碳关税外的更有效的政策路径。世界银行预测，为实现2摄氏度的温控目标，碳价应达到每吨40美元~80美元的水平，而目前全球现有高于这一水平的碳定价机制仅覆盖了3.76%的温室气体排放。⑥ 国际货币基金组织和经合组织提议设置国际碳价下限，即最低碳价，各国就最低碳价达成全球性协议，类似全球最低企业税率的

---

① 《第三十次“基础四国”气候变化部长级会议联合声明》，https：//www.mee.gov.cn/xxgk2018/xxgk/xxgk15/202104/t20210419_829379.html。

② “Russia says EU carbon border tax may impinge on global trade rules，” https：//www.reuters.com/business/russia-says-eu-carbon-border-tax-may-impinge-global-trade-rules-2021-06-17/.

③ “Australia labels possible EU carbon border tax ‘discriminatory’，” https：//ihsmarkit.com/research-analysis/australia-labels-possible-eu-carbon-border-tax-discriminatory.html.

④ “Europe's Carbon Border Tax Plan Looms Over Global Trade，” https：//www.wsj.com/articles/europes-carbon-border-tax-plan-looms-over-global-trade-11623321116.

⑤ “EU carbon border levy shaping up as ‘notional ETS’，” https：//www.euractiv.com/section/energy-environment/news/eu-carbon-border-levy-shaping-up-as-notional-ets/.

⑥ World Bank，*State and Trends of Carbon Pricing* 2021，p. 25.

协议模式。国际货币基金组织提出，设置最低碳价应当考虑三个关键要素：一是重点关注少数排放大国。只要中国、欧盟、印度、美国能够达成协议，最低碳价安排就能够覆盖全球64%的碳排放量；若能在二十国集团中达成一致，则可覆盖全球85%的碳排放量。二是最低碳价是全球性协议的唯一参数，便于执行且易于理解。三是以灵活、务实和公平为原则，根据不同发展水平和历史排放量，基于不同国家的不同责任设置有区别的定价。以中国、美国、加拿大、英国、欧盟和印度达成协议为例，到2030年，发达经济体实施每吨75美元的最低碳价，高收入新兴经济体实施每吨50美元的最低碳价，低收入新兴经济体实施每吨25美元的最低碳价，就能达到2030年的全球排放量较1990年水平下降23%，实现气温升幅不超过2摄氏度的全球目标。①

（三）围绕碳关税的主要争议

一是作用有限。国际货币基金组织认为，贸易中所含的碳一般不到各国总排放量的10%，因此从减排角度看，碳关税无法充分发挥作用。联合国贸发会议也持相似观点，认为碳关税只能减少全球0.1%的二氧化碳排放。② 欧洲独立智库布鲁盖尔认为，碳关税可能会催生“贸易转移效应”，“就像在玩打地鼠游戏”。海外生产商可能会钻机制的空子，将低碳排放工厂的产品留给欧洲市场，同时继续为其他客户生产高碳排放产品。③

二是实施碳关税存在诸多技术性问题，如公平测算碳排放量及避免重复征税等并非易事。由于各国对上述问题可能存在不同意见，因此碳关税在实施过程中极易引发贸易伙伴的不满，从而产生贸易争端。WTO副总干事让－马里·波冈认为，在实施碳关税时要注重细节。例如，将用于计算相关进口产品碳含量的材料交于进口来源国查阅；在评估是否豁免进口来源国时，充分考量其为减缓气候变化所做的政策努力，包括实施严格的排

① “Launch of IMF Staff Climate Note：A Proposal for an International Carbon Price Floor Among Large Emitters,” https：//www.imf.org/en/News/Articles/2021/06/18/sp061821－launch－of－imf－staff－climate－note.

② UNCTAD, *A European Union Carbon Border Adjustment Mechanism：Implications for developing countries*, p. 17.

③ “Europe's Carbon Border Tax Plan Looms Over Global Trade,” https：//www.wsj.com/articles/europes－carbon－border－tax－plan－looms－over－global－trade－11623321116.

放标准和监管措施，或者创造碳汇等。[①] 但即使可以争取豁免，一些国家也并不情愿与欧盟谈判，因为这意味着向他国强加于己的政策低头。[②]

三是可能违反国际贸易规则。虽然欧盟声明其碳边境调节机制的设计符合相关贸易规则及义务，但国际社会似乎并不苟同，除 WTO 多位成员对此提出质疑外，多名业内专家也持不同立场。WTO 上诉机构前首席法官詹姆斯·巴克斯表示，碳边境调节机制的实施还有很长的路要走，期间也可能经历修改，但就当前情况而言，很可能在三个方面与国际规则存在冲突。其一，可能违反 WTO 的最惠国待遇原则。该原则要求，给予一个 WTO 成员的任何进口产品的优惠，必须立即无条件给予来自其他 WTO 成员的同类产品。如果以碳含量为标准，区别对待来自不同 WTO 成员的同类进口产品，例如要求特定国家的进口产品购买排放证书，就违反了最惠国待遇原则。其二，可能违反欧盟在 WTO 的义务。碳边境调节机制对进口产品征收的费用可能超过欧盟在 WTO 承诺中商定的关税及其他进口相关费用的最高限额。在碳边境调节机制生效伊始，排放证书的价格可能会相当高，随着欧盟逐步扩大实施该机制，并同时采取其他气候行动，排放证书的价格可能还会进一步增长。其三，可能违反 WTO 的国民待遇原则。该原则要求进口产品应获得“不低于”国内同类产品的待遇。如果欧洲生产商继续获得免费排放配额，那么欧盟就不符合国民待遇原则。虽然欧盟给予所有行业的排放配额将随着时间推移而减少并最终取消，但在碳边境调节机制生效后的相当一段时间内，这些配额将仍然存在。[③]

四是发展中国家和最不发达国家将受到不对称冲击。联合国贸发会议经过研究发现，虽然发展中国家普遍担心碳边境调节机制可能造成出口大幅下降，但事实并非如此。假定碳关税为每吨 44 美元，发展中国家碳密集行业的出口平均降幅仅为 1.4%。碳关税增至每吨 88 美元时，出口平均下

---

① “DDG Paugam: WTO rules no barrier to ambitious environmental policies,” https://www.wto.org/english/news_e/news21_e/ddgjp_16sep21_e.htm.

② “What is a carbon border tax and what does it mean for trade?” https://www.weforum.org/agenda/2021/10/what-is-a-carbon-border-tax-what-does-it-mean-for-trade/.

③ James Bacchus, *Legal Issues with the European Carbon Border Adjustment Mechanism*, p. 3.

降2.4%。虽然发展中国家受到的实际影响可能不及想象中那般，但仍比发达国家要严重。研究显示，发达国家的出口将不会受到影响，原因是这些国家资源利用效率相对更高，工业生产排放相对更低。① 受碳边境调节机制影响最大的最不发达国家几乎都在非洲，其中，莫桑比克、几内亚、塞拉利昂、加纳和喀麦隆主要出口铝，赞比亚和津巴布韦生产钢铁，摩洛哥输出电力，阿尔及利亚和埃及生产化肥。许多国家本就面临严重的财政困难和高企的贸易壁垒，碳边境调节机制对它们而言无异于是雪上加霜。②

三、碳技术

2018年11月欧盟委员会提出减少温室气体排放的长期战略愿景，列出七个主要的战略构块：最大限度提高能源效率的效益，包括零排放建筑；最大限度部署可再生能源和利用电力，使欧洲的能源供应系统完全去碳化；支持清洁、安全、互联的出现方式；将有竞争力的欧盟产业和循环经济作为减少温室气体的重要推动力；建设充足的智能网络基础设施和互联网络；从生物经济中全面获益并建立基本的碳汇；通过碳捕获与封存技术处理剩余的二氧化碳排放物。碳经济转型的技术路径主要为可持续的能源消费、电力部门脱碳、终端用能部门电气化、非电力低碳燃料转型、利用负排放手段。技术路径的关键在于：

一是现有的低碳技术。尽管向净零碳经济转型需要付出极大的努力，但实现这一目标的绝大多数技术已经存在，如绿色发电、风能和太阳能光伏为主导的可再生能源技术、节能提效技术、能源存储、金属循环利用、电动汽车、氢能和氢燃料电池以及碳捕获与封存等。国际能源署2021年5月18日发布《2050年净零排放：全球能源行业路线图》报告指出，到2030年全球大部分的二氧化碳排放可通过现有技术实现，但到2050年几乎一半的减排将来自目前仍处于示范或原型开发阶段的新技术。

二是低成本技术可以使中等收入国家负担得起。目前，由于规模效应

① UNCTAD, *A European Union Carbon Border Adjustment Mechanism: Implications for developing countries*, p. 23.

② "The Fit for 55 package: A diplomatic tightrope," https://ecfr.eu/article/the-fit-for-55-package-a-diplomatic-tightrope/.

和不断涌现的技术创新，绿色技术成本已急剧下降。过去10年太阳能设备成本平均降低了88%，风力涡轮机成本降低了69%。这些绿色技术已开始向发展中国家转移。虽然向净零碳经济转型所需的大部分技术已经可获得，但自动驾驶布局、发展氢能、工业脱碳所需的碳捕集、利用与封存技术等成本高昂，且技术更复杂，需要投入更多的研究推动这些技术更有效、更普惠。例如，碳捕获与封存技术仍处于起步阶段，面临着技术和经济两方面挑战。在日本，碳捕获与封存技术的总成本一般为每吨二氧化碳约7000～10000日元，储存作业本身需要花费1000～2500日元左右。要实现普及，必须将总体成本降低到目前的1/2～1/3。而新一代的碳捕集、利用与封存的技术难度和经济负担更重，该技术运用物理和化学的手段，在化石燃料燃烧前后，对其产生的二氧化碳进行清洗分离、精准捕获，然后将其重新加以利用，或者压缩成液态，然后封存进地下、海底等位置，阻止其直接进入大气层。

三是技术创新取得质的飞跃。欧盟委员会指出，从现在到2050年，在为达成“碳中和”而采取的行动中有80%可以通过现有技术实现，其余20%的行动需要研发创新。比尔·盖茨2021年11月1日在英国《金融时报》发文称，“清洁技术的创新是全球到2050年将温室气体净排放量从每年约510亿吨降至零的唯一途径”。他在《气候经济和人类未来》一书中指出，未来我们需要的技术有：零碳制氢工艺，可维持整个季度电力供应的电网级电力存储技术、电燃料、先进生物燃料、零碳水泥、零碳钢、植物基或细胞基肉制品和奶制品、零碳肥料、下一代核裂变、核聚变、碳捕获（直接空气捕获和排放点捕获）、地下电力传输、零碳塑料、地热能、抽水蓄能、热能存储、抗旱耐涝粮食作物、棕榈油的零碳替代品、不含氟化气体的冷却剂①。目前零碳水泥、下一代核裂变、碳捕获与封存、离岸风力发电、纤维素乙醇（一种先进生物燃料）和肉类替代品等新技术处于市场验证阶段。欧盟委员会将生物经济纳入有关建设气候中和经济体所必须的技术，即运用生物资源和生物学方法可持续地创造商品和服务，其中包括可再生生物质、生物技术、生物燃料、生物塑料等。国际能源署的

---

①［美］比尔·盖茨著，陈召强译：《气候经济与人类未来》，中信出版集团2021年版，第256页。

《2050年净零排放：全球能源行业路线图》指出，先进电池、氢电解槽以及直接空气二氧化碳捕获与封存这三项技术将为2030～2050年的减排作出重要贡献。未来十年，除了这些创新要取得突破外，还要建造相关技术需要的大规模基础设施，包括新建管道来运输捕集的二氧化碳，在港口和工业区之间修建运输氢气的系统等。

第三节　碳经济下的国际政治经济博弈

碳经济的核心是能源向绿色、低碳转型，可再生能源的比重大幅提升。随着能源体系的变化，国家之间的关系也将发生变化，可再生能源将在国家和地区之间重新分配财富和权力。

一、国际政治经济格局主要驱动力可能发生根本性调整

第一，地区差异将削弱。地球上几乎每个国家都有风力或阳光充足的地区，建造水力和潮汐或地热发电厂的理想之地，或拥有种植生物质的空间。因此，几乎每个国家都可以生产自己的绿色电力。当前以发展较为经济、成熟的太阳能和风能为例，这两种自然能的地理空间分布要远比油气资源更平均，大部分国家都能越过实现能源自主的门槛。

第二，脱碳化技术和可再生能源技术等绿色技术成为稀缺资源。可再生能源供给主要是靠技术而不是储量，太阳能、风能、水能等因为不会枯竭，其供给成为常数，边际成本为零。碳经济时代，能源贸易的对象主要是技术、信息、规则等无形物品，调配周期短，空间限制少。一国对另一国进行技术援助，可能只需要通过云存储共享参数，通过银行划转资金即可。由于研发成本高昂，在缺乏政策支持情况下，脱碳化技术和可再生能源技术难以获得足够的市场推广，各国政府在相当长一个时期必须扮演推手角色。发达国家是技术创新的主力，也是技术应用的主要市场，发达国家重构垄断地位，发展中国家对其技术依赖上升。对绿色技术统治地位的竞争可能引发关税和贸易冲突的新形式，围绕对可再生能源或相关设施组件征收惩罚性关税的讨论或将显著增加。

第三，全球治理机制变化。脱碳技术和可再生能源技术更加分散，利益主体和治理主体更多。根据《巴黎协定》，各国通过自下而上的方式，自愿制定碳中和目标，并进行自我约束、自我审查。由于各国政府不易管控，未来全球碳经济治理很难从整体上进行协调。全球治理新联盟可能产生，例如提供尽可能灵活的绿色能源供应的区域性电力联合会，旨在加速全球光伏设施安装的国际太阳能联盟等机构可能成为新的权力中心和全球治理主体之一。据国际可再生能源组织专家估计，在石油和天然气国家霸权之后出现的将是一个复杂分层的供应系统：一种拥有众多生产者、运输路线和资本极为分散的结构。它将比当前系统更灵活、更不易受垄断影响，并将显著改变所谓的力量平衡，即国家间的权力关系。

二、国际资源争夺从油气扩展到锂、钴等新兴能源金属

第一，锂、钴等资源上升为战略资源。碳中和的核心是运输部门和可再生能源，电池能为运输部门供电，并将可再生能源纳入能源结构。获得对电池原料（锂、铜、钴和稀土等）和可再生能源生产链的支配地位，已成为事关国家安全的重大问题和财富来源。美国著名自然资源问题专家迈克尔·克拉雷在其著作《最后的竞争：地球剩余资源大抢夺》中表示，“即使未来出现一个绿色高科技的时代，很多先进的绿色技术包括新能源汽车，也依赖于较为稀有且难以获得的特种元素，随着时间的推移，对这些材料控制权的争夺将愈演愈烈且越来越重要，丝毫不亚于工业时代对石油、铜等基础商品控制权的争夺”。[①] 未来是十年（2020～2030 年）铜、钴、锰和各种稀土金属的总市场规模将增长近 7 倍。[②] 美国地质调查局在 2017 年底公布的《美国关键矿产资源》，把锂、钴、锰、石墨等锂电池所需的元素列入关键矿产，认为这些矿产涉及“新兴技术、可再生能源和国家安全”,[③] 并称关键矿产的需求增长将引发竞争与冲突，对相关行业构成“重大风险”。欧盟委员会自 2008 年起定期发布《关键原材

---

① ［美］迈克尔·T. 克拉雷著，林自新等译：《最后的竞争：地球剩余资源大抢夺》，上海科技教育出版社 2014 年版，第 151 页。

② IEA, Net Zero by 2050: A Roadmap for the Global Energy Sector, May 2021.

③ USGS Numbered Series, Critical mineral resources of the United States—Economic and environmental geology and prospects for future supply, December 19, 2017. p. A1.

料清单》，在2017年更新的最新清单中，则把包括锂、钴在内的27种关键材料列入稀缺清单。

第二，发达国家主导锂钴等资源争夺。从全球矿产资源地缘看，大多数资源地区和国家都是美国和美国公司最早进入的。早在20世纪70年代美国跨国矿业公司就控制了扎伊尔［现在的刚果（金）］和赞比亚大量的钴、铬铁矿等矿山资源。在美国与加拿大、墨西哥签订的《北美自由贸易协定》中，明确规定美国的铀、钛、镍、铂等金属资源由加拿大供应。同时，美国还联合加拿大的矿业公司在拉美地区建立了矿产资源供应基地。一些欧盟国家凭借殖民时期在非洲、拉美建立的基础，推动其跨国企业加强对所需矿产资源的攫取和控制，如瑞士嘉能可矿业巨头掌控了全球近三成的钴矿山资源，在刚果（金）广泛布局。日本政府与南美锂产国建立了密切的合作关系，一些财团和行业巨头还获得了采矿权，如丰田公司就获得了阿根廷奥拉罗斯盐沼锂资源的开采权，日本的金属矿业公司以及三井、三菱等巨头，先后与南美的锂资源国开展了各式各样的合作。

第三，韩国、印度等其他国家竞逐锂钴资源。韩国就锂资源开发利用与玻利维亚、阿根廷等国家展开合作，获得了玻利维亚乌尤尼盐沼的开采权，这个盐湖是全球最大储量的锂盐湖。2021年8月，韩国LG新能源牵手澳大利亚矿业有限公司，锁定为期6年、共7000吨的钴供应订单。印度政府提出2030年要实现完全电动汽车化，而缺少锂、钴和镍矿资源则是其实现目标的最大短板和威胁。2017年印度在与拉丁美洲和加勒比国家共同体年会上，与产锂国家就签订分阶段开发和长期供应协议等议题进行了深入的磋商。

此外，资源国纷纷实施资源保护政策。如刚果（金）在2021年3月31日挂牌成立政府控股的钴业总公司以整合国内的钴资源开发。电池是原材料地缘政治的核心。欧盟委员会于2017年启动了欧洲电池联盟，旨在欧洲本土建立一个一体化价值链。欧盟委员会对电池发展的支持正收到成效。欧洲已经启动了15个锂电池工厂项目，到2030年的生产能力将达到500GWh。

三、技术和标准成为国际博弈焦点

发达国家利用自身技术优势和标准优势，通过设置市场壁垒、征收碳关税等手段，不断保持自身领先优势。

（一）各类标准与规则之争

为实现碳中和目标，各国纷纷进入应对气候变化和发展低碳经济的快车道，但对国际社会绿色低碳产业的行业认定、标准制定、规则制定、市场准入门槛等都缺乏共识。2010 年英国标准学会发布世界上第一个碳中和标准。目前，国际上常见的碳中和认证标准主要有 3 个，分别是 ISO 14064 标准、PAS 2060 标准和 INTE B5 标准。INTE B5 标准是哥斯达黎加在 2016 年发布的针对其本国碳中和项目的标准。INTE B5 标准直接采用了 ISO 14064 标准的第一部分和第三部分，而在温室气体减排、排放抵消方面，INTE B5 标准则结合本国情况，提供了其他更具体的规范要求。国际社会正在研制进行中的 ISO/WD 14068 标准预计将于 2023 年完成制定并发布。该标准当前还处于草案阶段，讨论重点集中在标准范围、核心术语的定义、减排量要求、碳中和信息交流等方面。

（二）低碳和减排技术之争

碳中和目标引领各国新一代技术研发，未来全球将进入能源、交通、建筑等领域技术的变革时代。同时，零碳排放是经济飞跃的机会，也关系到新能源主导权的竞争。虽然欧盟具有一定先发优势，美国对绿色技术的投资仍遥遥领先，欧美将二氧化碳埋入地下的碳捕集、利用与封存正在向实用化推进，但它们的外部竞争压力日益增大，新兴经济体后发优势开始显现。例如，脱碳化必不可少的技术之一是纯电动汽车等所需要的蓄电池。而车载锂离子电池领域的双雄是中国宁德时代新能源科技和韩国的 LG 化学；日本在充电一次可行驶距离延长的全固态电池方面处于领先地位。2021 年 10 月底召开的《联合国气候变化框架公约》第 26 次缔约方会议上，主席国英国对于发达国家在 2030 年之前、发展中国家的 2040 年之前全面淘汰煤炭火力发电站的协议显示出积极态度，作为技术最先进、减排最好的日本煤炭火电站不得不退出舞台。

第四节　碳经济面临的风险和挑战

以化石能源为基础的能源体系和相关基础设施的重构，将是一个长期的利益重组过程，在技术、经济、社会等层面都将面临重大挑战。

一、碳经济仍离不开对化石燃料的长期依赖

石油和天然气已经通过种种形式渗透到我们经济和社会生活的方方面面，农业用的化肥、冷链用的干冰、化纤材料、塑料制品等等来自化石燃料，这种情况未来几年都不会改变。全世界使用的木材等传统生物质仍然和100多年前一样多。即使经过多年努力，煤炭、石油和天然气仍占全球能源结构的80%，与10年前几乎完全相同。我们应该专注于使化石燃料的开采更清洁、更高效，同时等待相关问题得到解决，迎来一个可再生能源主导的未来。①

二、经济代价和技术障碍

一是向碳经济转型将不可避免地要付出经济代价。从短期看，因风能、太阳能的不稳定性，以其为代表的可再生能源无法填补减少使用化石燃料留下的缺口，例如2021年秋冬欧洲海上和陆地的风力是20年来最弱，导致欧洲电价飞涨、能源价格狂飙，引发全球能源危机。向清洁能源转型无疑将在能源供给端给全球经济带来负面冲击，不断攀升的能源价格影响许多商品的生产，导致整体价格上涨。英国央行估计，如果能实现有序的向净零排放的转型，那么21世纪20年代头几年通胀率将上升近0.6个百分点；如果无序的话，那么到21世纪30年代初通胀率将上升2个百分点。② 全球大举投资电力、交通、工业生产和家庭脱碳，可能会引发“绿色通胀”。同时，全球煤电资产将被加速淘汰，例如2021年4月华盛顿气候峰会前夕，以色列承诺到2025年完全停止使用煤炭发电，韩国保证将停止为海外煤电站提供资金，这导致资产的加速折旧和价值贬损，引发财务损失，形成转型风险。

二是技术困境。目前，可持续方式生产的飞机燃料、绿色钢铁和超强电池等重要的清洁技术已经研发出来，但必须以安全可靠的方式规模化生

---

① 《我们必须停止妖魔化化石燃料》，英国《金融时报》，2021年9月29日。

② 《全球领导人必须直面绿色转型的代价》，英国《金融时报》，2021年11月2日。

产，需要建设庞大的实体工厂，解决工程、供应链和分销问题，并不断稳步削减成本。与现有的飞机燃料、钢铁和电池相比，这些创新项目非常复杂，风险极高，成本极大。此外，未来10～15年，电动汽车的普及、供暖系统的电气化以及风力涡轮机和太阳能电池等分布式能源与电网相连，数百万的个人设备上传和下载电力可能导致电网紊乱，网络漏洞和攻击可能频繁发生。

三、碳金融和碳关税影响全球贸易格局

一是全球碳定价体系碎片化易引发贸易摩擦。全球已经存在60多个不同的碳定价体系，覆盖全球总排放量的22%。目前碳价格从乌克兰每吨二氧化碳不到1美元到瑞典每吨超过130美元不等。① 各个地方、国家或区域体系的运行方式不同，覆盖的行业也不同，这种碎片化可能会给需求脱碳的企业带来贸易摩擦。

二是碳关税改变行业竞争格局。发达国家利用自身技术优势和标准优势，通过设置市场壁垒、征收碳关税等手段，不断保持自身的领先优势。美国波士顿咨询公司2020年6月发布一份研究报告称，受到碳关税影响最直接的行业将是焦煤、石油冶炼以及采矿业。俄罗斯、乌克兰、中国、印度将是因碳关税损失最大的国家。例如俄企业在部分行业上相较其他国家具有更高的碳排放量，因此将失去相应的欧盟市场份额。以俄氮肥生产而言，所征收的碳关税将高得令人望而却步，将占现有出口价值的40%～65%。

① 《实行全球碳价格势在必行》，英国《金融时报》，2021年10月15日。

第三章

美国碳中和政策及影响*

拜登执政以来，美国应对气候变化政策发生颠覆性调整。试图通过推动绿色基建、提升“清洁制造”产能、加大清洁能源投入、减少传统能源依赖、发展绿色金融、引领多边气候合作等系列措施推进“2050 碳中和”目标，欲把其作为促进疫后经济复苏与科技创新、改善美国气候环境、重塑美国全球领导力的重要手段。这对美国自身、多边合作、中美关系均带来深远影响。

第一节　政策措施与主张

拜登政府气候团队以绿色发展和经济增长的政策融合为依托，以重返多边并巩固美国全球主导力为首要，全面打造符合美国战略利益的碳减排政策。其核心是要实现三个阶段目标：“到 2030 年，美国承诺的涵盖所有部门、所有气体的国家自主贡献的减排量要比 2005 年下降 50% ~52%；到 2035 年，实现 100% 清洁电力目标，即电力脱碳；2050 年前，实现净零排放。”①

---

* 本章作者：孙立鹏，中国现代国际关系研究院美国研究所副研究员，主要从事美国经济等问题研究。

① White House, “The Long - term strategy of the united states: Pathways to Net - Zero Greenhouse Emissions by 2050,” November 2021, p. 11. https: //www. whitehouse. gov/wp - content/uploads/2021/10/US - Long - Term - Strategy. pdf.

一、将碳中和纳入国内经济布局

竞选之初，拜登就强调实现“支持美国工人”的绿色新政，把其作为应对气候挑战的关键框架，核心是“以更大的雄心推出史诗级规模的措施应对气候变化；将环境与经济问题紧密相连”。[①] 这意味着，美国要把清洁能源革命作为推动美国经济增长、创造更多高质量就业、重振美国制造业、实现清洁能源超级大国的核心动力。

（一）投资绿色基建

2021 年 3 月 31 日，拜登宣布《美国就业计划》，概述了总规模高达 2.25 万亿美元的“一代人仅能看到一次的投资”。一是改善交通基础设施。美国欲投入 6210 亿美元用于改善交通基础设施。升级桥梁、高速公路、主要街道，改善空气质量、限制温室气体排放、减少交通拥堵；推进公共交通现代化，为美国社区提供公共交通、快速公交和铁路服务；实现客运与货运铁路的安全、效率与电气化；加大对电动汽车和电池投入以赢得市场，确保其在美国生产和销售。为州和地方政府、私企提供补贴和奖励计划，2030 年在全美建造 50 万个汽车充电站。利用“儿童清洁巴士计划”使至少 20% 的黄色校车电气化；改善港口、水路和机场，尤其加大对内河航道、沿海港口、陆路入境港和渡轮投资，实施“健康港口计划”以减少空气污染和改善环境。[②] 二是增加基础设施的弹性。美国将投入 500 亿美元用于最大限度提高土地和水资源弹性，保护社区和环境；投入 1100 亿美元建立清洁与安全饮用水；投入 1000 亿美元为每个美国人建立负担得起的、可靠的高速宽带。三是实现无碳电力。投入 1000 亿美元重振美国电力基础设施，实现 2035 年 100% 脱碳电力。主要包括：构建现代化电力传输系统，实现发电现代化和清洁电力；清理废弃矿山和油井，减少环境和气候破坏；保护公共土地和水域。

历经近半年的两党博弈，2021 年 11 月美国国会就《基础设施投资和

---

① 拜登竞选网站：https：//joebiden. com/infrastructure – plan/。

② White House, “Fact sheet: The American Jobs Plan,” March 31, 2021, https: //www. whitehouse. gov/briefing – room/statements – releases/2021/03/31/fact – sheet – the – american – jobs – plan/.

就业法案》达成一致，未来5年实际投入约5500亿美元，主要聚焦：一方面，交通基础设施投资约2840亿美元。其中，公路、桥梁等1100亿美元，客运与货运铁路660亿美元，城市公共交通390亿美元，机场250亿美元，港口170亿美元，运输安全项目110亿美元，电动基础设施等绿色基建160亿美元。另一方面，其他基础设施投资约2640亿美元。其中，宽带互联网650亿美元，电力基建730亿美元，清洁饮用水550亿美元，西部水资源存储500亿美元，应对水土污染210亿美元。①

（二）聚焦关键绿色产业

拜登主张提升清洁制造产能，以发展电动汽车为核心，维护美国制造业心脏，激活传统“铁锈带”，通过提升传统燃油经济性标准带动制造业产业升级。竞选期间，他就建议通过增加联邦、州和地方政府采购力度、鼓励消费者和制造商聚焦清洁汽车产品、加大对电动汽车基础设施重大投资、加快电池研发和国内产业链发展、提升燃油经济性并推动清洁能源改革等方式，重振汽车产业和基础设施，创造100万个新就业岗位，实现“赢在21世纪”的美国汽车业。②《美国就业计划》拟10年内向电动汽车市场投入1740亿美元，到2030年建立50万个充电站，推动绿色汽车行业发展。2021年2月24日，拜登签署《美国供应链行政令》，责成能源部长与相关部门协商，就包括电动汽车电池在内的高容量电池产业链风险进行全面评估，并在100天后提交相关报告。③ 在此基础上，美商务部、能源部、国防部、卫生与公共服务部联合发布《构建弹性供应链、重振美国制造业及促进广泛增长》报告并认定伴随美国从化石能源向电动能源转变，美汽车与卡车的电气化发展，电动汽车与电网存储的大容量电池对美国家安全至关重要，必须采取措施保持美国在相关领域的创新和制造

---

① NPR, “Biden says final passage of $1 trillion infrastructure plan is a big step forward,” November 6, https://www.npr.org/2021/11/05/1050012853/the-house-has-passed-the-1-trillion-infrastructure-plan-sending-it-to-bidens-des.

② 拜登竞选网站：https://joebiden.com/clean-energy/。

③ White House, “Executive Order on America's Supply Chains,” February 24, 2021, https://www.whitehouse.gov/briefing-room/presidential-actions/2021/02/24/executive-order-on-americas-supply-chains/.

业优势。①

（三）购买美国货

2021 年 1 月 25 日，拜登签署《确保未来所有美国人制造》行政令，增加联邦购买本国产品力度，建立“美国制造办公室”，修订联邦采购条例并规定最终产品中美国生产的含量比例不低于 55%。尤其是，拜登团队多次强调，将政府采购与清洁能源和绿色基建配合，确保使用美国产品、材料和服务，进而将“绿色市场”留给国内。7 月 28 日白宫发布声明，拟更新购买美国货规则。其中，“美国制造办公室”建议将购买美国货的认定标准门槛，从此前的最终产品含有 55% 的美国生产比例提高到 60%，并分阶段提高到 75%；通过价格优惠加强关键产品的国内供应链，提高购买美国货的透明度和问责机制。②

（四）加大清洁能源研发投入

拜登承诺，拟在未来投入 3000 亿美元，聚焦先进材料、清洁能源、生物技术等“可引领世界”的创新，确保美国绿色科技长期优势。《美国就业计划》提出，政府要投入 1800 亿美元用于促进美国关键技术研发、升级基础设施、巩固美国绿色科技、创新和研发的全球领导力。其中，一是呼吁国会向国家科学基金会投资 500 亿美元，聚焦先进半导体、能源技术和生物技术等领域，确保美国在关键技术研发领域的领导者角色。为美国各地实验室和研究基础设施投入 400 亿美元，约一半资金分配给非洲裔高校和其他少数族裔服务机构，包括创建一个新的国家实验室专注于应对气候问题。二是投入 350 亿美元用于实现解决气候危机、推动清洁能源技术发展。三是投入 150 亿美元建立应对气候重点示范项目和优先研发领域，主要包括能源存储、碳捕集、稀土元素分离、海上风能、生物燃料、量子

① White House, “Building Resilient Supply Chains, Revitalizing American Manufacturing, And Forstering Broad - Based Growth,” June 2021, p. 9, https://www.whitehouse.gov/wp-content/uploads/2021/06/100-day-supply-chain-review-report.pdf.

② White House, “Buy American Rule, Advancing the President's Commitment to Ensuring the Future of America is Made in America by All of America's Workers,” July 28, 2021, https://www.whitehouse.gov/briefing-room/statements-releases/2021/07/28/fact-sheet-biden-harris-administration-issues-proposed-buy-american-rule-advancing-the-presidents-commitment-to-ensuring-the-future-of-america-is-made-in-america-by-all-of-americas/.

计算和电动汽车等，以确保美国全球主导地位。①

二、拜登推出系列行政措施推动减排

一是推翻特朗普“遗产”。拜登执政首日，便签署了“保护公共卫生和环境，恢复科学应对气候危机”的第13990号行政令，要求美国所有行政部门和机构立即审查过去4年与减少温室气体排放、保护环境相抵触的行政法规和行动，必要时刻给予暂停、修改或撤销。同时，拜登正式宣布立即撤销特朗普时期签署的“加快最优先级基础设施项目的环境审批”“利用审查‘美国水域规则’重新恢复法治、联邦主义和经济增长”“促进能源独立与经济增长”“实施美国优先海上能源战略”等9个行政令、2个总统备忘录，并暂停了“保护美国大功率电力系统安全”的13920号行政令。②

二是减少对传统能源的依赖。在13990号行政令中，美国新政府强调早在2015年，奥巴马政府已认定“批准Keystone XL输油管道”不符合美国的国家利益，促进能源安全和经济增长效果有限，削弱了美国在全球应对气候变化的声誉和领导力。但特朗普政府给Keystone XL输油管道“开绿灯”。为此，拜登政府宣布撤销2019年3月特朗普的Keystone XL输油管道许可，以此推动美国边境之外的温室气体排放行动落实，发挥美国应对气变的全球主导地位，引领世界走上“可持续的气候道路”。在此基础上，2021年1月27日拜登再签“解决国内气候危机”的第14008号行政令③，

---

① White House, “Fact sheet: The American Jobs Plan,” March 31, 2021, https: //www. whitehouse. gov/briefing - room/statements - releases/2021/03/31/fact - sheet - the - american - jobs - plan/.

② White House, “FACT SHEET: Biden - Harris Administration Issues ProposedExecutive Order on Protecting Public Health and the Environment and Restoring Science to Tackle the Climate Crisis,” January 20, 2021, https: //www. whitehouse. gov/briefing - room/presidential - actions/2021/01/20/executive - order - protecting - public - health - and - environment - and - restoring - science - to - tackle - climate - crisis/.

③ White House, “Executive Order on Tackling the Climate Crisis at Home and Abroad,” January 27, 2021, https: //www. whitehouse. gov/briefing - room/presidential - actions/2021/01/27/executive - order - on - tackling - the - climate - crisis - at - home - and - abroad/.

要求暂停在联邦土地和近海水域签订新的石油和天然气租赁协议，直至完成对其全面审查和评估，要求各职能部门考虑是否调整相关煤炭、石油和天然气的特许权使用费，以弥补气候成本；扩大上述地区的可再生能源生产，并力争2030年将海上风能发电翻一番；要求联邦资金不得直接补贴化石燃料，力争2022财年及以后的预算中取消化石燃料补贴；实施联邦清洁电力和车辆采购计划，不迟于2035年实现零碳污染电力，联邦、州和地方政府车队实现清洁能源和零排放。

三是加强环境保护力度。14008号行政令，要求保护美国土壤、草地、树木和其他植被，发挥其碳封存和减少温室气体排放方面的重要作用；保护和恢复湿地、海草、珊瑚等沿海生态系统，强有力地保护美国海岸线并支持渔业资源多样性，提升其在减少气候变化和生态复原方面的能力；责成内政部与其他部门合作，为实现"2030年至少保护美国30%的国土和水域"目标而采取具体可行措施。13990号行政令认定各方执行《国家环境政策法》要求的环境审查不足，暂停在北极国家野生动物保护区实施的石油和天然气租赁计划的所有活动，责成内政部对相关油气项目的潜在环境影响进行新的、全面的评估分析。①

三、引领多边减排合作

重返《巴黎协定》。拜登视美国重返《巴黎协定》为引领全球气候合作、实现外交回归多边的最重要、最优先事项。执政当日，拜登就签署行政令，启动重新加入《巴黎协定》的为期30天国内审议程序。2021年2月19日，美国正式重返《巴黎协定》，美国国务院发表新闻声明称："《巴黎协定》是一个前所未有的全球行动框架……帮助我们避免灾难性的地球变暖，并在全球建立我们已经看到的气候变化影响的复原力。我们将继续

① White House, "FACT SHEET: Biden – Harris Administration Issues ProposedExecutive Order on Protecting Public Health and the Environment and Restoring Science to Tackle the Climate Crisis," January 20, 2021, https://www.whitehouse.gov/briefing – room/presidential – actions/2021/01/20/executive – order – protecting – public – health – and – environment – and – restoring – science – to – tackle – climate – crisis/.

把气候变化融入美国最重要的双边和多边对话之中。”① 事实上，美国希望在回归“多边”基础上，重新与世界各国接触，以举办“气候峰会”为契机，加强与各方合作，主导第26届联合国气候变化大会关于《巴黎协定》实施细则的谈判，修补因过去“退群”而受损的国际声誉。

主办“领导人气候峰会”。2021年4月22～23日，美国主持线上虚拟“领导人气候峰会”，召集38个国家的40位领导人参会，欲“团结世界应对气候危机”，确保占世界经济总量一半的国家兑现减排承诺，实现最终将全球气候变暖控制在1.5摄氏度的目标。在此次会议上，美国呼吁全球需要增加应对气候的行动规模和速度，并率先做出重大承诺。依据《巴黎协定》提交一项新的国家自主贡献目标：“2030年美国温室气体排放量比2005年减少50%～52%。”② 此外，峰会还就投资气候解决方案、气候与环境适应性和复原力、加速全球净零排放所需关键创新、宣扬“气候正义”等问题展开深入讨论。美希望以此引领世界主要国家减少温室气体排放，为主要大国做出更大承诺，为第26届联合国气候变化大会取得突破性重大成果铺路。

高度关注多边气候规则。一是重视全球运输行业“深度脱碳”。美总统气候特使克里表示，全球主要经济体有必要在航运等交通运输行业实现“深度脱碳”，美国将为迅速采取措施进行运输行业减排的国家提供技术帮助。欧盟敦促美应在新的气候计划和行动中加入航运排放问题，航运排放责任由原产国和目的地国分摊。未来，美欧或在该问题上走近，设立新的行业排放标准和责任。二是碳边境调节税问题。在对未能履行环境和气候义务国家实施碳调节税或配额的问题上，欧盟始终较为激进，主张采取强制执行机制，美方态度暧昧。但拜登执政后，新一届政府和国会正对该问题表示出浓厚的“兴趣”。克里称，拜登政府加紧评估对高碳污染国家征收碳边境调节税的可能性。2021年7月19日，美国会参议员库恩斯和众

① Department of state, “The United States Officially Rejoins the Paris Agreement,” February 19, 2021, https: //www. state. gov/the – united – states – officially – rejoins – the – paris – agreement/.

② White House, “Leaders Summit on Climate Summary of Proceedings,” April 23, 2021, https: //www. whitehouse. gov/briefing – room/statements – releases/2021/04/23/leaders – summit – on – climate – summary – of – proceedings/.

议员彼得斯提出《公平、可负担、创新与有弹性的过渡与竞争法案》，针对铝、钢铁、水泥、天然气、石油和煤炭“碳密集型产品”征收碳边境调节税。① 库恩斯认为，美可率先推行碳边境调节税，首先集中于高碳产品后可以扩展，对中国等排放大国形成更大压力，使其采取更多的实际行动。美与盟友在该问题上紧密统一立场，可对中国的高碳、低成本产品设置额外的贸易壁垒。② 三是将环境标准与贸易挂钩。美国贸易代表办公室的《2021 年总统贸易政策议程与 2020 年度报告》，把“让世界走上可持续发展的环境和气候之路”作为重要贸易议程。美国贸易代表办公室强调，作为美国全政府实现可持续气候路径努力的一部分，美国贸易政策议程将包括谈判与执行强有力的环境标准。美国贸易代表办公室贸易政策议程将通过促进美国与气候相关的创新与技术发展、增强可再生能源供应链等方式，支持拜登政府减少温室气体排放、实现 2050 年净零排放目标的综合性愿景。③ 其核心是把贸易与气候环境标准紧密挂钩，实现美国自身的最大利益。四是取消高碳污染补贴。拜登主张，要在二十国集团框架下逐步取消低效的化石燃料补贴，通过与中国在内的国家接触，确保第一任期结束前实现消除全球化石能源补贴的承诺。其中，拜登政府把中国及“一带一路”倡议中的化石能源项目作为主要目标。通过取消最贫穷国家以外的所有国家煤炭融资，与合作伙伴一起为“一带一路”国家提供低碳能源替代方案，改革国际货币基金组织和区域开发银行贷款优先顺序以应对不可持续的高碳影响，将中美未来双边碳减排协议与中方是否取消煤炭和其他高排放技术的不合理补贴、是否切实降低“一带一路”项目碳足迹“挂钩”，美国欲在该问题上主导国际规则话语权，迫使中国等碳排放大国做出更多实质性让步。五是强制上市企业加强气候与减排的信息披露。竞选期间拜登就主张，强制要求在美上市企业披露它们在日常运营和产业链布局中，

---

① https://insidetrade.com/sites/insidetrade.com/files/documents/2021/jul/wto2021_0330a.pdf.

② Insidetrade, “Coons: U.S. could move ‘first’ on carbon border adjustment,” August 3, 2021, https://insidetrade.com/daily-news/coons-us-could-move-%E2%80%98first%E2%80%99-carbon-border-adjustment.

③ USTR, “Fact Sheet: 2021 President's Trade Agenda and 2020 Annual Report,” pp. 1-3, https://ustr.gov/sites/default/files/files/reports/2021/2021%20Trade%20Agenda/2021%20Trade%20Report%20Fact%20Sheet.pdf.

涉及气候风险和温室气体排放的重要信息。① 2021 年 7 月 28 日《财富》网站披露，今年年底前，美国证券交易委员会将发布一项加强气候风险披露的新规则。美国证券交易委员会主席盖斯勒称，监管机构目前正在权衡如果“定性和定量”相结合地披露，包括上市公司是否应报告其供应量温室气体排放，以及是否将其纳入公司年度报告中。② 由此，拜登政府将把气候问题与美国资本市场准入相联系，迫使微观企业增加减排行动力，以实现其气候目标。

第二节　多重影响

一、重建美国多边主导力

拜登执政后，美国外交政策方向发生重要调整，推行“中产阶级获益”的外交理念，强调团结盟友和伙伴力量，重返多边世界舞台中央。而美国外交政策调整的一大重要抓手就是气候问题。拜登执政首日便签署重要行政令并宣誓重返《巴黎协定》，撤销特朗普消极应对气候变化的系列行政措施，重新校准美国在碳减排等领域的方向和立场，重新主导多边气候领域合作。美主流舆论均认为，拜登在“领导人气候峰会”上依据国家自主贡献做出的新减排计划，要比奥巴马政府先前承诺高出两倍以上，彰显美国领导角色和气候雄心。布鲁金斯学会高级研究员霍特曼认为，拜登政府的努力正在让美国再次成为全球气候变化问题的领导者，推动世界在该问题上迈出新的重要一步。美国有机会让世界走上一个更安全的气候轨道。拜登当前采取的气候行动，与美国内外战略相融合，对美国取得全球

---

① S&P Global, “Biden plan to make companies disclose climate risks key to decarbonization,” November 2, 2020, https://www.spglobal.com/marketintelligence/en/news-insights/latest-news-headlines/biden-plan-to-make-companies-disclose-climate-risks-key-to-decarbonization-60975902.

② Fortune, “SEC chair: public companies may soon need to disclose their carbon footprints,” July 29, 2021, https://fortune.com/2021/07/28/sec-chair-public-companies-disclose-carbon-footprints/.

成功至关重要。①

二、高效兑现竞选承诺

执政以来，拜登本着先易后难、加速通过“浅水区”的思路，通过签署系列行政令、重回多边、联合盟友等方式，在减少传统温室气体和氢氟碳化物排放、重返《巴黎协定》、主办气候峰会等推进难度较小的问题上取得了阶段性成果，不仅兑现竞选承诺，也在一定程度上树立了民众信心和政府信誉，有利于巩固执政基础。根据美联社统计，拜登执政百日共兑现了七大应对气候变化的竞选承诺中的 4 项，有 3 项尚在推动之中，“总体表现非常不错”。但在推动基础设施投资应对气候变化、采取措施到 2030 年保护好美国 30% 的土地和水资源、推动航空、航运业减排方面还未能取得突破，有待进一步努力。② 哥伦比亚广播公司民调显示，伴随拜登政府主办全球气候峰会等努力，大多数美国人认为气候变化是急需要解决的问题，约 80% 受访者支持美国参与国际应对气候变化的行动之中，其中有 48% 受访者支持拜登政府发挥领导作用，引领全球合作进程。③

三、或可提升美国经济潜在增长率

自 2008 年金融危机以来，美国经济陷入了“平庸增长”的怪圈。尤其是 2020 年疫情导致美国经济再次陷入严重衰退，复苏之路更趋波折漫长，长期经济增长动力疲态尽显，亟需新增经济增长极。因此，拜登政府希望把发展绿色经济、推动绿色基建作为美国经济增长新动力，为长期发展谋篇布局。《美国就业计划》以投资绿色基建为主要目标，总规模已高

---

① Nathan Hultman and Samantha Gross, “How the United States can return to credible climate leadership,” March 1, 2021, https://www.brookings.edu/research/us－action－is－the－lynchpin－for－successful－international－climate－policy－in－2021/.

② Alexandra Jaff, “Biden's first 100 days: Where he stands on key promises,” April 27, 2021, https://apnews.com/article/joe－biden－donald－trump－climate－iran－nuclear－immigration－de7b288aa2b4315b5b7fe38559a6e666.

③ Jennifer De Pinto, “CBS News Poll: Eye on Earth—Americans Support U.S. Engaging Globally on Climate,” April 18, 2021, https://www.cbsnews.com/news/climate－change－opinion－poll－04－18－2021/.

达2.25万亿美元，支出总额占GDP的比重超过10%，已经远超美国历史上的艾森豪威尔高速公路计划和克林顿“信息高速公路计划”，仅次于罗斯福新政。尤其是，在美国国会参院通过价值约1万亿美元的基建计划后，民主党随后又推出了高达3.5万亿美元的综合性基建计划。如果上述内容得到全部或部分落实，不仅有助于改善美国绿色投资，而且将结束美国在清洁技术研发和基础设施等领域数十年的停止状态，有利于提高美国经济的潜在增长率。美国多位经济学家预测，虽然相关法案在短期内对美经济增长影响有限，但长期看投资高速公路等基础设施可以提高经济效率和生产力。穆迪公司预测，仅当前两党推动约1万亿美元基建计划，就可拉动美经济增长率提高0.04%。[1]

四、提供中美合作机遇

一是全球多边合作下的两国机遇。拜登将应对气候问题作为未来美国内政外交优先事项，推出碳中和系列政策主张和具体措施。而中国《中共中央关于制定国民经济和社会发展第十四个五年规划和二〇三五年远景目标的建议》提出，到2035年我国广泛形成绿色生产生活方式，碳排放达峰后稳中有降，生态环境根本好转，美丽中国建设目标基本实现。中国生态环境部等政府部门正在聚焦“美丽中国2035远景与路径”。[2] 因此，中美在应对气候变化问题上具有基本共识，可在全球框架下展开合作。不仅为两国在该领域高层对话、缓解中美关系紧张提供机遇，而且引领全球其他国家在气变问题上投入更多精力。《中美应对气候危机联合声明》明确指出：“中美致力于彼此及与其他国家合作，共同应对必须要解决的严重而紧急的气候危机。在《联合国气候变化框架公约》《巴黎协定》等框架

① Wall street, “Infrastructure Bill's Boost to Economy Is Likely to Be Limited,” August 8, 2021, https://www.wsj.com/articles/infrastructure-bills-boost-to-economy-is-likely-to-be-limited-11628416802.

② 生态环境部环境规划院网站，http://www.caep.org.cn/sy/zhghypg/dtxx/202012/t20201221_814061.shtml。

下，中美将加强各自行动并在多边进程中进行合作。”① 2021年11月，以《中美关于在21世纪20年代强化气候行动的格拉斯哥联合宣言》为契机，中美同意在温室气体排放法律与环境标准、清洁能源转型的社会效益最大化、行业脱碳与电气化、循环经济、碳捕集利用、封存等应用技术方面展开进一步合作。②

二是双边具体减排和绿色合作。拜登政府的《美国就业计划》全方位覆盖美国经济社会各领域，包括传统基建升级、信息基础设施完善、工业自动化、清洁能源研发、电动汽车等诸多领域。在传统基建更新领域美国需求巨大，但基建材料与产能相对不足，中国具有产能优势和基建硬实力，可通过扩大绿色投资、增加出口等方式与美展开合作；在新能源汽车、高铁等领域，中方也有一定的产能和技术优势，可参与当地项目；在中国加快构建碳市场方面，2021年7月全国碳排放权交易市场上线，先行推动发电行业碳市场建设，未来进一步扩大碳市场覆盖范围。伴随中国碳市场发展和环境改善的同时，美国低碳企业不仅可以在华投资营利，还可以把碳排放权放在市场中交易获益，提升其经济竞争力。

三是绿色金融合作。从拜登可持续基础设施和清洁能源计划看，美国要“成事”的巨额资金需求巨大。数万亿美元的资金将促使美加速推出绿色金融债券等金融产品，绿色国债已纳入拜登考虑范畴。在企业和地方层面，美企业及银行相继推出大规模绿色债券，发行金额超2000亿美元，占全球市场份额超21%。伴随美国国债和债务形势进一步恶化，绿色债券、绿色基金、绿色保险等金融产品急需中国投资者“力挺”，以希望通过较低利率水平进行绿色融资，这也为中美合作拓展新空间。

---

① Department of state，“U. S. – China Joint Statement Addressing the Climate Crisis，” April 17，2021，https：//www. state. gov/u – s – china – joint – statement – addressing – the – climate – crisis/.

② 《中美达成强化气候行动联合宣言》（全文），http：//www. chinanews. com/gn/2021/11 – 11/9606795. shtml。

第三节 潜在挑战

拜登推进碳减排、应对气候变化政策绝非一帆风顺，还需要面临多重挑战。某种程度上，也加大了中美绿色竞争风险。

一、拜登减排雄心将遭遇国内政治阻力

一方面，特朗普“遗产”的破坏作用。特朗普执政4年，通过激活传统能源开采、简化环境审批程序、忽视清洁能源发展、退出国际多边合作等方式，使美国在应对气候变化和碳减排问题上“开倒车”，给美国信誉和应对气候变化努力带来不可逆的损失。克里称：“特朗普总统在全球造成的破坏不仅限于气候。但在气候问题上，他的做法将美国的信誉置于可怕的境地，从根本上摧毁它。”① 此外，特朗普不排除2024年再次角逐总统大选，增加了未来美国气候政策的不确定性。另一方面，共和党与民主党的立场分歧。虽然拜登政府和民主党力推气候变化措施，但共和党主流并不“买账”。皮尤研究中心调查显示，虽然拜登将气候行动与就业联系起来，但共和党对其带来的经济影响表示严重怀疑。59%的共和党人认定拜登以应对气候变化为目的的重建国家基础设施计划将损害美国经济。② 美国两党分歧将导致应对气候变化的核心法案很难在国会“通关”，拜登应对气候变化将仅停留在行政行动，很难通过法律形式留下出彩的“遗产”。同时，拜登遇到的另一个威胁是2022年的中期选举，共和

---

① New Yorker, “John Kerry on the Unfathomable Stakes of the Next U. N. Climate – Change Conference,” August 3, 2021, https://www.newyorker.com/news/q – and – a/john – kerry – on – the – unfathomable – stakes – of – the – next – un – climate – change – conference? utm_source = newsletter&utm_medium = email&utm_campaign = newsletter_axiosgenerate&stream = top.

② Pew Research Center, “On climate change, Republicans are open to some policy approaches, even as they assign the issue low priority,” July 23, 2021, https://www.pewresearch.org/fact – tank/2021/07/23/on – climate – change – republicans – are – open – to – some – policy – approaches – even – as – they – assign – the – issue – low – priority/.

党有很大机会控制国会至少一个院，会在气候政策上对其形成更大的政治掣肘。

二、国际合作仍缺乏合力

虽然拜登极力拉拢盟友，推动全球气候合作，但在涉及各国核心利益的减排目标和自主贡献等具体问题上，盟友均行动谨慎。主要症结在于，担忧3年后美政府交替，应对气候政策再次出现根本性逆转，美国再次出现“缺位”。事实上，美国在全球气候谈判和减少温室气体排放上缺席4年，在国际领导力和信誉方面留下巨大缺口，拜登虽极力修补并取得短期成果，但美国仍需要时间和努力来弥补信誉损失，各国疑虑和担忧远未消除。美国进步中心高级研究员马克思·伯格曼称，拜登总统为恢复美国在全球舞台上的领导地位所做的努力最终将取决于美国在国内对气候采取的行动，而不是国际公报中表达的内容。在目睹特朗普执政期间撤销应对气候变化政策后，世界各国不再信任这种方法。因此，美国要想真正重返全球，首先需要通过强有力的气候立法，让美国承诺采取气候行动。① 但鉴于美国两党分歧、府会争吵，气候立法注定不易。这在一定程度上，让美国盟友与合作伙伴心生疑虑，影响美国主导的国际气候合作形成合力。

三、美国国内各方存在利益冲突

从行业看，美国传统能源生产和采掘业约占美国GDP的8%，受益于特朗普时期“能源独立”“简化审查”等政策，该行业过去几年一直表现不错，是美国经济增长重要拉动力量之一。但拜登绿色新政和减排雄心，将使埃克森美孚、雪佛龙、道明尼能源、康菲公司等美传统能源利益集团的利益受损。而新时代能源伙伴公司、通用电气等清洁能源企业迎来发展新机遇。行业利益冲突正在美国国内引发新的政治博弈，传统能源利益集团游说和施压活动空前活跃。美国石油协会表示，拜登封锁Keystone XL

---

① Max Bergmann and Carolyn Kenney, “Climate Will Test Whether America Is Truly ‘Back’,” June 30, 2021, https://www.americanprogress.org/issues/security/news/2021/06/30/501175/climate-will-test-whether-america-truly-back/.

石油管道等应对气候变化措施是“倒退的”，将阻碍美国经济复苏、破坏北美能源安全。① 埃克森美孚石油公司正在游说国会，在价值2万亿美元基建计划中剔除有关气候变化条款。② 康菲公司成功游说拜登政府为其实施阿拉斯加石油钻探的“Willow”项目进行辩护，该计划30年内每天生产超过10万桶石油。拜登政府的政治妥协，也在遭到人们对其应对气候变化和碳减排的透明性、公平性广泛质疑。

从地区看，美国怀俄明州、阿拉斯加州、北达科他州、新墨西哥州、俄赫拉荷马州经济增长均较为依靠传统能源开采。据美国商务部统计，上述五州的石油天然气与矿石开采占其全部行业产值比例分别为14.4%、12.59%、9.12%、8.2%、8%。拜登限制传统能源开采、推动碳减排、加强能源监管的做法，对上述地区经济造成了不利影响。而康涅狄格州、新泽西州、罗德岛州等先于联邦推动气候变化政策，且标注远高于2050年美国碳中和目标，有望从中获益。各方利益碰撞，激烈博弈不可避免，增加了拜登政府执行绿色新政的难度。

四、债务形势面临风险

目前，价值1万亿美元的《投资美国法案》已在国会参院通关，民主党价值3.5万亿美元的后续大幅投资也在酝酿之中。一旦以绿色名义付诸实施，将让原本严重的美国债务形势更加雪上加霜。据美国国会预算办公室预测，2031年美国联邦债务总额将高达40.97万亿美元，仅利息支付一项就高达9100亿美元，约占当年GDP的2.7%。③ 这已超过拜登政府设定的利息支付金额低于GDP的2%的红线，将严重压缩美国联邦财政空间和应对下一轮危机的能力。美国参院能源和自然资源委员会共和党成员约翰·巴拉索直言：“拜登绿色新政是一项社会主义计划，会破坏工作并降低数百万美国人的生活质量。绿色新政本质并不是为了保护环境，而是民主党人希望可以利用的不计后果的税收和支出狂潮。这将使美国经济陷入

---

① https://www.reuters.com/article/us-usa-biden-climate-idUSKBN29P127.

② https://www.businessinsider.com/exxonmobil-lobbyist-climate-change-green-biden-infrastructure-bbc-channel-4-2021-6.

③ CBO, https://www.cbo.gov/system/files/2021-07/51118-2021-07-budget-projections.xlsx.

困境，国家最终破产。”① 债务及超大规模基建的支出正在成为两党争执的焦点问题，相关立法进程遭遇较大国会阻力，一定程度上也会影响拜登绿色新政和碳减排的全面布局与进程。

五、加剧中美绿色竞争风险

在拜登政府延续特朗普对华强硬总体思路，继续将中国定义为竞争对手的背景下，中美在应对气候变化领域虽然有合作空间，但也蕴含潜在的竞争风险。主要在于：

多边之争。拜登政府重新引领新一轮全球气候治理，主导全球碳减排进程，施压中国承担更多责任。尤其是，在气候变化领域美国已经开始强调“对等”，刻意忽视公平和能力建设，实则是对“共同但有区别承担”“国家自主贡献”等全球气候合作基本国际规则的侵蚀和强制修订。在多边框架下，美国希望中国做出更多减排承诺、遵守气候规则、按美国意愿采取行动。此外，美国积极携手欧洲，把其视为美国领导全球气变的支柱，加紧构建“跨大西洋绿色联盟”，在全球碳市场、共同但有区别承担、边境调节税等核心规则问题上协调立场，形成共同对华施压新态势。中国全力进行碳减排的外部环境更趋恶化。

规则之争。一是关税问题。美在碳边境调节税的立场上日趋积极，一旦付诸实施，针对钢铁、水泥等主要碳产品加征关税，中国将不得不面临 301 关税之后又一个高关税带来的经济损失和出口受阻，使原本复杂且悬而未决的中美 301 关税问题更加复杂化。二是结构性问题。拜登针对中国提出的不允许碳外包、碳补贴，很可能与中美后续谈判补贴政策的结构性问题挂钩，在可能出现的中美后续谈判与磋商中提高对中国的“要价”。三是中国在美国上市企业或面临更大麻烦。在特朗普签署《外国公司问责法》、美监管部门加大对中国在美上市企业施压力度、要求披露更多额外政企联系信息的背景下，美国证券交易委员会酝酿要求企业年报中披露更多气候风险和温室气

① Barrasso, “The Green New Deal is a Socialist Scheme that Would Destroy Jobs & Reduce Quality of Life for Millions of Americans,” August 10, 2021, https: //www. energy. senate. gov/2021/8/barrasso – the – green – new – deal – is – a – socialist – scheme – that – would – destroy – jobs – reduce – quality – of – life – for – millions – of – americans.

体排放等做法，或未来增加在美上市中国企业额外运营成本，面临美国审查的不确定风险再次增大。四是面临更高贸易标准。美国将高环境标准纳入未来世界贸易组织改革和多双边谈判，增加中方贸易负担、削弱中企出口竞争力。

地缘之争。美已将施压“一带一路”倡议作为对华竞争的重要抓手，且正将应对气候变化与打压“一带一路”联系在一起。美国点名中国是世界最大碳排放国，指责中国通过“一带一路”为整个亚洲和其他地区“肮脏”化石燃料项目提供帮助。为此，要求中国取消地区高碳项目补贴和外包；美国与盟友为“一带一路”沿线国家提供低碳能源替代方案；改革国际货币基金组织和区域发展银行债务标准等做法，意在忽视地区发展实际，歪曲中国推进地区高碳项目初衷。自“债务陷阱论”后，美国或再抛“污染论”并将债务与气候问题挂钩，对华展开融资替代竞争，或在气候领域挑起中美地区的激烈博弈。

市场之争。中美气候变化领域虽然拥有广阔的市场合作空间，但在拜登政府软保护主义抬头的背景下，中美也充满了市场之争的风险。一方面，拜登政府推行系列购买美国货、保护性质的产业政策，意在将绿色发展和就业机会留在国内，对中国参与美国内绿色发展仍有意识形态领域的芥蒂和经济民粹主义情绪。此外，美国推动增加在大容量电池等关键产业链领域的弹性，实则是剔除中国企业参与绿色市场可能，对华进行绿色科技领域“脱钩”。另一方面，中国也有双循环发展战略。针对美国一意孤行和疯狂打压“脱钩”，不得不加大关键领域自主创新和进口替代，确保国家经济和产业安全。在此背景下，中美绿色经济与碳减排合作或面临两大市场“分道扬镳”的潜在风险。

总体而言，拜登政府执政后全力推动应对气候变化和碳减排、重返世界舞台并继续扮演领导者角色等做法，有助于实现“绿色美国”目标、刺激经济增长、巩固多边领导力，也可以对全球应对气候变化产生重要的积极影响。但在推动过程中，仍充满着诸多国内和全球挑战。对中美而言，气候问题是两国在双边关系前所未有紧张的背景下拥有的难得共识和合作亮点。但如果美国依然以竞争心态对待中国参与全球气候问题，未来将中美引向绿色竞争和对抗的风险不能排除。因此，关键是中美两国要相互尊重、凝聚共识和互信，以合作者和建设者的姿态引领全球碳减排和应对气候变化行动，造福世界和人类。

第四章

欧盟构建碳中和大陆的举措及前景*

长期以来，欧盟是全球推动气候变化治理和能源转型最为积极的国际行为体，其在全球较早提出"碳中和"概念，并制定了完整的气候能源一揽子政策框架并加紧稳步推进。目前，欧盟推进碳中和的政治意愿强劲、经济动力充足，同时也顺应了全球谋求应对气候变化和可持续发展的大趋势，预计未来有望取得较大进展。

第一节　概念认知和构想

减少二氧化碳等温室气体排放以缓解气候变化，是全球多年来普遍接受的课题。欧盟是全球推动气候变化治理和能源转型最为积极的国际行为体，事实上在官方层面上也最早提出类似概念。2018 年 4 月，欧盟委员会下属智库"欧洲政治战略中心"发布报告，提出"净零排放并非遥不可及的梦想"，认为技术创新将成为促进减排最大的动力，诸多清洁能源技术中的氢能、光伏、风电、智能电网、电池储能、终端能效以及电动汽车技术已经成熟。① 2018 年 11 月，欧盟委员会发布《为所有人创造一个清洁星球——将欧洲建设成为繁荣、现代、具有竞争力和气候

---

* 本章作者：董一凡，中国现代国际关系研究院欧洲研究所助理研究员，主要从事欧洲经济、能源等问题研究。

① "EU COMMISSION/EPSC 10 TRENDS RESHAPING CLIMATE AND ENERGY, 2018," https://swesif.org/wp-content/uploads/2020/04/epsc_-_10_trends_transforming_climate_and_energy-1.pdf.

中性经济体长期战略愿景》政策文件，[①] 提议至 2050 年推动欧洲实现“气候中和”（Climate Neutral），即至 2050 年实现温室气体净排放为零的目标，是欧盟首次在政策层面提出相关目标。事实上，欧盟的“Climate Neutral”概念在中文语境下更多被翻译为“碳中和”，[②] 但其与“Carbon Neutrality”之间具有较大的区别，前者表示对所有种类温室气体实现净排放，后者仅仅强调二氧化碳净排放为零的状态。[③] 因此，欧盟提出的“Climate Neutral”将是比“Carbon Neutrality”更具雄心的愿景，但当前全球气候话语中更多讨论碳中和的概念，下文中仍然以碳中和描述欧盟相关政策举措和进展。

欧盟对于“碳中和”及其实现路径有着独特的解读和理解。欧盟认为，包括自身在内的世界各国均应为《巴黎协定》规定的“本世纪中叶实现‘碳中和’”而付出努力。在路径方面，欧盟认为仅凭借自然界对碳的吸收和固存无法实现碳中和，必须通过能源等产业领域的减排来实现，以及推进经济发展和社会生活方式的全面转型来实现。[④] 然而，欧盟并非不重视碳吸收的“碳汇”的建设，据统计，欧盟森林每年能吸收温室气体总排放量的 10%，因而保护海洋、土壤和森林的行动对于吸收排放至关重要。[⑤]

在欧委会 2018 年的文件中，欧盟强调了应对气候变化的紧迫性和必要性，同时阐述碳排放和经济增长有望实现不相关性，以及推进碳中和成为经济社会转型的重要动力，而推进碳中和既需要能源的清洁低碳转型降低总排放量，同时需要制定相应规则促进欧盟土地和森林的二氧化碳吸收，

---

① European Commission, A Clean Planet for all A European strategic long - term vision for a prosperous, modern, competitive and climate neutral economy, COM (2018) 773 final, Brussels, 30 November, 2018.

② 《欧盟计划到 2050 年实现“碳中和”》，新华社，2018 年 11 月 28 日，http://www.xinhuanet.com/2018-11/29/c_1123784842.htm。

③ “Carbon neutrality,” https://en.wikipedia.org/wiki/Carbon_neutrality.

④ “What is carbon neutrality and how can it be achieved by 2050?” European Parliament, https://www.europarl.europa.eu/news/en/headlines/society/20190926STO62270/what-is-carbon-neutrality-and-how-can-it-be-achieved-by-2050.

⑤ “5 facts about the EU's goal of climate neutrality,” European Council, Last update: 11 December, 2020, https://www.consilium.europa.eu/en/5-facts-eu-climate-neutrality/.

发挥土地利用部门、农业和森林等方面作用，认为只有2050年实现碳中和才是欧盟为实现《巴黎协定》目标所做的应有贡献。同时，欧盟在这一文件中还提出，通过多种技术途径，欧盟有望2050年实现温室气体比1990年水平降低（以下简称“减排”）80%甚至85%，而加入“碳汇”手段则净排放可减至90%。为实现碳中和，欧盟提出至2050年减排80%争取达到零排放的最高愿景性目标，在电力、交通、工业、农业、建筑业等产业中提出减排目标和路径。时任欧委会气候能源委员卡内特指出，欧委会将致力于促进欧洲成为首个碳中和经济体，实现碳中和是“必要、可能且符合欧洲利益”。①

此后，欧盟不断强化对于碳中和的认知和解释。2019年3月，欧洲议会通过关于推进《巴黎协定》气候目标的协议，表明支持21世纪中叶实现碳中和的态度，并呼吁欧盟在2018年政策文件基础上做出更大努力。② 2019年5月以后，欧盟经过欧洲议会和欧盟机构换届后，对实现碳中和和促进气候变化治理的重视程度更为增强，不断强化这一话语。2019年7月，冯德莱恩作为欧委会主席候选人向欧洲议会宣介其施政纲领时，首先提及的问题即是气变的严峻形势，提出将推进应对气候变化和经济能源转型的“欧洲绿色协议”，重申“2050年将欧洲建成世界首个实现气候中立的大陆”。③ 2019年12月，新一届欧委会上台数天内即推出《欧洲绿色协议》，提出欧盟将继续推进落实2018年的碳中和目标，并在2050年中长期目标基础上提出了2030年的中期目标，即至2030年减排50%并争取达到55%。④ 2020年1月，欧洲议会提出对《欧洲绿色协议》的支持决议，认

---

① “Going climate - neutral by 2050,” https://op.europa.eu/en/publication - detail/ - /publication/92f6d5bc - 76bc - 11e9 - 9f05 - 01aa75ed71a1.

② European Parliament, European Parliament resolution of 14 March 2019 on climate change - a European strategic long - term vision for a prosperous, modern, competitive and climate neutral economy in accordance with the Paris Agreement, 2019/2582 (RSP), Strasbourg, 14 March, 2019.

③ “A Union that strives for more My agenda for Europe,” European Commission, July 16, 2019, pp. 3 - 6.

④ “The European Green Deal,” European Commission, December 11, 2019, pp. 2 - 8.

为碳中和将是该协议的关键性目标。① 2020 年 3 月 4 日，欧委会又公布了《欧洲绿色协议》的法律支撑框架——《欧洲气候法》，将欧盟中长期减排目标——2050 年实现净排放"清零"，及 2030 年减排 50% ~55% 的中期日标订立为欧盟法律，同时强调目标的"不可逆性"，标志着全球首个经济体将碳中和目标进行了立法落实。② 2020 年 3 月 6 日，欧盟正式将"2050 年实现碳中和"目标向《联合国气候变化框架公约》递交，标志欧盟将碳中和提升至国际承诺的高度。③ 2020 年 9 月，欧盟委员会发布《加强欧洲 2030 年的气候宏伟目标：投资于气候中性的未来并造福于我们的人民》的政策文件，提出一系列落实《欧洲气候法》中 2030 年气候政策目标的措施，包括了能源、产业、交通、碳排放规则等领域，将欧盟 2030 年的宏观目标在各个领域进行了细化，并在各领域现有政策目标和政策轨迹基础上进行优化。④ 2020 年 12 月，欧洲理事会批准《欧洲气候法》的碳中和目标和 2030 年减排目标，标志着欧盟继续巩固其推进碳中和的政策趋向。⑤

欧盟的碳中和目标也得到成员国的广泛支持和呼应。2019 年 6 月，包括德国、希腊、意大利和斯洛文尼亚等在内的 18 个欧盟成员国表态支持欧盟的碳中和目标。⑥ 同时，一些国家制定本国碳中和目标，比如瑞典准备

---

① European Parliament, European Parliament resolution of 15 January 2020 on the European Green Deal, 2019/2956 (RSP), Strasbourg, 15 January, 2020.

② "Establishing the Framework for Achieving Climate Neutrality and Amending Regulation (EU) 2018/1999 (European Climate Law)," European Commission, March 4, 2020, pp. 3 – 10.

③ "Submission by Croatia and the European Commission on behalf of theEuropean Union and its Member States," https: //unfccc. int/sites/default/files/resource/HR – 03 – 06 – 2020%20EU%20Submission%20on%20Long%20term%20strategy. pdf.

④ European Commission, "Stepping up Europe's 2030 climate ambition Investing in a climate – neutral future for the benefit of our people," COM (2020) 562 final, September 17, 2020, pp. 3 – 6.

⑤ "Council agrees on full general approach on European climate law proposal," 17 December, 2020, https: //www. consilium. europa. eu/en/press/press – releases/2020/12/17/council – agrees – on – full – general – approach – on – european – climate – law – proposal/.

⑥ "18 EU countries now support 2050 carbon neutrality goal," 17 June, 2019, https: //www. euractiv. com/section/energy – environment/news/18 – eu – countries – sign – up – to – 2050 – carbon – neutrality – goal/.

2045 年实现碳中和，而丹麦、法国、匈牙利、比利时则订立了 2050 年实现的目标，西班牙制定碳中和相关法律草案，爱尔兰、卢森堡、克罗地亚、芬兰、奥地利、葡萄牙、斯洛伐克和斯洛文尼亚分别制定实现碳中和的跨党派协议或政策立场，2021 年 6 月德国则将碳中和目标提前至 2045 年。

第二节　主要举措

欧盟推进碳中和目标的实现，主要通过其气候能源政策的落实来实现。2019 年 12 月，欧委会提出的《欧洲绿色协议》，是欧盟应对气候变化、促进能源转型、推动可持续发展模式的一揽子政策规划，包括了经济、产业规划、投资促进、对外伙伴关系等多方面的设计。可以说，《欧洲绿色协议》是未来五至十年欧盟气候能源政策提纲挈领的文件，为这一领域规划了路径、愿景与蓝图。[①] 事实上，《欧洲绿色协议》也是 2018 年 11 月欧委会《为所有人创造清洁星球——将欧洲建设成为繁荣、现代、具有竞争力和气候中性经济长期战略愿景》文件中目标、路径及政策倡议的具体细化文件，也是欧盟实现碳中和的顶层政策设计。

从《欧洲绿色协议》的政策框架设计来看，这一政策是一个内涵丰富，包括多个层面的碳中和推动战略，其核心是“促进欧盟经济可持续转型”，同时以《欧洲气候法》以及促进欧盟全球领导力与核心目标互为支撑。而为了“促进欧盟经济可持续转型”目标，欧盟提出包括增强 2030 年和 2050 年气候目标，保障清洁、可负担、安全能源供应，发展实现清洁和循环经济的工业，构建有效利用能源资源的建筑和装修行业，促进环境无毒害化，保护和重塑生态系统与生物多样性，促进公平、健康、环境友好性食品体系，加快可持续智能交通转型这八大领域。在支持政策方面，《欧洲绿色协议》也提出了推进转型的金融支持政策以及促进经济转型兼顾社会公正与包容的“公正转型机制”。事实上，这些倡议的许多提法已

---

① 《雄心、焦虑、利益、分歧：欧盟密集推出气候新政背后》，21 January，2020，https：//www. thepaper. cn/newsDetail_forward_5585409。

经在冯德莱恩主席的施政纲领中提出，《欧洲绿色协议》提出后其包含的政策倡议迅速得到落实和推进，也体现了欧盟对促进碳中和的成熟谋划以及稳步落实。

一是增强清洁、可负担、安全能源供应保障。欧盟将能源保障视作实现“碳中和”至关重要的优先领域。能源部分占欧盟温室气体排放量的75%，欧盟一方面关注能源系统的脱碳化发展，特别是建设以可再生能源为基础的电力系统，促进煤炭淘汰和脱碳天然气使用，同时发展互联互动、集成智能的能源市场和能源体系，保证欧盟能源供应安全稳定以及价格合理。欧盟也为此制定了详细的行业目标，如为了实现2030年的气候目标，建筑和电力行业需要承担欧盟减排总量的60%，至2030年可再生能源占电力生产从32%升至65%，供热和制冷部门可再生能源使用达40%，2030年煤炭消耗应与2015年相比减少70%，石油和天然气消费量将分别减少30%和25%，可再生能源占能源消费比重应达到38%～40%。① 为此，欧盟推进以下领域的努力。

首先，欧盟促进各成员国根据欧盟能源政策落实相关法律措施——《能源联盟和气候行动治理条例》，制定本国的气候能源目标，同时欧委会将有权审查甚至修改成员国目标，在2023年欧盟各国再次修订能源气候目标时应保证目标有助于促进欧盟整体气候目标的实现。而各国具体目标的设置和落实，将成为欧盟整体“碳中和”目标实现的有力保障。

其次，欧盟将加大清洁能源转型，将海上风电、跨部门的可再生能源，能源效率、智能集成等作为重要途径，并分别制定相应措施。在天然气方面，欧盟将加强对天然气脱碳的支持和发展，促进天然气脱碳气体市场竞争体制设计等。而欧盟在这一目标倡导下不断完善充实可再生能源各个细分领域的政策规划。2020年7月，欧委会提出《能源系统一体化战略》和《欧盟氢能战略》，是绿色新政在推进能源体系转型和扶持氢能等战略性新兴产业的新举措。《欧盟氢能战略》提出，欧盟将努力实现至2024年可再生电力制氢产能提升至每年6吉瓦，产量达到每年100万吨，

① European Commission, “Stepping up Europe's 2030 climate ambition Investing in a climate－neutral future for the benefit of our people,” COM (2020) 562 final, September 17, 2020, pp. 3－6.

至2030年将产能提升至40吉瓦，产量达到1000万吨，为此提出构建产业联盟、加大政策扶植力度、加大基础设施投入、促进国际合作等多种措施共同促进欧盟氢能产业发展，成为运输、交通、基础设施、能源相关转型的支撑。① 2020年7月，欧委会建议构建由全欧企业、科研机构、非政府组织等组成的“氢能联盟”，以构建欧盟的氢能产业竞争力，② 同时规划一批“欧洲共同利益重要项目”，带动产业发展和产业链整合和强化，目前“氢能联盟”拟推动280家企业参与制氢电解槽的相关产业链，并推进1吉瓦规模的电解槽项目发展。2020年11月，欧委会提出《为了气候中和未来发掘离岸可再生能源潜力的欧洲战略》政策文件，提出欧盟应从目前12吉瓦海上风电装机的水平继续发展，到2030年海上风电和潮汐能装机分别达到60吉瓦和1吉瓦，2050年分别达300吉瓦和60吉瓦，并推动2021～2030年在离岸可再生能源电网方面投资达到600亿欧元。③

最后，欧盟将促进智能能源基础设施建设，特别是区域和跨境能源基础设施，包括智能电网、氢网络或碳捕集、能源存储和利用以及部门整合等，还包括现有的基础设施的升级等。为此，2020年12月，欧委会根据《欧洲绿色协议》要求评估并更新“跨欧能源网络”的规划，提出修订跨欧能源网络相关规则的建议，称将促进未来该项目更加服务于实现《欧洲绿色协议》和欧盟“气候中和”目标，包括2050年可再生能源发电占80%等目标，同时应服务于氢能、可再生能源电力跨境传输等发展方向。④此外，欧盟在保障能源供应过程中也将考虑到“能源贫困”问题的应对与解决。

二是发展清洁型、循环型工业。欧盟将清洁型、循环型工业视为一代

---

① 董一凡：《欧盟氢能发展战略与前景》，《国际石油经济》，2020年第10期，第25页。

② 董一凡：《试析欧盟“绿色新政”》，《现代国际关系》，2020年第9期，第43页。

③ European Commission, “An EU Strategy to harness the potential of offshore renewable energy for a climate neutral future,” COM (2020) 741 final, Brussels, 19 November, 2020.

④ European Commission, “Proposal for a Regulation of the European Parliament and of the Council on guidelines for trans - European energy infrastructure and repealing Regulation (EU) No 347/2013,” COM (2020) 824 final, Brussels, 15 December, 2020.

人（25 年）的中长期规划。欧盟准备改变工业生产不断扩大资源能源消耗的现状，构建循环型的工业模式，并降低促进工业温室气体排放水平下降（目前工业占欧盟温室气体排放的 20%），为此首先提出欧盟应推进新的工业战略。2020 年 3 月，欧委会提出的《欧洲新工业战略》，将产业战略定位为“实现碳中和气变目标的路径之一”，同时提出“打造绿色可持续工业体系”的目标，即以低碳技术与数字技术共同推动欧盟新工业转型，而非仅仅停留在特定产业支持，其“绿色路径”具体体现在规划钢铁、水泥、化工等传统能源密集型行业的新发展路径，将清洁技术结合传统产业以实现“零碳产钢”等目标，为离岸风电等新兴可再生能源技术提供战略支持，关注运输、航天等领域低碳化和智能化发展，制定《可持续和智能移动战略》来推动绿色交通相关产业发展及国际规则制定等，显示欧盟“工业发展绿色化”已超越发展低碳能源产业本身，是推进整个工业乃至经济体系可持续发展的模式。其次是发展循环经济，包括推动产品提升循环设计水平，加大对回收原料的使用，特别是纺织、建筑、电子和塑料部门，鼓励企业为消费者提供耐用产品以及促进可重复使用、耐用和可维修产品的措施，促进原料回收的规则和评估制度。最后为有关绿色工业的关键产业提供支持，包括制定关键矿产和原材料供应战略，制定构建欧洲电池价值链战略，促进人工智能、5G、云计算以及物联网等数字技术促进绿色工业转型的应用等。2020 年 9 月，欧盟委员会发布《关键原材料韧性：指向更安全、更可持续性的道路》政策文件，分析了欧盟在关键原材料对外依赖程度，同时呼吁建设“欧洲原材料联盟”这样的产业联盟增强对原材料领域研发、开采、加工能力，同时促进采购多元化以及国际合作等。①

三是推进装修业绿色化。欧盟认为占据 40% 能源消耗和 36% 温室气体排放量的建筑行业具备较大的节能减排潜力的挖掘空间，比如 75% 的建筑能源效率低下，可促进目前欧盟成员国 0.4% ~1.2% 的房屋返修率进行翻倍，推进建筑物“革新浪潮”。为此，欧盟一方面准备推出一系列规则倒逼计划，比如探索将建筑业排放纳入欧盟排放交易体系，评估和更新成员国建筑物翻修战略，修改建筑和装修领域的标准，使其符合循环经济、应

① European Commission, “Critical Raw Materials Resilience: Charting a Path towards Greater Security and Sustainability,” COM (2020) 474 final, Brussels, 3 September, 2020.

对气候变化以及数字化等方面要求等。另一方面，欧盟推进新型建筑改造计划，构建涵盖建筑部门、建筑师、工程师、地方政府等开放平台，并以“投资欧盟”等欧盟投资支持计划加以辅助，来推进节能和低碳的建筑改造，以此推动建筑行业整体低碳转型。在《欧洲绿色协议》提出建筑改造计划后，欧盟委员会进行了积极推动。2020 年 9 月，欧盟委员会主席冯德莱恩在向欧洲议会的年度讲话中提出“欧洲包豪斯”建筑物改造倡议。2020 年 10 月，欧委会发布《欧洲革新浪潮：绿化建筑 创造就业机会 改善生活》政策文件，提出一系列建筑业低碳改造政策建议，从改革建筑能效指令、促进智慧型改造、加大资金投入等方面扩大支持力度。①

四是建设可持续智能交通。欧盟提出到 2050 年将交通排放减少 90% 的目标，为此提出以下措施。其一，促进运输手段多元化，推动公路、铁路、航空和水路运输为减排作出贡献，将陆路运输向铁路和内陆水运转移，发展近海运输在内的多重联运方式。公路运输占当前欧盟温室气体排放的 20%，1990 ~ 2019 年其排放总规模上升 20%，欧盟认为该领域可为实现 2030 年和 2050 年气候能源目标作出贡献。② 其二，推动交通智能化建设，减少堵车和污染。其三，让交通燃料充分反映“污染成本”，包括推动修订《能源税指令》，调整航空和海运燃料免税政策，加强国际民用航空组织和国际海事组织协调国际规则等。其四，推动运输清洁化，比如支持零排放和低排放车辆和船舶使用以及相关基础设施部署建设，修订汽车排放标准，制定限制航空和海运污染的规则等。2020 年 9 月，欧委会在政策文件中倡议交通部门在可再生能源使用比重方面应从当前的 6% 大幅提升，通过使用生物燃料、低碳燃料和电动汽车等途径将其到 2030 年提升至 24%。③ 在交通领域，欧委会 2020 年 12 月提出了《可持续和智能出行战略——使欧洲运输步入未来》文件，实现包括零排放汽车、高铁等方面

---

① European Commission, “A Renovation Wave for Europe – greening our buildings, creating jobs, improving lives,” COM (2020) 662 final, Brussels, 14 October, 2020.

② European Commission, “Stepping up Europe’s 2030 climate ambition Investing in a climate – neutral future for the benefit of our people,” COM (2020) 562 final, September 17, 2020, pp. 3 – 6.

③ European Commission, “Stepping up Europe’s 2030 climate ambition investing in a climate – neutral future for the benefit of our people,” COM (2020) 562 final, September 17, 2020, pp. 3 – 6.

发展目标，推广自动驾驶技术，发展智能泛欧交通网络基础设施，并首次提出船舶和飞机零碳发展的规划。①

五是构建公平、可持续农业和食品产业。欧盟准备构建从生产到消费的全流程可持续食品产业链，即“从农场到餐桌战略”。在这一框架下，欧盟准备将共同农业政策预算的40%和欧盟海洋渔业基金的30%投入到气候行动中，推广精准农业、有机农业、农业生态、农林业以及更严格的动物福利标准等可持续发展的做法，鼓励和奖励农民改善生产过程中的环境和气候绩效问题，开发可持续生产的海鲜等。在其他生产环节中，欧盟将在化肥农药、产品包装运输、食物垃圾等环节上促进可持续和循环经济模式，为消费者提供更多有关健康、可持续性等方面的透明信息，同时在进口中秉持可持续的高标准和原则。2020 年 5 月，欧盟委员会正式公布了《从农场到餐桌的战略：建立公平、健康和环保的粮食体系》政策文件，提出建立适合消费者、生产者、气候和环境的食物链，确保可持续粮食生产、确保粮食安全，促进可持续食品加工、批发、零售、接待和食品服务实践，促进可持续食品消费和健康可持续饮食的转变，减少粮食损失和浪费，打击食品供应链中欺诈行为等主要举措。② 此外，欧盟还提出通过有效使用肥料、采用精确耕作、养育更健康的畜群以及部署产生沼气的厌氧消化和增值有机废物等，以及可持续贝类和藻类生产增长等方式，促进农业领域减排二氧化碳以外的其他温室气体。

六是促进生物多样化保护。欧盟认为生物多样性的丧失，很大程度上是由于人类开采自然资源等活动，同时气候变化是仅次于人类活动的破坏生物多样性的因素。③ 为此，欧盟将指定一揽子措施修复受损的生态系统，包括在农业政策中的农药花费方面的规定、促进欧洲城市绿色化建设、增加城市生物多样性、应对渔业对生态系统的不利影响、管理海洋保护区、制定森林战略促进欧洲森林的保护和恢复、推动可持续的蓝色海洋经济并

---

① European Commission, “Sustainable and Smart Mobility Strategy – putting European transport on track for the future,” COM (2020) 789 final, Brussels, 9 December, 2020.

② European Commission, “A Farm to Fork Strategy for a fair, healthy and environmentally – friendly food system,” COM (2020) 381 final, Brussels, 20 May, 2020.

③ “The European Green Deal,” European Commission, December 11, 2019, pp. 2 – 8.

促进海上可再生能源以及可持续海洋养殖等措施。2020 年 5 月，欧委会发布了《欧盟 2030 年生物多样性战略：自然回归生活》政策文件，成为欧盟促进生物多样性战略提纲挈领的政策架构。① 政策文件提出，新冠病毒感染疫情暴发显示了促进自然需求和恢复生物多样性方面的重要性，对增强人类的生态韧性和防止大规模传染病暴发至关重要，欧盟将在建筑、农业和食品饮料三个行业中推进生物多样性措施，而采取环境措施本身也将带来巨大的经济效益，其中包括促进有机农业和农地生物多样化、扭转授粉生物减少的趋势、让 2.5 万公里欧盟河流重新禁航、至 2030 年减少 50% 杀虫剂使用、至 2030 年增加 30 亿植树等政策措施，还将在能源政策、海洋政策、农业渔业政策、环境政策等领域推进保护生物多样性措施。在政策支持上，欧盟将从企业责任、投资和税收政策、公共政策设计、教育培训、贸易政策、国际议程方面加以支持，并通过欧盟预算、促进私人企业投资、欧盟投资框架等方式，促进每年 200 亿欧元投资流向生物多样性相关项目和领域。②

七是建设无毒无污染环境。欧盟拟推动监测、报告、防止在空气、水、土壤和消费产品方面的污染，并在 2021 年通过一项针对空气、水和土壤的零污染行动计划。为达到零污染的目标，欧盟准备推进恢复地下和地表水功能，空气质量的监测，解决大型工业设施污染。在无毒环境方面，欧盟将管控化学品视作实现这一目标的优先事项，欧盟委员会计划出台可持续化学品战略，促进安全和可持续的替代性化学品发展，并增强欧盟评估化学品毒性、处理化学品优先层级、化学品评估透明度，以及分析化学产品中风险较大成分和危险化学品等。2020 年 10 月，欧盟委员会出台了《朝向无毒环境可持续发展的化学品战略》，实质上在促进欧盟化工产业进一步向绿色化和数字化转型，同时保护消费者和弱势群体免受有毒化学品侵害，以及在涉及药品、新能源等战略领域的化学品中促进所谓供应链自

① European Commission, "EU Biodiversity Strategy for 2030 Bringing nature back into our lives," COM (2020) 380 final, Brussels, 20 May, 2020.

② European Commission, "Factsheet: EU 2030 Biodiversity Strategy," https://ec.europa.eu/commission/presscorner/detail/en/fs_20_906.

主，增强和推广化学品领域的国际标准，特别是可持续发展的层面等。[①] 此外，欧盟还希望发展土地利用、土地利用变化和林业部门，通过恢复湿地、泥炭地和退化土地，改善和加强森林保护，实现可持续的森林管理、造林以及改善土壤管理，增强欧盟土地和森林吸收温室气体的能力，提升欧盟“碳汇”水平，使其恢复至每年吸收3亿吨二氧化碳的水平。[②]

第三节　政策杠杆

对于欧盟而言，碳中和的实现包括了能源、工业、环境、食品、化工等多个领域的明确目标与愿景，为实现这些目标，欧盟也在《欧洲绿色协议》框架下提出包括内部政策和外部政策的多重杠杆。在内部，欧盟将促进低碳绿色经济转型的融资便利性，同时注重转型进程中的社会正义，“不让一个人落在后面”，通过为转型受冲击和影响的产业、地区与民众提供援助，在技术层面则加大对相关领域的科研创新支持。而在外部层面，欧盟一方面致力于成为全球气候能源转型的领导者和先驱者，同时努力在欧盟层面构建一份“欧洲气候公约”，以覆盖各个国家、各个领域和各个人群的共识，并成为欧盟层面上的国际贡献的坚定支持。目前，欧盟碳中和主要包括以下政策手段。

一、加强欧盟预算支持

在扩大投资方面，欧盟认为自身应当有一项促进投资的计划，满足实现碳中和的资金需求，同时推出一系列可持续项目与资金进行对接，实现可持续投资的良性环境及良性循环。为此，欧盟计划为可持续项目拓展多个资金渠道。欧盟预计，为实现自身气候目标，2021～2030年间欧盟每年

---

① European Commission, “Chemicals Strategy for Sustainability towards a Toxic – Free Environment,” COM (2020) 667 final, Brussels, 14 October, 2020.

② European Commission, “Stepping up Europe’s 2030 climate ambition investing in a climate – neutral future for the benefit of our people,” COM (2020) 562 final, September 17, 2020, pp. 3 – 6.

平均能源相关投资应比2011～2020年平均水平高出3500亿欧元，才能有望给予实现气候能源目标以有效的资金保证。[①] 为此，欧盟包括在碳中和预算方面具有以下路径。

（一）加强自身预算配置

目前，欧委会计划在所有由欧盟共同预算支持的项目中，均投入至少25%的资金注入气候相关目标，同时将欧盟预算中的共同收入注入气候计划，比如塑料包装税以及欧盟碳排放交易机制拍卖收入的20%用于气候相关投资和创新。同时，欧盟还计划制定相应规则引导成员国财政政策获得更好的支持，比如欧盟的经济治理框架应为成员国财政预算提出绿色和可持续发展方面的要求，并且在税收、国家援助和补贴制度上加以设计，已达到支持可持续产品以及削减化石能源补贴方面的目的。其次是欧盟投资计划和投资开发机构的注资。在欧盟创立的公共投资机制中，投资欧盟基金的30%将用于气候变化项目，同时投资欧盟基金还将为成员国提供贷款担保，鼓励其为气候项目投资。

（二）便利私营部门投资

近年来，全球特别是欧盟的绿色金融发展迅速，成为支持经济和能源转型的重要资金来源之一，欧盟也希望借助绿色金融规则的构建，引导更多资本进入可持续项目，并加强欧盟对全球绿色金融的领导力。为此欧盟准备推出可持续金融战略以及可持续金融项目分类标准，包括制定更加明晰的可持续发展企业责任、绿色金融产品标签以及将气候环境风险纳入企业金融风险评估框架的规则等。目前，欧盟推进的碳中和相关融资已经提出相应举措。2020年1月，欧委会提出《欧洲可持续投资计划》，即《欧洲绿色协议》的投资促进工具，计划调动欧盟预算、欧盟和成员国现有公共投资框架等，未来十年内为应对气变吸引总计1万亿欧元公私投资，在该框架下还提出公正转型机制，计划筹集1000亿欧元的投资，补助因应对气变及减排而遭经济社会冲击的地区、产业及人群。[②] 同时，公正转型机

① European Commission, "Stepping up Europe's 2030 climate ambition investing in a climate - neutral future for the benefit of our people," COM (2020) 562 final, September 17, 2020, pp. 3 - 6.

② 董一凡：《试析欧盟“绿色新政”》，《现代国际关系》，2020年第9期，第41～42页。

制也是《欧洲绿色协议》框架下“不让任何人落后”政策支柱的主要支撑手段，帮助欧盟特定产业和群体应对绿色转型的经济和社会方面的挑战，防止类似法国 2018 年底“黄马甲”运动的社会反弹问题发生。在新冠病毒感染疫情暴发后，欧盟反而将推进经济复苏作为促进绿色转型的相应投资的机遇，2020 年 7 月，欧盟通过的“下一代欧盟”经济复苏计划，也被称为“恢复基金”，宣称要以欧委会的信用名义向市场发行 7500 亿欧元债券进行贷款支持欧盟经济复苏，而欧盟宣称将 30% 的资金用于气候相关项目，以大幅提振欧盟官方发行的高信用评级绿色债券水平和促进相应投资的提升。

（三）构建绿色金融规则

2020 年 6 月，欧洲议会和欧盟理事会分别通过了欧盟委员会与 2018 年提出的可持续融资分类方法草案，这将促使金融机构为其金融产品的可持续性提供详细信息，为可持续投资和金融产品制定相应的认证标准，以成为欧盟甚至全球绿色金融发展的规范，① 2021 年 7 月欧盟委员会正式提出政策纲要。在绿色金融领域，欧盟高度重视绿色金融对可再生能源、适应或缓解气候变化相关项目的支持作用，因而不断推进可持续金融规则的建设。2021 年 4 月，欧盟委员会发布可持续金融一揽子框架，包括《欧盟可持续金融分类授权法案》《公司可持续发展报告指令》等，以及对六部相关授权法案进行修订的立法建议，进一步抢抓国际绿色金融规则制定先机。② 其中，《欧盟可持续金融分类授权法案》涵盖了欧盟 40% 的上市公司的经济活动，包括能源、林业、制造、运输和建筑等部门，占到欧盟直接温室气体排放量的 80% 左右，为这些企业规定详细的排放信息披露义务，进而帮助投资者进行决策；《公司可持续发展报告指令》要求欧盟 5 万家上市公司遵循环境可持续信息报告制度，涉及投资、保险、信托、金融产品监管与治理等，包括要求投资顾问征询投资者对可持续因素偏好、提出金融公司评

---

① European Commission, “Sustainable Finance: Commission welcomes the adoption by the European Parliament of the Taxonomy Regulation,” June 18, 2020, https: //ec. europa. eu/commission/presscorner/detail/en/ip_20_1112.

② European Commission, “Sustainable Finance and EU Taxonomy: Commission takes further steps to channel money towards sustainable activities,” April 21, 2021, https: //ec. europa. eu/commission/presscorner/detail/en/ip_21_1804.

估洪水等可持续风险的要求以及金融产品涉及可持续因素等建议。

二、更新相关能源气候政策框架

欧盟预计将在未来更新2018年版的“碳排放交易体系”规则、促进成员国明确减排义务落实的“贡献分配制度”、土地利用变化和林业部门规则。同时，欧盟根据《欧洲绿色协定》之前目标制定的“可再生能源指令”“能效指令”以及《能源联盟和气候行动治理条例》等虽预计将有效促进减排进程，但目前各方预测以现有政策效力不足以使欧盟在2030年达成减排55%的目标。而碳排放交易体系则是向市场和相关部门释放碳交易成本信号的重要方式，使得污染者为了碳相关的外部性成本而付费，进而推动了可再生能源、能效技术等方面成本竞争力的上升以及刺激相关投资，比如碳排放交易体系已经通过直接和间接方式使建筑物供暖领域30%的排放进入这一体系。因此，未来欧盟将继续促进碳排放交易体系、能效、可再生能源指令、能源税收、汽车排放标准等方面制度更新，修改关键性内容，为其碳中和战略进一步增加制度动力。在碳排放交易体系领域，欧盟还将考虑使该体系覆盖航空、海运以及更多的工业领域，并且提升每年配额发放的削减量。

三、强化科研创新对推进绿色转型的重要作用

2021年起，欧盟将启动新一轮的科技支持计划——“欧洲地平线”，欧盟委员会建议至少35%的资金支持实现气候目标，并且建立创新基金支持在能源和工业领域突破性技术的商业化发展。在“欧洲地平线”框架下，欧盟将制定四个“绿色协定任务”来支持气候变化适应海洋、城市、土壤等方面的创新活动，重点领域包括电池、清洁氢、低碳炼钢、循环生物基部门和建筑环境等。而欧盟下属科研支持机构欧洲创新与技术研究院也将与高校、科研机构、企业等各方面进行科研合作，强调跨部门、跨学科的研究工作，包括可再生能源、未来食品、人工智能的环境应用、环保和一体化的城市交通等前沿领域。同时，欧盟还注重在教育培训领域促进适应“碳中和”战略，比如加大相应投资，帮助劳动者培养适应生态经济转型所需要的技能，促进技能培训和青年保障项目等。

第四节　前景及挑战

总体而言，欧盟对于实现碳中和愿景仍然具有巨大期望，在新冠病毒感染疫情和拜登就任美国总统等新的内外形势下，仍然坚持并不断加强促进碳中和的政策路线。在新冠病毒感染疫情背景下，欧盟强化了积极应对气候变化以构建更安全、舒适生活环境的认知，同时对应对新冠病毒感染疫情带来的经济冲击措施与推动经济绿色化、数字化转型发展注入更多新的复苏动力相结合，而美国新政府在气候变化政策上的重大转变，也被欧盟视作重要机遇。加强应对气候变化以及实现碳中和在全球范围内具有越来越多的共识，美国、中国、挪威、日本、韩国、英国等国都设定了本国碳中和目标。在此背景下，欧盟进一步增强了应对气候变化的能力和实现碳中和的承诺。

在2020年新冠病毒感染疫情暴发以来，欧盟虽然遭遇了经济上的巨大压力，但并未如此前的金融危机和欧债危机那样，在气候能源问题上从“气候环境目标优先”转向“经济效率优先”，而仍然下决心继续推进为实现碳中和目标的“绿色新政”。无论是2020年5月德法两国提出的欧洲复苏计划还是欧委会提出的《欧洲的关键时刻：修复并为下一代做好准备》，均高度强调《欧洲绿色协定》促进经济增长的意义，并且将“绿色化”和“数字化”并列为促进欧盟经济转型升级现代化的动力。2020年4月，德国彼得斯堡气候变化视频对话会期间，欧盟委员会主席冯德莱恩、副主席蒂默曼斯、德国总理默克尔等欧洲政要均借助该平台，向国际社会宣介《欧洲绿色协定》的经济和气候意义及欧盟坚定推进该协定的决心。2020年5月以来，欧委会能源委员西姆森、欧洲议会以及产业界纷纷呼吁经济复苏计划应当支持建筑物节能改造的相应投资，显示欧盟希望将传统上以基建投资拉动需求的反经济危机做法和绿色低碳经济转型相结合的理念。

在欧盟的规划中，新冠病毒感染疫情后的经济复苏并不是简单的救济和回复，更要借助大规模财政支持计划重塑欧盟经济结构和发展模式，强抓绿色、低碳、数字化等新发展机遇。2021年7月，欧盟在《欧洲绿色协定》框架基础上提出了面向2030年的中期“碳中和”路线图——《适应

55%目标：通向气候目标道路上实现2030年气候目标》的政策文件，围绕实现“2030年减排55%”目标进一步强化能源、气候、产业、外交等领域合作，提出大幅修改碳排放交易体系、航空排放规则、能源税收指令、土地林业碳汇规则、成员国能源目标分摊规则、可再生能源指令、能源效率指令、汽车和货车二氧化碳排放标准等几乎所有欧盟既有能源政策，特别是正式修订碳排放交易体系适用范围以及正式推出“碳边界调整机制”，以及在基础设施、社会转型基金保障等领域提出新发展规划，显示欧盟的碳中和政策正将路线图不断完善，并向着贸易、基础设施、社会政策等领域联动和融合。①

同时，欧盟自身也不断推进碳中和的政策力度。2021年2月，欧盟委员会发布欧盟适应碳中和战略文件，提出要在科研、培训、数字转型、气象信息收集分析、财政支持、国际合作等方面加强适应气候变化影响的各种措施。② 2021年4月21日，欧洲理事会和欧洲议会达成临时政治协议，共同支持“2030年减排55%”目标，标志着《欧洲气候法》的落实与推进进程的基本确立，③ 这一立场在4月22日美国拜登总统召开气候领导人线上峰会之前提出，也反映了欧盟仍然继续坚持以自身不断增强气候承诺来塑造气候变化领域的领导力和影响力。2021年5月10日，欧洲议会的环境委员会进行投票，以52票赞成、24票反对和4票弃权通过了《欧洲气候法》，标志着该法在得到欧盟机构的共同支持通过只是时间问题。④ 欧盟主要国家也不断在碳中和方面增强政策力度，2020年5月，德国总理默克尔在“彼得斯堡气候对话”线上会议上表示，德国将争取最早在2045年实现碳中和，并把2030年减排目标升至65%。⑤

---

① European Commission, “Fit for 55: Delivering the EU's 2030 Climate Target on the way to Climate Neutrality,” COM (2021) 550 final, Brussels, 14 July, 2021.

② European Commission, “Forging a climate - resilient Europe - the new EU Strategy on Adaptation to Climate Change,” COM (2021) 82 final, Brussels, 24 February, 2021.

③ 《默克尔说德国争取提早实现碳中和》，新华网，2021年5月7日，http://www.xinhuanet.com/world/2021-05/07/c_1127416814.htm。

④ 王婧：《欧洲议会通过气候变化法》，《经济参考报》，2021年5月12日。

⑤ European Commission, “Sustainable Finance: Commission welcomes the adoption by the European Parliament of the Taxonomy Regulation,” June 18, 2020, https://ec.europa.eu/commission/presscorner/detail/en/ip_20_1112.

实际上，欧盟当前推进碳中和建设已经具备相当成熟的基础，在能源和经济的绿色可持续发展方面已经取得长足的进展，为未来实现2030年中期目标以及2050年远景目标铺陈了成熟的条件。从碳排放而言，2019年欧盟碳排放为33.3亿吨，比1990年下降（43.47亿吨）了23.37%，提前完成其制定的2020年相较1990年减排20%的目标，仅占全球碳排放总量的9.7%，2019年欧盟一次能源消耗为6881万兆，比1990年水平（7157万兆）减少了3.85%，且自2006年一次能源消耗达峰（7761万兆）以来基本处于震荡下行的趋势，占全球能源消费比重为11.8%。①

与此同时1995~2019年欧盟二十七国国内生产总值增长了1.2倍，显示欧盟一定程度上经济模式已经进入“碳脱钩”阶段和“能源消耗脱钩”状态，而美国2019年碳排放刚刚与1990年（49.7亿吨）水平持平，相较其他发展中国家而言欧盟的碳中和优势将更为明显。与此同时，欧盟自身的能源消费结构向着脱煤、减油、削核、天然气稳中有降、新能源不断扩张的方向前进，2019年欧盟石油、天然气、煤炭、核能、水电和其他可再生能源（包括光伏、风能以及生物能等）分别为38.4%、24.6%、11.2%、10.7%、4.3%和11%，其能源消费结构远优于美国、中国以及全球水平。2020年，欧盟可再生能源发电在电力系统中占比达到38%，超过天然气、煤炭等化石能源发电占比的37%。②

表4-1　2019年全球及主要经济体一次能源消费结构

	石油	天然气	煤炭	核能	水能	可再生能源
欧盟	38.4%	24.6%	11.2%	10.7%	4.3%	11.0%
美国	39.1%	32.2%	12.0%	8.0%	2.6%	6.2%
中国	19.7%	7.8%	57.6%	2.2%	8.0%	4.7%
世界	33.1%	24.2%	27.0%	4.3%	6.4%	5.0%

资料来源：“Statistical Review of World Energy,” https://www.bp.com/en/global/corporate/energy-economics/statistical-review-of-world-energy.html。

① “Statistical Review of World Energy,” https://www.bp.com/en/global/corporate/energy-economics/statistical-review-of-world-energy.html.

② 李丽旻：《2020年欧盟“绿电”首超化石能源发电》，《中国能源报》，2021年2月3日。

从产业层面看，欧盟在绿色产业和绿色金融两方面均具备较为强劲的动力。从绿色产业看，欧盟在可再生能源以及包括氢能、储能、电动车等领域加大投入力度，目前已经具备一定的优势。在可再生能源领域，2019年欧盟可再生能源总生产量达768.2太瓦时，占全球的27.4%，高于中国（26.1%）和美国（17.5%）。在相关投资方面，根据彭博新能源财经数据，2006～2019年欧洲清洁能源累计投资1.16万亿美元，超过中国（1.02万亿美元）和美国（7525亿美元），占全球29.2%，[①] 同时2006年以来欧洲每年占全球新能源投资比例均在20%以上。在成本方面，可再生能源已经具备相当的市场优势，2018年德国光伏和风能拍卖电价已经达到欧洲平均电价水平（45～60欧元/兆瓦），[②] 且随着可再生能源技术和成本上的不断优化以及欧盟碳排放价格的上升，可再生能源成本优势将更趋扩大。根据2018年英国“碳追踪倡议”组织研究，碳排放交易体系碳价格达到45～55欧元/吨时，不仅将促使欧洲最高效的煤电厂被淘汰且使得欧盟碳排放交易体系体系符合《巴黎协定》的气候升温目标，且预测到2030年这一价格水平即可达成。[③]

然而，碳排放交易体系碳价自2017年4月以来不断攀升并刷新价格记录，2021年5月已经突破50欧元/吨，已经显示了市场和投资者对于能源和低碳产业前景的预判。同时，欧盟在可再生能源部分某些领域发展的成熟度处于全球较为领先的阶段。比如在氢能产业上，由比利时、丹麦、法国、德国、荷兰、挪威和英国组成的西北欧地区占据欧洲氢能消费的60%和全球氢能消费的5%，周边依托成熟的可再生发电、密集的港口和工业分布、大量运输需求以及发达的天然气管网等，使之有潜力成为欧洲乃至全球较为成熟的氢能产业集聚地。[④] 随着欧盟和成员国纷纷提出氢能战略和氢能产业支持政策，企业也迅速跟进，壳牌、三菱重工、瑞典公用事业

---

① BENF, “Clean Energy Investment Trends 2019,” https：//data. bloomberglp. com/professional/sites/24/BloombergNEF – Clean – Energy – Investment – Trends – 2019. pdf.

② “The European Power Sector in 2018A tale of two types of coal,” https：//ember – climate. org/project/power – 2018/.

③ Carbon Tracker, “Carbon Clampdown：Closing the Gap to a Paris – compliant EU – ETS,” https：//carbontracker. org/reports/carbon – clampdown/.

④ IEA, “Hydrogen in North – Western Europe A vision towards 2030,” https：//www. iea. org/reports/hydrogen – in – north – western – europe.

公司 Vattenfall 等准备在德国汉堡建设 100 兆瓦规模可再生制氢项目，这一欧洲最大绿氢项目有望在 2025 年投产。麦肯锡的报告称，在全球已宣布的 228 个氢能项目中，有 126 个位于欧洲，其中大多数将于未来 10 年内推出，欧洲有望占未来十年全球 3000 亿美元氢能投资中的 45%。[①] 欧盟还在电动车、电池、储能等行业加紧投入布局，强化产业支撑。

欧盟的碳中和愿景也面临挑战，前景仍面临不确定性。一是各国立场分歧。碳中和进程根本上是能源体系和经济体系低碳可持续化发展的问题，欧盟各国经济禀赋、能源结构、可再生能源产业等方面具有较大差异，因此也对能源和气候政策走向有着各自不同的考量和立场。比如在去煤问题上，德国、希腊、西班牙、荷兰等国都纷纷提出本国煤炭淘汰计划，但波兰、捷克等中东欧国家认为其发展程度难以和西欧媲美。《欧洲绿色协定》的气候能源转型目标不仅带来较大能源转型成本，也给煤矿、制造业等产业造成严重冲击，普遍要求欧盟调低其与成员国气候能源目标，波兰要求“公正转型机制”给该国更多转型补偿，捷克甚至提出新冠病毒感染疫情下应叫停《欧洲绿色协定》的推进。即使是德国、法国这些在应对气变态度积极的欧盟领导国，也因本国经济利益而难以完全接受“绿色新政”的政策举措，双方能源利益上仍有分歧。如法国因核电占能源消费比重较高，对欧盟不将核能纳入可持续投资支持之列颇为不满，同时匈牙利、捷克等中东欧国家也将核能作为能源体系低碳发展的一个领域，波兰、捷克、法国、芬兰等国在推进新核电设施建设，而德国自 2011 年福岛核事故以来就坚定走“弃核”之路，2021 年甚至要准备向相关企业提供 24 亿欧元补偿，然而过去十年德国核电产能的削减却部分被煤电和天然气发电所取代，从而削弱了德国减排效率。2018 年底法国因拟征收“燃油税”引发“黄马甲”运动，最终政府不得不叫停“燃油税”，2013 年保加利亚民众对电费上涨的抗议甚至导致总理辞职。德国国内强大的工业产业利益集团和基民盟保守派力量，对于是否为追求气候能源目标而在短期内令工业承担能源价格上升等成本仍持有一定保守态度。

再比如天然气方面，德国及中东欧国家仍将天然气作为能源体系向可再生能源转型的过渡性方案，德国智库 AGORA 曾发布报告指出“欧洲缺

---

① 仲蕊：《欧洲多国争相发力氢能产业》，《中国能源报》，2021 年 2 月 22 日。

乏天然气作为煤炭转向可再生能源的桥梁”,[①] 但北欧国家以及环保人士、绿党等却坚持反对欧洲增加天然气的消费，希望能源转型更加激进而一步到位，这一争议也影响到天然气在欧盟能源项目融资规则中的地位。因此，各成员国对于“绿色新政”仍各有考虑，使得欧盟推进能源气候转型的进程受到一定掣肘，同时给欧盟追求“以议程促团结”的意愿带来不确定性，《欧洲气候法》得到各方同意的过程艰难即反映了欧盟内部分歧对碳中和进程造成的阻力。

二是国际层面面临阻力。随着主要大国纷纷聚焦于碳中和，以及可再生能源驱动的能源转型具有越来越强的地缘政治和经济意义，各国均加强了有关碳中和的投入，其竞争也愈发激烈，欧盟虽然具有一定领先地位，却也面临越来越大的压力，部分领域已并非领先。比如近年来中国可再生能源发展迅猛，在市场规模和产业竞争力方面都对欧盟构成挑战，2017 年中国可再生能源投资占全球总量的 45%，2019 年中国在可再生能源 500 强企业中有 209 家，远超欧盟；2016 年中国可再生能源专利占全球 29%，远高于欧盟的 14%；比亚迪和美国特斯拉等车企在电动汽车方面也已经走在欧洲车企前列，2020 年 7 月特斯拉以 2070 亿美元市值成为全球第一车企，显示其对欧洲传统汽车行业的挑战。[②]

同时，欧盟当前为实现碳中和，在国际层面试图塑造有关环保和碳排放的气变共同责任以及贸易规则，实质上要提升自身国际影响力并重塑有利于其参与竞争力的规则。比如当前欧盟致力于自身对外国商品征收“碳排放税”，在国际贸易规则中纳入更高的气候和环保标准，本质上仍是打着应对气候变化的幌子行贸易保护之实，这些强迫或半强迫的做法枉顾发展中国家与欧洲处于不同发展阶段的事实，很难得到国际社会的广泛接受，如美国、中国、印度、日本、澳大利亚、新加坡以及一些非洲国家均将“碳排放税”视作贸易保护主义政策。政府间气候变化专门委员会副主席约巴·索科纳称，欧盟“碳边境调节机制”将损害那些“财力和人力不足的国家”的利益，特别是非洲等发展水平低的国家。这项政策也使得欧

---

① “The European Power Sector in 2018A tale of two types of coal,” https://ember-climate.org/project/power-2018/.

② “Tesla tops list of most valuable carmakers,” https://www.euractiv.com/section/electric-cars/news/tesla-tops-list-of-most-valuable-carmakers/.

盟出口铝制品较多的国家面临重大损失。[①] 2012 年欧盟推动征收航空业碳税遭到全球反对而不得不作罢。当前欧盟在国际贸易领域推行减排环保规则也有着极强的单边色彩，这与欧盟自身在气变领域倡导多边主义和共同努力的立场明显矛盾，也使国际社会很难普遍积极响应欧盟相关倡议。事实上，欧盟应对气候变化与其自身建设的多边机制发生矛盾，2020 年 2 月德国莱茵集团因荷兰政府“2030 年弃煤”政策造成其项目损失而依据《欧洲能源宪章》起诉荷兰政府，法国、西班牙等国以不利于气候变化政策为由，呼吁欧盟退出其主导构建的《欧洲能源宪章》，未来欧盟在国际层面推进其“碳中和”愿景能否不偏不倚地坚持多边主义也存有一定变数。[②]

三是新冠病毒感染疫情给欧盟碳中和愿景注入不确定性。新冠病毒感染疫情暴发给全球经济带来的巨大冲击也反映在气候能源领域，全球经济活动停摆曾带来能源需求断崖式下跌，石油、天然气等传统化石能源价格一度跌至历史低位，给全球能源格局和转型进程带来巨大不确定性。对于欧盟而言，虽然欧盟及成员国政界和商界仍普遍强调要继续推进欧洲经济绿色转型，但化石能源的价格大跌使其与可再生能源的竞争更趋激烈，风电、光伏等可再生能源也面临用电需求大减、电力供应远大于需求以及电价随之大跌的问题，而电网在用电需求不足的情况下无力消化大量可再生能源发电，将使可再生能源供应不稳定的弱点被放大，欧洲多国光伏和风电不得不出现停机的状况，这给可再生能源产业继续扩大投资带来了阴影。同时，欧盟内部部分中东欧国家仍在后疫情时期的经济恢复过程中坚持“稳定”而非大刀阔斧的“变革”，即为了稳定制造业和实体经济而利用价格低廉的化石能源红利推进经济复苏，而非转向较为昂贵的可再生能源。

① 李丽旻：《欧盟“弃煤”过急引争议》，《中国能源报》，2021 年 3 月 8 日。

② 李丽旻：《欧盟强推“碳关税”持续引发争议欧洲多行业强烈反对，国际社会指其借机实施贸易保护》，《中国能源报》，2021 年 4 月 5 日。

第五章

日本碳中和政策及前景展望*

日本时任首相菅义伟于2020年10月宣布到2050年实现碳中和，2021年4月又宣布2030年较2013年实现减排46%。2021年10月，日本新任首相岸田文雄明确表示，将继承菅义伟的减排承诺。日本碳中和目标的提出，显示自2011年福岛核事故以来，日本在应对气候变化问题上的消极态度开始转向积极，凸显日本在新一轮全球气候治理“大变局”中急于争夺规则制定主导权的雄心。未来，日本将加速扩大对清洁能源的利用和普及，推动国内产业的“电动化”转型，积极构建绿色金融体系等。不过，日本仍受能源结构制约、产业转型困难、技术遭遇瓶颈等问题困扰，想要如期达成减排目标绝非易事。

第一节　立场演变与目标的提出

日本是一个自然灾害多发的岛国，在经济社会发展的过程中也曾吃过“先污染、后治理”的苦头，全社会对气候、环境等议题的关注度较高。正是因为日本社会关注和开始应对气候和环境问题的时间较早，企业在节能减排、资源循环利用等领域拥有较高的技术优势和国际竞争力，政府也对参与全球气候治理态度积极，并且将之视作提升国际影响力的重要途径，认为有助于其实现成为“政治大国”的“日本梦”。

日本在应对气候变化时，一直面临如何平衡“促进经济发展”与

---

* 本章作者：汤琪，中国现代国际关系研究院东北亚研究所副研究员，主要从事日本经济、地区经济合作等问题研究。

“提升国际影响力”之间的关系，即一方面不希望使自身承担的减排义务过于严苛，阻碍经济发展；另一方面希望在全球治理中发挥积极作用，甚至是主导作用，以此提升日本的政治影响力和国际地位。

一、积极进取阶段

20 世纪 90 年代初，在气候和环境问题成为国际性议题伊始，日本的态度更倾向于利用气候议题提升自身国际影响力。1992 年 6 月，日本参加联合国环境与发展大会并在《联合国气候变化框架公约》署名，后于 1993 年 5 月批准，为《联合国气候变化框架公约》的生效作出了贡献。1997 年，在日本政府的推动下，第三次《联合国气候变化框架公约》缔约方大会通过了《京都议定书》，成为首个明确规定发达国家减排目标和义务的国际协议。《京都议定书》是为数不多的以日本城市命名的国际协议，很长一段时间被日本国民视为引以为傲的标志。虽然《京都议定书》在 1997 年就已获得通过，但直到 2005 年 2 月才最终生效。日本在推动《京都议定书》生效的过程中发挥了积极的作用。

2001 年美国宣布退出《京都议定书》，随后澳大利亚也宣布退出，这对同为“伞形集团”成员的日本造成了极大的冲击，导致日本国内舆论对是否应当批准《京都议定书》产生了巨大分歧。不过，日本政府最终顶住了来自产业界和学界的强大压力，于 2002 年批准了《京都议定书》，并联合欧盟一同试图说服美、澳等国批准。虽然未能说服美国，但随着澳大利亚、俄罗斯等国家的批准，最终使《京都议定书》达成了生效条件。当时国际社会对作为京都会议主席国的日本在关键时刻表现出的担当态度赞赏有加。①

二、立场摇摆阶段

后京都时代，日本的气候政策立场发生明显的摇摆，即虽然仍旧重视在全球气候治理中发挥影响力，但明显更加希望摆脱减排义务对自身经济发展的束缚。《京都议定书》生效后，日本国内舆论特别是经济界

① 宫笠俐：《日本在国际气候谈判中的立场转变及原因分析》，《当代亚太》，2012 年第 1 期，第 142 页。

以日本的人均排放量与其他工业化国家相比明显较低等为由，批评《京都议定书》规定的2008～2012年日本6%的减排义务过于严苛，并称《京都议定书》将减排的基准年定为1990年，对于日本这样在20世纪70年代后期就已经实现能源效率大幅提升的国家而言是不公平的。日本政府也意识到实现6%的减排目标并非易事，开始试图利用“要求发展中国家承担责任”作为借口为自己解套，极力避免在后京都时代继续承担所谓的“不公平的减排义务”。例如，2007年5月，时任日本首相安倍晋三提出“美丽星球50”倡议，明确表示《京都议定书》存在局限性，宣称世界需要一个新的行动框架，以便能够让所有“主要温室气体排放国”都加入到减排的行动中来。“美丽星球50”倡议一方面提出“实现到2050年世界温室气体排放量较当前减少50%”的长期目标，另一方面也亮明日本主张，提出在2013年后建立应对全球变暖的国际框架需遵循的三项原则，即所有温室气体主要排放国都必须加入；该框架必须是灵活的，按照每个国家的具体情况提出不同要求；确保保护环境与经济发展不发生冲突。①

《京都议定书》签署后，日本政府制定了《地球温暖化对策推进法》等应对气候变化的配套新法，也实施了“《京都议定书》目标达成计划”等一系列有针对性的政策，为实现6%的减排目标做出了努力。从结果看，虽然日本在第一承诺期内的年均温室气体排放量较基准年增加了1.4%，但算上森林吸收和利用清洁发展机制等获得的减排额度，较基准年减少8.7%，达成了6%的减排目标。②

在这一时期，日本政府仍积极参与甚至希望引领全球气候治理。2008年，时任首相福田康夫发表了有关应对气候变化的“福田愿景”，提出2050年较2008年减排60%～80%的新目标。同年，日本主办了八国集团“洞爷湖峰会”，将应对全球变暖作为重点议题。2009年，民主党在大选中击败长期执政的自民党，日本实现“政权更替”。新任首相

---

① 首相官邸：「美しい星へのいざない」、https://www.kantei.go.jp/jp/singi/ondanka/2007/0524inv/siryou2.pdf。

② 経済産業省：「地球温暖化対策計画（案）」、2021年8月4日、https://www.meti.go.jp/shingikai/sankoshin/sangyo_gijutsu/chikyu_kankyo/ondanka_wg/009.html。

鸠山由纪夫宣布 2020 年较 1990 年减排 25%，大幅提升了日本的减排目标。

三、消极应对阶段

2011 年，日本发生东日本大地震并引发严重的福岛核事故。以此为标志，日本政府对于应对气候变化的态度发生了巨大变化。灾后复兴的重压以及核电“安全神话”泡沫的破灭使得日本不得不“抛弃幻想”，在全球气候治理中采取保守甚至后退的立场。

2011 年底召开的德班会议确认自 2012 年正式启动《京都议定书》的第二承诺期，但日本决定不参加第二承诺期。2012 年底，自民党再度执政，重新就任首相的安倍晋三提出修订“鸠山目标”，并于 2013 年 11 月向《联合国气候变化框架公约》事务局提交了新的减排目标，即 2020 年较 2005 年减排 3.8%。该目标相当于比 1990 年增加 3%，意味着日本明确表示要在《京都议定书》第二承诺期内增加温室气体的排放量。

2015 年，日本向《联合国气候变化框架公约》事务局提交“国家自主贡献目标”，计划 2030 年较 2013 年减排 26%。日本虽然通过选择福岛核事故之后的 2013 年作为基准年，使得 26% 的减排目标看似与 25% 的“鸠山目标”水平相当，但这实际相当于较 1990 年减排 18%，在发达经济体中依然属于较低水平。2015 年 21 届联合国气候变化大会通过了《巴黎协定》，但日本迟迟未能批准，最终在其生效后才批准，一度遭遇国际社会的批评。2020 年 3 月，日本决定将“国家自主贡献目标”维持现有水平，再次遭到国际舆论批评。

四、碳中和目标的提出

2020 年 9 月，菅义伟接替突然宣布辞职的安倍晋三成为日本新任首相，长达 7 年 8 个月的“安倍时代”宣告结束。菅义伟执政后，日本在应对气候变化问题上的态度再次发生改变，将之提升到国家战略高度予以重视。2020 年 10 月，菅义伟宣布到 2050 年日本将实现碳中和，2021 年 4 月又宣布 2030 年较 2013 年将实现减排 46% 的中期目标。2021 年 10 月，日本新任首相岸田文雄明确表示，将继承菅义伟的减排承诺，继续推动2030年和2050年减排目标的实现。

日本提出碳中和目标及调高2030年减排目标的考虑大致有三。一是呼应美国的政策转向。如前所述，日本此前的减排目标是“尽可能在本世纪后半叶早日实现温室气体净零排放”，计划与2013年相比2030年减排26%（2015年7月作为“国家自主贡献目标”提交联合国）、2050年减排80%（2019年6月作为“长期低碳发展目标”提交联合国），对调高减排目标态度消极。在很多国际议题上，日本往往倾向于看美国脸色行事，在气候变化问题上亦是如此。日本在较长一段时间里应对气候变化问题不积极，与美国政府在该问题上的消极态度密切相关。历史上，美国拒绝履行《京都议定书》，特朗普任内美国退出《巴黎协定》，这都为日本国内的反对势力起到了撑腰打气的作用。但是，在拜登参选美国总统并有望获胜后，日本意识到美国回归《巴黎协定》指日可待，在气候变化问题上很可能将要“动真格”，再加上世界多国纷纷提出碳中和目标，菅义伟本人表示“切实感受到（在气候变化问题上的）世界潮流发生了巨变”。2020年10月，菅义伟执政后不久便在其首次施政演说中宣布了碳中和目标，他的一名亲信曾心有余悸地称“幸好在拜登当选前表了态”。①

二是希望创造经济增长的新动能。安倍执政时期主要依赖经产省出身的官僚制定日本的相关经济政策。这些官僚往往与经济界关系密切，代表大资本和大企业利益。日本政府由于担忧经济界反对，没有提出碳中和目标。菅义伟执政后高举改革大旗，将“脱碳”和“数字化”确定为两大“招牌政策”，呼吁经济界转换思路，不再将应对气候变化视作经济增长的制约因素，而将其视为调整产业结构、促进经济社会发展的增长机遇。2020年12月，日本出台“绿色增长战略”，宣布将运用一切政策工具促进民间投资，同时吸引全球“绿色资金”，以此创造更多就业机会，带动经济增长。日本政府估算，“绿色增长战略”的经济效益为到2030年每年新增GDP约90万亿日元，到2050年每年新增GDP约

---

① 「温暖化ガスゼロの衝撃（1）企業の投資先をつくれ（迫真）」、日本経済新聞（朝刊）、2020年11月11日。

190 万亿日元并创造 1500 万个就业岗位。①

三是凸显争夺构建全球气候新秩序主导权的雄心。当前世界多国提出碳中和目标，全球气候治理秩序加速重构。气候治理涉及脱碳技术、产业、贸易、金融等多个领域，亟待制定新标准、新规则和新体系。日本早早制定相关战略，计划动用财政、税制、金融、制度创新、国际合作等多种手段，在重塑全球气候治理新秩序中争取主动。日本媒体称，日本此前在汇率、贸易等领域多受制于人，能否在全球“绿色转型”中掌握规则制定主导权，不仅关乎产业竞争力，还直接影响日本的“国家利益”。②

第二节　碳中和的主要路径

宣布碳中和以及 2030 年中期目标后，日本政府迅速采取行动，相继制定了“绿色增长战略”，修订《地球温暖化对策推进法》以及与之配套的“地球温暖化对策计划”，修订《能源基本计划》等，试图多措并举推动目标实现。

一、推动能源结构转型

能源领域是日本温室气体的主要排放领域，减少能源领域的温室气体排放是实现减排目标的关键。2013 年日本的温室气体排放总量为 14.08 亿吨［换算成二氧化碳（CO_2）］，2030 年削减 46% 相当于使排放量降至约 7.6 亿吨。日本温室气体排放量的约 90% 是 CO_2，而能源领域的 CO_2 排放量占 CO_2 排放总量的 80% 以上。2021 年 7 月底，日本政府公布新版《能源基本计划》草案；8 月初，又公布“地球温暖化对策计

① 内閣官房：「2050 年カーボンニュートラルに伴うグリーン成長戦略」、2020 年 12 月 25 日、https://www.cas.go.jp/jp/seisaku/seicho/seichosenryakukaigi/dai6/index.html。

② 「GXの衝撃（5）取捨選択、欧州が主導—ルールが決する競争力（第4の革命カーボンゼロ）終」、日本経済新聞、2021 年 7 月 24 日。

划”修正案，明确提出力争到 2030 年使来自能源的 CO_2 排放量较 2013 年减少 45% 至约 6.8 亿吨。

为此，日本政府还分领域制定了更加细致的目标。一方面，大幅提升电力部门中“零排放电源”的占比。电力部门是主要的 CO_2 排放部门，排放量约占 37%。日本计划将 2030 年“非化石燃料电源”占比目标由此前设定的 44% 升至 59%，其中大幅提升可再生能源发电占比，由 22% ~24% 升至 36% ~38%，主要是将太阳能发电由 7% 升至 15%、风电由 1.7% 升至 6%；2050 年力争使可再生能源发电占比达 50% ~60%，成为“主力电源”；新增氢、氨发电占比约 1%，力争 2050 年占比升至 10%；保持核电 20% ~22% 的占比。同时下调“化石燃料电源”比例，其中液化天然气发电由 27% 降至 20%；煤炭发电由 26% 降至 19%；石油发电由 3% 降至 2%；在火电领域加速碳回收技术的开发和应用，力争 2050 年核电与实现碳回收的火电合计占比 30% ~40%。

另一方面，加速推动非电力部门“电动化转型”并强化节能。日本政府估算显示，2030 年日本的能源总需求较 2013 年或减少 6%，通过节能 6200 万千升（换算成原油，占能源总需求的 18%），可使实际能源消耗减少 23%。受产业“电动化转型”影响，2030 年日本的电力总需求较 2013 年或将增加 11%，但通过节电 2300 亿度（约占电力总需求的 21%），可使实际用电量减少 12%。2030 年日本的 CO_2 排放量与 2013 年相比，家庭部门削减 66%（原为 39%）、业务及其他部门削减 50%（原为 40%）、能源转换部门削减 43%（原为 28%）、运输部门削减 38%（原为 28%）、产业部门削减 37%（原为 7%）。

此外，日本通过减少塑料废弃物焚烧等使来自能源以外的 CO_2 到 2030 年减排 15% 至约 7000 万吨；通过减少厨房垃圾填埋等使甲烷减排 11% 至约 2670 万吨；通过减少肥料使用等使一氧化二氮减排 17% 至约 1780 万吨；通过强化回收力度等使氟利昂替代物减排 44% 至约 2180 万吨。通过扩大森林及城市绿化等吸收 CO_2 4770 万吨。①

---

① 経済産業省：「地球温暖化対策計画（案）」、2021 年 8 月 4 日、https://www.meti.go.jp/shingikai/sankoshin/sangyo_gijutsu/chikyu_kankyo/ondanka_wg/009.html。

二、加速产业结构调整

日本政府在能源、运输和制造、家庭和办公三大领域划定了14个“去碳化”重点发展产业，即海上风电、燃料氨、氢能、核电；汽车及蓄电池、半导体及信息通信、造船、物流交通及基建、食品及农林水产、航空、碳回收；建筑及太阳能、资源循环利用、生活方式相关产业。①日本政府评估认为，上述产业拥有较强的“知识产权竞争力”，如氢能、汽车及蓄电池、半导体及信息通信、食品及农林水产四领域居全球之首，海上风电、燃料氨、造船、碳回收、建筑及太阳能、与生活方式相关六领域在全球排名第二位或第三位，希望通过加大政策扶持力度将“知识产权竞争力”转变为能够实际应用的“产业竞争力”。②

首先，加大对清洁能源产业的扶持力度。一是重点发展海上风电，特别是“漂浮式”风电。日本划定多个风电“特区”、准备新建海底电缆，计划到2030年使发电能力达1000万千瓦，2040年达3000万～4500万千瓦，发电能力约相当于45座核电站。此外，还计划通过技术创新和财政补贴，到2030～2035年使发电成本降至每度电8～9日元，2040年国内采购率达到60%。二是续推氢能发展，将其视为实现碳中和的“关键技术”。以“蓝氢”（制造过程实现碳回收）和“绿氢”（使用“去碳化电源”电解水制成）为重点，大力发展“绿氢”制造、氢能发电、氢气制铁、氢能汽车、船舶和飞机等产业，完善包括液化氢运输船、输氢管道、加氢站等在内的供应网，计划2030年氢使用量达300万吨、采购成本降至每立方米30日元，2050年使用量达2000万吨，采购成本低于每立方米20日元。三是发展燃料氨产业，视其为实现氢能社会的重要“过渡期燃料”。未来将重点发展煤氨混烧发电、研发氮氧化物减排技术，计划2030年实现加入20%氨的煤氨混烧发电商用化、2050年实现纯氨发电，并积极向东南亚等国推广煤氨混烧发电技术。四是坚持发

---

① 内閣官房：「2050年カーボンニュートラルに伴うグリーン成長戦略」、2020年12月25日、https：//www. cas. go. jp/jp/seisaku/seicho/seichosenryakukaigi/dai6/index. html。

② 経済産業省：「エネルギー白書2021」、2021年6月4日、https：//www. enecho. meti. go. jp/about/whitepaper/2021/pdf/。

展核电。日本看重核电的稳定性，计划加速重启核电站，重点研发小型模块堆和核聚变发电技术等。

其次，推进汽车产业“电动化”。日本政府已宣布乘用车自2035年起、卡车等商用车自2040年起禁售燃油车，新车销售将全部转为纯电动车、油电混动车、插电式混动车和氢燃料电池车。与此同时，还将增设充电站、支援车载蓄电池研发，计划2030年前将电动车成本降至燃油车水平。

此外，加速碳捕集、利用与封存技术实用化。经产省2016年起开展地下储存实证试验，已将30万吨CO_2埋入海底，正监测储存地层。日本政府估算，潜在可储存用地容量达数百亿吨，是日年排放量的数十倍。日本还将开展用船运输CO_2的实证试验，计划2021年内开建基地，最快2024年开始运输，未来还计划储存到国外。① 此外，日本还推进使用回收的CO_2种菜、养殖藻类生产生物质燃料、生产混凝土等。

三、构建绿色财金体系

财政上，日本政府设立2万亿日元“绿色创新基金”，支援企业研发脱碳技术。目前已决定向液化氢制造和运输项目分配3000亿日元、向“绿氢”制造项目分配700亿日元，正公开招募企业。此外，还决定2021年10月前启动降低海上风电成本、新型蓄电池研发等18个项目。税制上，企业基于已获国家认定的项目计划，对燃料电池、海上风电等促进去碳化的设备投资时，可从企业所得税额中最多抵扣10%。融资上，日本央行拟于2021年内出台资金供应新政，对为旨在实现去碳化的企业提供贷款的金融机构给予优惠。不仅向利用新制度的金融机构以零利率提供贷款原资，还根据投资贷款的实际成绩为其在央行的账户资金付息，以减轻负利率影响。政府鼓励企业发行“绿色债券”，央行积极购买。企业治理上，金融厅和东京证券交易所2021年6月修改规范上市企业行为的“公司治理准则”，按由主要国家金融部门等组成的国际机构设置的“气候相关财务信息披露工作组”有关建议，要求企业披露气

① 《日本经产省推动二氧化碳地下储存技术开发》，共同通讯社，2020年12月25日。

候变化对业务的影响。7月，金融厅又开始研究拟规定企业在“有价证券报告”中写明气候变化相关风险，以使其具有法律强制力。此外，日本正就开征碳税、碳边境税、构建全国碳交易市场等“碳定价”政策开展研判。目前，环境省倾向于开征碳税，经产省倾向于实施碳权交易，尚未有定论。日本政府认为欧盟开征碳边境税对其影响有限，同时因担忧与中美等主要贸易伙伴引发贸易摩擦，其自身不愿过早开征。①

四、央地合作打造“先行示范区”

目前，日本全国已有420个自治体宣布2050年前实现碳中和目标。2021年6月，日本制定“地区去碳化路线图”，力争年内从离岛、农山渔村、市区等选出至少100地作为2030年率先实现碳中和的示范区。日本将未来5年定为集中推进期，在先行示范区因地制宜推广太阳能、风能、地热等可再生能源利用并加大节能力度，力争实现家庭与商业设施的净零排放。在地方人才支援制度中设置“绿色领域”，派遣相关专家。在商品包装和收据上标注其生产和流通环节产生的温室气体量，鼓励民众选择环保商品。此外，日本还计划2030年将半数的中央和地方政府设施导入太阳能发电，2040年实现全覆盖。通过推广家庭安装太阳能面板免初装费政策，到2050年使所有家庭实现电力自给自足。

五、积极参与国际合作

日本计划利用与接受以技术援助等国家分享减排量作为回报的“联合信用机制”，以印太地区为中心，力争到2030年累计减排1亿吨。联合信用机制于2013年启动，迄今已在17个国家敲定约180个项目，预计到2030年累计减排约1700万吨。为实现新目标，未来将大幅增加项目。日本将提供生产可再生能源、物流节能化、利用焚烧垃圾产生的热能发电等优势技术，并助力日企开拓海外市场。此外，日本还宣布将向东盟提供100亿美元投资额度的金融支援，助其使用可再生能源和节能技术，并加速推广液化天然气发电以替代煤电。

---

① 《日本认为“碳边境税”影响有限 警惕原料涨价》，共同通讯社，2021年7月15日。

第三节　前景及挑战

目前，日本社会各界对2050年能否实现碳中和态度不一。日本自然能源财团、德国智库和芬兰大学的联合研究显示，以大幅引进可再生能源并生产和进口氢气为前提，可如期实现碳中和。[①] 但“帝国数据库”2021年初的调查显示，仅15.8%的企业认为“能够达成”。[②] 日本环境省调查显示，仅35.6%的民众“知道”政府提出的碳中和目标。[③] 此外，日本舆论普遍认为2030年的减排目标难以达成。

一、减排目标脱离实际

日本公布减排目标前并未进行充分论证，尤其是2030年目标的设定不是基于日本能源结构、产业现状等实际，而是深受欧美施压的影响。据日媒爆料，日本最初计划较2013年减排45%，但经产省在评估后仅主张减排35%，而美、英等国则强烈要求日本减排50%。[④] 日本最终将目标定为46%，并表示“将朝着减排50%的高度继续努力”，明显是向欧美妥协的结果。时任环境相小泉进次郎在一档电视节目中被问及为何将目标定为46%时，竟称“这是脑海中突然浮现出的数字”。[⑤] 日媒质疑称，实现目标依靠很多尚处于实证阶段的技术，2030年能有多大程度

---

① 《引进再生能源可助日本2050年实现去碳化》，共同通讯社，2021年3月9日。

② 《调查：仅15%的日企称2050年能实现去碳化》，共同通讯社，2021年1月29日。

③ 《调查显示32%日本人避免购买一次性塑料》，共同通讯社，2021年6月21日。

④ 《独家：日本政府拟月内出示2030年减排新目标》，共同通讯社，2021年4月9日；《美英力促日本上调2030年减排目标至50%》，共同通讯社，2021年4月14日。

⑤ 「『数字が浮かんできた』小泉大臣“46%削減の根拠”に呆れ声」、女性自身、2021年4月24日、https：//jisin.jp/domestic/1975039/。

的普及尚未可知。[1] 日本学者警告称，日本曾经依靠“购买排放额度”达成《京都议定书》的减排目标，如今很可能重蹈覆辙。[2]

二、能源结构制约

日本当前仍严重依赖火电。扩大“零排放电源”比例是减排关键，但福岛核事故后，日本对煤炭、液化天然气等化石燃料发电的需求大增，2019年化石燃料电源占比高达76%。如果过快削减火电，不仅影响日本的供电稳定性，甚至威胁日本的能源安全。2021年的七国集团峰会上，日本不顾主席国英国的批评，坚决反对宣布废除煤电，凸显其处境之艰难。

核电重启依然困难。福岛核事故后，日本一度关停所有核电站，后虽推动重启，但进展缓慢。目前，日本核电占比约6%，仅10座机组正常运转。如想实现2030年目标，约需运转30座核电机组，以现状来看希望渺茫。此外，日本顾及国内反核电舆论，政府仍坚持“尽可能降低对核电依赖”的方针和“原则上40年、最长60年”的运转时限，能否新建和改建核电站仍是未知数。目前，日本仅剩33个现有机组和3个在建机组。按现行规则，到2050年仅剩约20个。若保持核电占比20%，必须新建20座左右，且需所有机组正常运转。目前，日本已开始探讨允许核电机组运转超过60年，但面临的阻力巨大，短期难有结果。

可再生能源利用遭遇瓶颈。日本太阳能发电装机量目前仅次于中、美两国，但适合铺设太阳能面板的土地面积仅为德国的一半，继续增加的难度巨大。日本适合海上风电的海域面积仅为英国的10%，加之周边海底较深，需要大量使用较欧洲国家常用的“着底式风电”成本更高、技术难度更大的“漂浮式风电”。而且，受风况影响，日本海上风电的发电效率仅为欧洲国家的一半。日本当前的氢能成本居高不下，日本学

---

① 「温暖化ガスゼロの衝撃（2）『いま動けば安くつく』（迫真）」、日本経済新聞（朝刊）、2020年11月12日。

② 「温暖化対策日本の針路（上）橘川武郎・国際大学副学長—電源構成、帳尻合わせ避けよ（経済教室）」、日本経済新聞（朝刊）、2021年7月30日。

者称“若不征碳税、没有补贴，将很难推进氢能使用”。[①] 此外，日本政府估算，若全靠国产氢气使氢能发电到2050年占比1%，大约需要建设2500～5000个全球最大级别的工厂，所以确保稳定的氢进口渠道不可或缺。[②]

三、产业转型困难

日本此前应对气候变化政策核心为“低碳”，企业在清洁煤炭、液化天然气发电、油电混动汽车等领域长期拥有技术优势，占据较大全球市场份额。但当政策转为“脱碳”后，曾经的优势化为负担，导致日本留恋火电、排斥纯电动汽车。政府制定的汽车“全面电动化”目标为2035年，海上风电大规模利用则是2040年，与2030年目标脱节。此外，日本缺乏坚强的领导核心和统筹机制，经产省与环境省各自为政、相互牵制，决策过程不科学、政策推行易中断。

虽然日本实现碳中和面临种种困难，但未来较长一段时期内，日本政府不会改变“绿色转型”的改革方向。这不仅使中国企业有可能在国际市场遭遇来自日本企业更加激烈的竞争，在围绕全球气候治理的国际政治博弈中，中国也将面临日美欧的“合围”压力。一方面，日本“脱碳”目标本身虚大于实，很大程度有缓解压力、转移矛盾的意图。2018年日本温室气体排放量居全球第五位，但部分政客却强调日本的排放量仅占全球约3%，不断呼吁国际社会督促“最大排放国”中国加大减排力度，将中国推至国际舆论的“风口浪尖”。[③] 另一方面，日本目前虽然对开征碳边境税不积极，但密切关注美欧动向，积极参与世界贸易组织、国际货币基金组织、二十国集团等相关机制的讨论。一旦未来日美欧构建起“碳关税同盟”，那么将不可避免地造成中国在全球气候治理中居于不利地位。

---

① 《话题：东电和引能仕合作开发不排放CO_2的氢生产模式》，共同通讯社，2021年6月23日。

② 《聚焦：日本官民携手推进氢能源全面利用》，共同通讯社，2021年6月15日。

③ 「小泉進次郎環境相インタビュー『中国は責任ある大国、やってもらう』新たな削減目標46%を歓迎」、産経新聞、2021年4月23日。

第六章

韩国《2050碳中和战略》：举措与挑战*

2020年底，韩国政府仿照美国、欧洲、日本等最发达国家，制定《2050碳中和战略》，修订《2030国家温室气体减排目标》，以紧跟全球气候变化议程，改善民众生活品质，创造经济增长新模式。韩国为推进《2050碳中和战略》采取扎实有效的政策举措，但仍面临节能减排压力大、能源结构转型难度高、战略落实时间紧、政策连贯性不足等限制，恐难如期实现2050碳中和目标和2030减排目标。

第一节 碳中和战略的主要内容

2020年10月28日，时任韩国总统文在寅在国会施政演说中首次表示，将与国际社会一道积极应对全球气候变化危机，争取实现2050碳中和目标，12月正式发表《韩国碳中和宣言》,① 并以2017年碳排量为基准制定《实现可持续低碳社会的2050碳中和战略》（以下简称《2050碳中和战略》），修订《2030国家温室气体减排目标》（以下简称《2030减排目标》），全面推进经济能源结构与社会转型。

一、《2050碳中和战略》规划了愿景目标与政策方向

韩国《2050碳中和战略》规定了愿景目标、指导原则、战略布局与

---

* 本章作者：陈向阳，中国现代国际关系研究院东北亚研究所副研究员，主要从事半岛问题研究。

① 文在寅,《2021 년도 예산안 시정연설（2021年度预算案国政演说）》，韩国青瓦台网站，2020年10月28日，https：//www1. president. go. kr/articles/9398。

政策方向以及各领域减排计划。

（一）愿景目标

韩国承诺将实施长期低碳发展战略，推动“韩国版新政”绿色节能和数字技术融合，促进气候技术革新，以提升能源效率，实现韩国 2050 年碳中和目标，共同努力实现全球 2050 碳中和目标。①

（二）指导原则

一是全球同步。韩国将严格参与《巴黎协定》规定“确保 2050 年全球气温升高幅度远低于 2 摄氏度、争取达到 1.5 摄氏度目标”的减排行动，主动承担与发展中国家分享减排技术经验、提供减排资金援助等国际义务。二是可持续性。韩国将逐步停用化石能源，培育绿色低碳产业，支持受损群体转型创业，提升资源循环利用水平，通过建设可持续的碳中和经济，克服韩国高度依赖外部资源能源的局面，进一步改善民众生活品质。三是全民参与。韩国将通过民主、包容决策，推动产业界、学术界和社会组织形成改革以化石能源为基础的经济社会体系共识，推动社会公正合理地承担转型成本。

（三）战略布局

韩国决定采取“打造低碳经济结构、培育低碳产业、推动社会绿色转型”以及“完善减排配套体系”的“3 + 1”战略布局。一是打造低碳经济结构。决定加速推动能源结构转型，构建分散型能源供需体系，推动主要能源供给从化石能源转为可再生能源。提升钢铁、石化等节能技术，革新高碳产业。发展环保型汽车，普及电动汽车生产和消费，建立氢能源站和 2000 万个充电桩。二是培育低碳产业。积极培育低碳朝阳产业，确保新能源汽车电池核心技术取得突破，2050 年前将 80% 以上化石能源转化为绿色氢能源，研发二氧化碳捕集、利用与封存技术。构建创新生态系统，将具有发展潜力的低碳环保能源企业培育为绿色“独角兽”企业。三是推动社会绿色转型。加大对传统汽车及其零部件节能技术研发力度，积极扶持产业工人再就业，完善对弱势产业和弱势群体的社会保障。支援各地方明确碳中和目标，成立碳中和中心，量身定制碳

① 《2050 碳中和》（2050 탄소중립），韩国政策维基网，https：//www.korea.kr/special/policyCurationView.do？newsId = 148881562。

中和战略，奠定减排体制机制基础。加强减排环保宣传教育，提高民众对碳中和社会的理解。四是完善减排配套体系。设立“气候应对基金”（暂称），调整税收、资本、碳交易价格等体系，加大减排财政支持。调整金融市场，建立绿色金融体系，扩大政策性金融机构的减排扶持力度，引导企业低碳转型。

（四）政策方向

一是扩大电能和氢能的生产使用。韩国认为，实现2050碳中和目标最重要的课题是加速能源结构转型，因此应将能源供应体系从以煤炭、液化气等化石燃料为主转向以太阳能、风能、水能等可再生能源为主。通过技术革新、调整碳权政策、完善国家电力系统等，确保可再生能源的竞争力，提升可再生能源发电占比；进一步推动智能电网建设，整合电动汽车、储能系统、氢能源生产体系，降低可再生能源发电系统的不稳定性，协调能源供需矛盾；把传统车辆、冷暖系统、制造业燃料从化石燃料转向可再生能源，全面推广电能氢能汽车、电动飞机、电动氢能船舶、电动铁路。

二是革新节能技术。韩国将提升能源效率视为最环保、最经济的减排手段，拟通过提升能源效率，提升生产效率和产业竞争力，降低对外能源依赖程度，提升能源安全水平。为此，拟全面提高汽车燃油标准，扩大建筑物隔热水平，推广高效节能机器，普及能源智能管理系统。

三是研发推广“脱碳”技术。韩国制造业以钢铁、水泥、石化等高耗能产业为中心，因而拟在广泛以焦炭为还原剂的冶金业、利用铅砂进行裂解的石化业等，大规模推广氢能及碳捕集、利用与封存等技术。

四是打造循环经济。韩国将把原料采集—消费—废弃的线性经济结构转换为原料回收使用的循环型经济结构，在产品生产、消费、流通、废弃全周期加强资源回收利用，以最大限度减少资源能源投入，提高产业可持续性。

五是强化碳吸收能力。土地、森林、海洋既提供人类社会生存的必需品，又是吸收和储存二氧化碳的有效手段，对打造碳中和社会意义重大。韩国计划扩大造林面积，提升森林活力，强化木制品循环利用，以减少温室气体排放，提高温室气体吸收能力。①

---

① 韩国政府，《构建可持续低碳社会的2050碳中和战略》，2020年，第42~46页。

（五）各领域减排计划

在能源领域，拟将供电系统从以化石燃料为中心转向以可再生能源和氢能为中心，积极利用碳捕集、利用与封存技术，实现供电系统碳中和目标。打造氢能源低价、稳定的供应体系。推动构建东北亚电网，提升韩国能源供应的稳定性。

在制造业领域，创新工业技术，提高能源效率，打造循环经济，构建可持续低碳产业生态系统。以氢还原炼钢取代焦炭炼钢，推广生物塑料的使用，根本减少焦炭、铅砂使用以及炼钢、石化行业的碳排量。利用信息通信技术，提升工厂和工业园区的智能化水平，改善锅炉、热水器、发动机等高能设备效率。将一次性资源消耗为主的线性经济结构转换为循环经济结构，提高铁渣、废弃塑料、废弃混凝土等回收利用，强化产品的环保设计和回收修理，以提高产品可持续性，减少资源能源消耗。

在运输业，扩大汽车、铁路、飞机、船舶等清洁能源使用率，推广无人驾驶汽车，建立无人式交通管理，奠定运输业碳中和基础。扩大环保汽车使用，要求传统汽车领域使用生物燃料。构建智能交通系统，扩大无人汽车使用，优化交通管理，减少能源消耗。构建铁路和海运等低碳货运体系，提高铁路、海运、航空清洁能源利用率。

在建筑业，提高改善建筑物隔热密封性能，推广节能高效产品，推广太阳能、地热等再生能源，逐步实现建筑物能源的碳中和目标。建设绿色建筑物，提升新建物节能水平，实现能效最大化。提高照明、家庭、办公设备的能源效率，降低冷暖系统和餐饮的天然气使用率，普及电能氢能技术。

在农畜水产业，促进产业智能化水平，扩大清洁能源使用，构建环保型农畜水产体系，加大对农副产品的回收利用。

在碳吸收领域，革新森林管理体系，解决森林老化问题，提高森林利用率，及时更新树种，实现森林碳吸收能力最大化。建设城市绿地和家庭庭院，恢复森林生态功能，在闲置土地及时植树造林，扩大碳吸收源。

二、新版《2030减排目标》体现韩国更大的减排决心

2015年，韩国曾根据《联合国气候变化框架公约》规定，首次向联合国提交《2030国家温室气体自主减排目标》。2016年，韩国制定《2030国

家温室气体自主减排目标基本路线图》并批准《巴黎协定》，将《2030国家温室气体自主减排目标》改为《2030国家温室气体减排目标》。2020年12月，韩国根据《2050碳中和战略》重新修订《2030减排目标》，以展现对全球气候变化作出更大贡献的决心。

与2015年版相比，新版《2030减排目标》继续将2030年目标排量维持在5.36亿吨二氧化碳当量不变，但也做出了一定改变。一是改变减排标识方法。2015年版规定2030年减排目标比2030年未采取减排举措的8.510亿吨二氧化碳当量预测排量减少37%，而新版要求比2017年7.091亿吨二氧化碳当量排量减少24.4%。二是提高自主减排贡献率。新版决定全面禁止新建煤电，并要求将自主减排贡献率从原25.7%增至32.5%，购买国外碳权和森林吸收从11.3%降至4.5%。三是增加国际合作内容，承诺与发展中国家分享减排技术经验、提供减排资金援助，并于2025年前再次向联合国提交《2030减排目标》。

三、韩国《2050碳中和战略》和《2030减排目标》积极向最发达国家看齐

韩国将2030年减排目标设为37%，在经合组织国家中居第四位；2015～2030年累计减排22.4%，居第三位；2030年目标人均排量降至12.18吨二氧化碳当量，居第十位。韩国与英国、德国、法国、美国、加拿大、日本一样设定2050年碳中和目标，拟全面推动经济能源结构和社会转型，其主要内容与英国、德国、法国、美国、加拿大、日本相似，甚至更加全面。

表6-1　主要发达国家的《2050碳中和战略》

国家	主要内容
英国	战略名称："为低碳未来的绿色成长战略" 愿景目标：实现飞跃性的清洁增长 主要内容：激活绿色投资基金，促进绿色增长，加强能源生产和消耗效率，提升自然资源的使用价值，发挥政府和公共部门的主导作用

续表

国家	主要内容
德国	战略名称："2050 气候行动计划" 愿景目标：本世纪中期实现碳中和目标 主要内容：提升能源效率，提升可再生能源占比，强化能源技术研发，改革生态税制，扩大教育和信息共享
法国	战略名称："国家低碳战略" 愿景目标：实现可持续低碳经济转型 主要内容：强化各部门自主减排力度，提高社会公共认识，增加土地可持续性，强化废弃物管理，打造循环经济
美国	战略名称："半世纪深度脱碳战略" 愿景目标：打造深层净排放的无碳经济 主要内容：强化能源脱碳力度，提升森林吸收能力，推进非二氧化碳排放
加拿大	战略名称："本世纪长期战略" 愿景目标：创造更干净的革新经济 主要内容：极限落实领域减排政策，同时降低非二氧化碳气体排量，提升山林土地碳吸收能力，构建低碳消费社会
日本	战略名称："《巴黎协定》长期落实战略" 愿景目标：2050 年实现低碳社会转型 主要内容：全面推进减排战略，推动电能转型

资料来源：韩国"2050 低碳社会展望论坛"，《2050 低碳长期发展战略（2050 低碳社会展望论坛讨论案）》，2020 年 2 月，第 5 页。

韩国"2050 低碳社会展望论坛"还曾对五种潜在减排方案进行评估。一为极限减排方案，即争取将 2050 年碳排量将至 1. 789 亿吨二氧化碳当量，比 2017 年减少 75%，但该方案挑战性大，很难实现。二为挑战性减排方案，即争取将碳排量降至 2. 22 亿吨二氧化碳当量，比 2017 年减少 69%，但该方案可能只会在部分领域取得成功。三为低碳转型强化方案，即争取将碳排量降至 2. 795 亿吨二氧化碳当量，比 2017 年减少 61%。四为保守型减排方案，即升级韩国《国家应对气候变化基本计划》，争取将碳排量降至 3. 559 亿吨二氧化碳当量，比 2017 年减少 50%，符合"确保全球气温升高幅度远远低于 2 摄氏度"的低目标要求。五为基本沿用韩国《国家应对气候变化基本计划》，争取将碳排量降至 4. 259 亿吨二氧化碳当量，比2017年减少40%，达不到全球气温升高幅度远低于2摄氏度”低目标的要求。从评估结果看，韩国采取第三种方案可能性最大，希望根据“争取1.5摄氏度”高目标，制定具体减排方案。

表6-2 韩国2050减排目标方案综合评估

2050减排目标方案		综合评估
一案：	比2017年减少75%（降至1.789亿吨）	极限减排方案，挑战性极大
二案：	比2017年减少69%（降至2.22亿吨）	挑战型减排方案，部分领域可能成功
三案：	比2017年减少61%（降至2.795亿吨）	低碳转型强化方案
四案：	比2017年减少50%（降至3.559亿吨）	保守型减排方案，有望实现“确保全球气温升高幅度远远低于2摄氏度”的低目标
五案：	比2017年减少40%（降至4.259亿吨）	沿用韩国《国家应对气候变化基本计划》，不指望实现“确保全球气温升高幅度远远低于2摄氏度”的低目标

资料来源：韩国“2050低碳社会展望论坛”，《2050低碳长期发展战略（2050低碳社会展望论坛讨论案）》，2020年2月，第26页。

第二节 减排主要考虑

长期以来，韩国政府都比较重视绿色转型。2009年，李明博政府公布“绿色增长”战略，宣布五年投资107兆韩元（约合844亿美元），发展绿色经济，争取2020年发展成为世界第七大绿色经济体、2050年成为世界第五大绿色经济体。① 朴槿惠政府2015年签署《巴黎协定》，2016年推动其生效。

文在寅上台后，政府更加重视减排政策。2019年3~12月组建学术界、产业界以及市民社会代表参与的低碳社会展望论坛，2019年10月制订第二个《国家应对气候变化基本计划》，确定“推动低碳社会转型”“构建气候变化应对体系”“夯实气候变化应对基础”三大战略以及各部门

① 《环保总统李明博要打造绿色韩国》，凤凰网，2010年8月30日，https://finance.ifeng.com/news/special/xxcy1th/20100830/2567790.shtml。

减排计划，2019年12月颁布《低碳绿色增长基本法施行令》和《第三个碳权交易制基本计划（2021～2030）》，将“2030减排目标”法制化，并推动建立碳权交易制度。2020年2月，韩国国务调整室、环境部、企划财政部、科技信息通信部、产业通商资源部、外交部、行政安全部、农林畜产食品部、国土交通部、海洋水产部、雇佣劳动部、金融委员会、气象厅、山林厅、农村振兴厅15个部门建立跨部门减排政策协调机制。

2020年7月，文在寅政府推出“韩国版绿色新政”，宣布将建立跨部门减排评估体系，增大减排透明度，并在2025年前投资73.4万亿韩元（约合612亿美元），推动构建绿色基础设施、分散型低碳能源供需体制和绿色产业生态系统。[①] 同年12月文在寅政府宣布2050碳中和目标，并新设总统直属的2050碳中和委员会和产业通商部内能源次官职务，统筹推进碳中和战略。2021年1月13日，韩国首次召开《2050碳中和战略》跨部门工作组会议，宣布把2021年设为“实现2050碳中和目标的飞跃之年”。

一、紧跟国际气候变化议程

韩国自身资源匮乏，市场狭小，只有紧密融入国际体系，才能获得资源、能源、市场，确保安全与发展利益。2015年美国和欧盟推动签署《巴黎协定》，将气候变化设为全球议程，要求发达国家和发展中国家共同承担“确保将2050年地球气温升高幅度远远低于2摄氏度，争取达到1.5摄氏度”的减排义务。韩国对外经济研究院评估，欧盟可能通过《巴黎协定》第六条重新制定市场机制并征收碳税，韩国每年向欧盟出口的33.1亿美元钢铝制品以及电子产品等将受到比美国、日本更大的冲击。[②]文在寅在韩国“2050碳中和宣言”中强调，“碳中和已经成为不可阻挡的世界潮流，推动人类社会从化石能源文明向绿色能源文明转化，推动国际经济秩序加速转型。欧美已经决定引入碳税制度，拟以环保名义限制跨国企业和金融公司的交易与投资，改变国际经济规则和贸易环境。韩国作为国际社

---

① 韩国政府，《2030国家温室气体减排目标（NDC）》(2030 국가 온실가스 감축목표)，2020年12月。

② 韩国对外经济政策研究院，《欧盟碳国境协调机制的贸易法研究以及对韩国产业的启示》，2021年7月，第17页。

会中的负责任国家，不能将应对气候变化危机视为可选项，而是视为必选项，不能被牵着鼻子走，必须主动应对”。①

二、提升国民生活品质

韩国《2050碳中和战略》认同《巴黎协定》对全球气候变暖威胁的评估，认为全球平均温度上升2摄氏度，爆发酷暑、寒流等自然灾害几率将大幅增加，生物多样性、人类健康和生活、粮食安全、经济增长将受到巨大冲击；若限制在1.5摄氏度内，危害则大幅降低。2018年10月，第48届联合国政府间气候变化专门委员会发表《IPCC全球升温1.5℃特别报告》警告，若要实现2100年地球平均温度上升幅度限制在1.5摄氏度目标，2030年全球碳排量就必须比2010年减少45%，2050年实现碳中和；若实现2摄氏度目标，2030年碳排量就必须比2010年减少约25%，2070年实现碳中和。②

表6-3 全球气温升高影响评估

控温目标	1.5摄氏度	2摄氏度
生态系统风险	高危	更高危
中纬度极热天气升温幅度	提高3摄氏度	提高4摄氏度
高纬度极寒天气升温幅度	提高4.5摄氏度	提高6摄氏度
珊瑚死亡率	70%~90%	99%以上
最贫困人口增幅	若升高2摄氏度，2050年最多可能增加数亿最贫困人口	
缺水人口增幅	若升高2摄氏度，2050年缺水人口最多可能增加50%	
极端气候威胁	中等	中至高等
海平面升幅	0.26~0.77米	0.3~0.93米
北极冰层消融率	百年一次	十年一次

资料来源：韩国政府，《构建可持续低碳社会的2050年碳中和战略》，https：//www.korea.kr/special/ploicy Curation View.do? newsld=148881562。

---

① 文在寅，韩国《碳中和宣言》，韩国青瓦台网站，https：//www1.president.go.kr/articles/9646。

② 《2050碳中和》（2050 탄소중립），韩国政策维基网，https：//www.korea.kr/special/policyCurationView.do? newsId=148881562。

韩国因为大量消耗化石能源，所以受到气候变暖和环境污染的冲击更加严重。韩国气象局称，朝鲜半岛100年来平均气温升高1.8摄氏度，高于全球平均水平的0.8～1.2摄氏度；尤其过去30年，平均气温升高1.4摄氏度，年降雨量增加160毫米，暴雨天气明显增多，夏季拉长、冬季缩短趋势明显；若不采取减排举措，朝鲜半岛2081～2100年平均气温可能升高1.8～4.7摄氏度，降水量增加5.5%～13.1%，亚热带气候将从现在南部沿海地区向整个朝鲜半岛扩散，高温天气大增，而寒潮、冰霜天气大减，甚至可能消失。韩国推进《2050碳中和战略》，不仅有利延缓气候变化危机，还能降低粉尘等空气污染物，减少雾霾天气发生。①

三、打造经济发展新模式

韩国以钢铁、石化、半导体等能源密集型产业为主的经济发展模式，曾经创造经济腾飞的“汉江奇迹”，推动韩国进入“3050俱乐部”（人口超过5000万，人均国民收入超过3万美元），成功从战后最贫困国家之一发展成为发达国家。但韩国经济发展模式面临冲击，一方面韩国高度依赖能源进口，能源安全风险持续高企，另一方面能源密集型产业竞争力持续走弱，经济增长率日益下滑至“2.0%时代”，迫切需要抓住产业转型机会，发掘新的经济增长点。文在寅称，韩国掌握世界领先的电车、电池、存储器等低碳技术，半导体、信息通信等数字化产业竞争力很强，韩国将抓住碳中和机遇，加快构建创新生态体系，打造循环经济，实现打造经济增长新模式和改善国民生活品质两大目标。② 韩国还认为，《2050碳中和战略》将对韩国温室气体排放结构、能源供应体系、温室气体减排技术以及减排政策重新进行长期规划，明确经济、社会、环境、能源等均衡协调发展的政策方向，强化国民对共建共享低碳社会的价值观认同，有望将产业结构从以钢铁、石化等能源密集型制造业为中心转向以低碳绿色产业为中心，为韩国探索未来增长动力、确保国家未来竞争力提供历史机遇。③

---

① 韩国政府，《构建可持续低碳社会的2050碳中和战略》，2020年，第14～20页。

② 文在寅，韩国《碳中和宣言》，韩国青瓦台网站，https：//www1. president. go. kr/articles/9646。

③ 韩国政府，《构建可持续低碳社会的2050碳中和战略》，2020年，第21～22页。

第三节　问题与挑战

韩国民众高度支持文在寅政府制定的《2050 碳中和战略》，但大都认为《2030 减排目标》和《2050 碳中和战略》面临困难和挑战，如期实现可能性不大。

一、全面节能压力大

韩国经济以高耗能产业为中心，而且单位能源效率偏低。2017 年，韩国百万美元国民生产总值的碳净排量为 372 吨，居世界 112 位，能源效率仅高于美国（109 位），低于日本（138 位）、德国（150 位）、英国（160 位）。[①] 2050 年，韩国经济有望从 2017 年的 1541 万亿韩元（约合 1.28 万亿美元）增至 2738 亿韩元（约合 2.28 万亿美元）。为此，韩国若希望实现 2050 年碳中和目标，就必须大力提升单位能耗，争取从 2018 年开始每年提高 3.0%，至 2050 年将百万韩元 GDP 能耗从 2017 年的 0.114 吨油当量降至 0.042 吨油当量，将能源消耗总量从 2017 年的 1.726 亿吨油当量减少 33.7%，降至 1.144 亿吨油当量。但这种情况落实的可能性不大。

表 6-4　韩国能源走势展望

	单位	2017	2030	2040	2050
韩国实际 GDP	万亿韩元	1541	2065	2432	2738
单位 GDP 能耗	吨油当量/百万韩元	0.114	0.077	0.057	0.042
目标能源消耗总量	百万吨油当量	176.0	158.7	137.8	114.4

资料来源：李昌勋（音译），《碳中和：意义、方向与课题》，2021 年 1 月（탄소중립: 의의, 방향, 과제 - 이창훈 환경정책평가연구원 선임연구위원）https：//energytransitionkorea.org/post/42194。（上网时间：2021 年 10 月 13 日）

① 韩国政府，《构建可持续低碳社会的 2050 碳中和战略》，2020 年，第 21 ~ 22 页。

同样，生活节能也面临挑战。以建筑部门为例。韩国国土交通部统计，韩国 2019 年共有建筑物 724 万栋，其中民用 47.1%、商用 21.8%、工用 14.1%；建筑能源消耗总量为 3315.5 万吨油当量，其中公寓（41.7%）、独户住宅（16.6%）等民用住宅合计占 60%。2021 年，韩国国土交通部制定建筑物减排政策，计划 2030 年碳排量降至 1.327 万吨。若此，韩国建筑物 2019～2030 年年均减少 1.3%，仅略高于 2008～2019 年年均 1.2% 的降幅，实现 2050 碳中和目标的可能性不大。①

二、能源结构转型难度高

韩国对化石能源依赖过高。2017 年，韩国一次能源供应 3.02 亿吨油当量，其中化石能源 83.7%（石油 39.5%、煤 28.5%、液化气 15.7%），而核能 10.5%、可再生能源和水电 5.7%。2018 年，韩国一次能源供应 3.07 亿吨油当量，其中石油 38.5%、液化气 18.0%、有烟煤 26.6%、核电 9.2%、无烟煤 1.6%，而可再生能源和水电仅占 6.1%。② 韩国 2016 年碳排量居世界第十一位，但消耗化石能源而产生的二氧化碳排量占 87%，居世界第七位，在经济合作组织中仅次于美国、日本和德国，居第四位。③

为实现 2050 碳中和目标，韩国能源结构必须实现双转型，一方面，将电能消耗在能源消耗中的占比从 2017 年的 25.3% 增至 63.7%，以电能取代直接消耗的化石能源；另一方面，必须从以化石能源为中心转向以可再生能源为中心，大力发展可再生能源，将可再生能源发电占比从 2017 年的 6.3% 大幅提升至 85.7%。

---

① 《建筑部门实现 2050 碳中和目标的可能性》，韩国《京乡新闻》，2021 年 3 月 7 日，http：//www.kharn.kr/news/article.html？no=15472。

② 韩国能源公社：《2018 年韩国整体能源使用及温室气体排放量统计》（한국에너지공단，[2018 전부문에너지사용및온실가스배출량통계]），2019 年 12 月。

③ 李万熙、朴善庆：《通过比较 OECD 国家温室气体减排目标评估韩国温室气体减排目标》，（이만희，박선경，“OECD 국가의 온실가스 감축공약（NDC）의 비교 분석을 통한 우리나라 온실가스 감축 목표 평가”），Journal of Climate Change Research 2017，Vol. 8，No. 4，pp. 313－327。

表6－5 韩国《2050碳中和战略》下的能源转型要求

	2017	2030	2040	2050
总发电量（太瓦时）	553.5	638.4	700.5	935.1
煤电占比（%）	43.1	36.1		
油电占比（%）	1.6	1.2		
气电占比（%）	22.2	18.8	33.6	5.0
核电占比（%）	26.8	23.9	16.4	9.3
可再生能源发电占比（%）	6.3	19.9	50.0	85.7

资料来源：李昌勋（音译），《碳中和：意义、方向与课题》，2021年1月（탄소중립: 의의, 방향, 과제 - 이창훈 환경정책평가연구원 선임연구위원）https：//energytransitionkorea. org/post/42194。（上网时间：2021年10月13日）

目前，韩国可再生能源发展取得一定进展。2018年，新增2.989兆瓦可再生能源装机容量，比2017年增长45%，超过《可再生能源2030实施计划》规定目标的76.4%；2019年新增3.47吉瓦装机容量，比2.4吉瓦预定目标超过50%。2019年，韩国还研发出新一代光伏电池等新能源技术。但韩国可再生能源仍难承担能源结构转型重任：一是很难填补“脱媒”“脱核”造成的能源缺口。以韩国炼钢产业为例。韩国炼钢产业是用电大户，即便采取更节能的氢还原炼钢法，将二氧化碳排量从2017年的2.98亿吨降至2050年的0.347亿吨，其用电量仍将达到175太瓦时，占预计发电总量的1/3。韩国政府原期望2030年太阳能和风能发电装机容量达到37吉瓦和18吉瓦，但2019年实际装机容量为9.3吉瓦和1吉瓦。国际能源资源研究咨询公司认为，2030年韩国可再生能源发电量将增至60.5吉瓦，占比17%，达到20%预定目标可能性不大。二是造成新生态灾难。例如韩国太阳能项目毁山灭林严重。三是可再生能源价格贵、不稳定，使用不方便。2019年10月，韩国每兆瓦可再生能源价格从2017年1月的16.2万韩元（约131.2美元）大跌至5.4万韩元（约44.2美元），下跌66.6%。[①]

相反，文在寅政府虽然关停三千浦煤电站1、2号等6个机组，要求2020年煤电占比从2016年36%、2017年43%降至27%，但预计2040

① 韩国新能源与可再生能源学会和能源经济研究院，《“REC市场环境、问题与改革方向”论文集》（한국신·재생에너지학회 & 에너지경제연구원, “REC 시장 현황, 문제점 및 개선방향”），2019年10月。

年至少还要消耗0.853亿油当量的煤炭，占国内最终能源消耗总量（2.799亿吨油当量）的30.5%。[①] 与"脱媒"政策相反，韩国加大了海外煤电投资，包括印尼3个（约25.7亿美元）、越南5个（约33.5亿美元）、菲律宾1个（约13.3亿美元）电机组。文在寅政府还为实现"60年脱核"目标，在2017年关停古里核电站1号机组，2019年关停月城核电站1号机组，但同时继续推进新古里核电站3、4、5、6号机组建设。目前，韩国核电占比25%，"脱核""限核"均将造成供电紧张，引发大停电风险。2019年1月，韩国盖洛普公司调查表明，韩国民众"脱核"支持率已从2018年6月的32%降至27%。随着韩国和全球经济相继增长乏力，韩国政府"脱核"动力也在持续减弱。[②]

三、减排计划时间紧

韩国2017年碳排量为7.09亿吨，2018年增至7.28亿吨，2019年才降为7.03亿吨，迄今还不能明确已经碳达峰。[③]

表6-6　韩国温室气体排量统计　（单位：百万吨）

	2011	2012	2013	2014	2015	2016	2017	2018
碳总排量	684.9	688.3	697.4	691.9	692.5	693.5	709.8	727.6
碳净排量	632.3	641.3	654.8	648.7	648.2	648.0	668.3	686.3
—能源领域	595.1	596.5	605.0	597.4	600.7	602.7	615.7	632.4
—产业领域	52.9	54.4	54.8	57.5	54.3	53.2	55.9	57.0

① "韩电加速去煤化，加大开发海外煤炭，全球评级机构，全球基金发出警告"（탈석탄 가속하는 한전, 해외선 석탄발전투자 … 글로벌 펀드 잇딴 '경고），https://biz.chosun.com/site/data/html_dir/2020/06/01/2020060103481.html。

② "'脱核电'台湾遭受大停电，韩国发电预备率7%也无所谓吗?"（탈원전대만, 블랙아웃 겪어 … 한국'전력예비율 7%' 괜찮을까），https://biz.chosun.com/site/data/html_dir/2018/07/25/2018072502731.html。

③ "2019年温室气体排量同比减少3.4%"（2019년 온실가스배출 전년比 3.4%），韩国《京乡新闻》，2020年10月8日，http://www.kharn.kr/news/article.html?no=13941。

续表

	2011	2012	2013	2014	2015	2016	2017	2018
—农业领域	21.1	21.5	21.3	21.4	21.0	20.8	21.0	21.2
—生活领域	-52.6	-47.0	-42.5	-43.3	-44.4	-45.6	-41.5	-41.3
—废弃物	15.8	15.9	16.2	15.6	16.6	16.8	17.2	17.1
碳总排量增长率	4.4%	0.5%	1.3%	-0.8%	0.1%	0.1%	2.3%	2.5%

资料来源：韩国温室气体综合信息中心，《2020年国家温室气体清单报告》。

相反，英国、德国、法国均在2000年左右实现碳达峰，日本推测2013年已经实现碳达峰。但韩国坚持像英国、德国、法国、日本一样设定2050年碳中和目标，可能使韩国面临采取减排措施后碳排量仍然持续增加的尴尬局面，不得不在更短时间内采取更激进的减排措施。

四、政策连贯性不足

从政府层面看，韩国总统实施五年一任制，政策连贯性不强。文在寅政府自2017年5月上台，2022年5月下台，恐怕无力继续推进《2050碳中和战略》。而新政府上台后，势必调整其执政重点，降低对前任政策的重视程度。2009年，李明博政府强力推进"绿色增长"战略，但李明博政府下台后，该战略就不了了之。

从民众层面看，韩国86.9%民众认同气候危机概念并支持文在寅政府制定的《2050碳中和战略》，但52.7%认为气候变化主要影响后代，应由后代采取减排举措，而不能由他们承担减排成果。换言之，韩国民众并不希望因为减排而影响自身生活品质。在新冠病毒感染疫情冲击下，韩国民众关注抗疫（51.9%）远远超过气候变化（19.2%）和经济危机（17.7%），更不支持减排。韩国民众还担忧，文在寅政府的《2050碳中和战略》最终将像李明博政府"绿色增长"战略一样，变成财阀盈利、中小企业买单的工具。

从经济界看，大韩商工会议所（相当于韩国企业家协会）调查显示，韩国74.2%企业担忧碳中和战略会"削弱企业竞争力"（59.3%）或"颠覆整个行业”（14.9%），认为“可提升竞争力”的只有25.8%。① 在新冠病毒感染疫情和贸易保护主义双重冲击下，韩国企业经营更加困难，对减排节能更加谨慎。

从外交层面看，韩国制定《2050 碳中和战略》，一方面意在应对欧美压力，维持良好关系，另一方面希望衔接欧美经济贸易规则，增加国际竞争力。今后，韩国将密切关注美欧的气候变化政策走向，一旦美欧“碳中和战略”开始“放水”，韩国也将萧规曹随。美国特朗普政府宣布退出《巴黎协定》后，韩国对气候变化的关注度也有所下降。

---

①　“韩国七成企业将2050 碳中和目标视为危机”，韩国《朝鲜日报》，2021 年4 月18 日，https：//biz. chosun. com/site/data/html_dir/ 2021/04/18/2021041800168. html。

第七章

俄罗斯应对全球碳中和的立场与举措*

俄罗斯是世界最大的一次能源出口国和第二大油气生产国，燃料和能源行业是俄罗斯经济发展的支柱。与此同时，俄罗斯还是全球第四大温室气体排放国，人均排放量居世界首位，是气候变化和国际碳中和议程中不可或缺的角色。长期以来，俄罗斯官方、学者、企业界和民众对于气候变化因果以及推进碳减排的重要性、必要性和紧迫性存在较大的认知分歧，直到近年迫于外界压力才出现一定程度的转变与调整。俄罗斯政府接连出台一系列相关政策，但未来推进落实仍然存在相当大的阻碍。

第一节　外因驱动

俄罗斯的能源行业约占其 GDP 的 25%，能源收入占其预算收入的 40%。能源行业是二氧化碳排放的主力军。俄罗斯约占世界进入大气层的碳排放量的 5%。该国几乎 90% 的能源消耗来自化石燃料。这一数字比世界平均水平高出 10%。① 长期以来，俄罗斯经济已对油气产业形成惯性依赖。脱碳有损俄罗斯实际利益，因此俄罗斯对其不仅缺乏兴趣，更没有内在动力。正如俄罗斯高等经济大学教授马卡罗夫所言，“欧盟

---

* 本章作者：尚月，中国现代国际关系研究院欧亚研究所所长助理、副研究员，主要从事中俄关系、俄罗斯能源等问题研究。

① Россия приготовилась рассказать миру о планах по борьбе с изменением климата, https://lenta.ru/news/2021/10/07/russiaclimate/.

将绿色议程和脱碳视为机遇，而其在俄罗斯则被视为威胁”。① 近来，多重外界压力驱使俄罗斯在应对碳中和议题方面出现一定程度的认知转变。

一、全球能源行业持续转型，冲击俄传统能源大国地位

总体看，作为传统能源生产与出口大国的俄罗斯日趋关注全球能源转型的大趋势，认为这一大势主要体现在以下几方面：一是能源技术突破式发展。近年来美国“页岩革命”深刻改变和塑造国际油气行业的整体格局。此外，随着电气化、分布式发电、可再生能源、氢能、能源存储等技术取得明显进展，替代能源效率大幅提高，成本显著下降。二是能源消费结构向绿色燃料倾斜。各国对气候变化问题形成共识，全球经济从低碳向脱碳迈进。同时，欧洲等俄能源主要出口市场将发展可再生能源视为保障能源安全的重要途径，竭力推进技术创新，大幅增加对可再生能源的投资和供应，日益降低对碳氢燃料的进口依赖。三是能源价格“虚高”的时代一去不返。以油价为例，俄罗斯认为全球石油市场平衡愈加取决于多种变量，能源价格低位徘徊或大幅震荡可能成为“新常态”。对俄而言，化石燃料需求萎缩将使其全球影响力逐渐丧失。此外，由于能源技术和消费结构的变化，世界已进入“广泛的技术竞争和不同种类的燃料竞争时代”。②总体看，高油价、高气价和高煤价的“梦想”已成为过去。四是能源市场规则和运行模式出现调整。石油领域，俄罗斯总体肯定 2016 年底形成的“欧佩克 + 减产”机制，认为其领导 11 个产油国加入欧佩克从根本上改变了过去几十年石油市场的游戏规则，提升了产油国的市场权力。未来几年，尽管油价理论上仍很大程度取决于供求关系，但地缘政治因素（主要是“欧佩克 + 协议”的命运）也将发挥重要作用。③ 天然气领域，以条款限制严格的长约合同交付和管道供应为主的区域性天然气市场正在被低成

① Климатические полярности，https：//www. kommersant. ru/doc/4595499? from = doc_vrez.

② Прогноз развития энергетики мира и России 2019，https：//energy. skolkovo. ru/downloads/documents/SEneC/Research/SKOLKOVO_EneC_Forecast_2019_Rus. pdf.

③ Грушевенко Д. А. ，Прогноз развития энергетики мира и России：в фокусе нефтяной рынок，Глобальные энергетические и экономические тренды，ИМЭМО РАН，Москва，2019.

本、新技术、短期合同交付的液化天然气改变，天然气贸易形式和出口路线的灵活性和复杂性激增，天然气市场格局正在重塑，全球天然气市场将在中期形成。

正是基于以上认识，2019 年 11 月，俄科学院能源研究所和莫斯科斯科尔科沃管理学院能源中心的联合报告《世界和俄罗斯能源发展预测 2019》开篇便承认，“世界能源市场发展的主要方向已清晰可见：在能源政策变化和新技术发展的影响下，世界进入广泛使用可再生能源和替代化石燃料的第四次能源转型阶段”。① 随着世界向低碳和脱碳能源转型，俄罗斯经济过度依赖碳氢化合物出口的脆弱性尽显。天然气和液化天然气虽然相对清洁，但全球天然气需求预计在 21 世纪中叶也将急剧下降。有分析显示，若俄经济无法适应新形势，2040 年后年均 GDP 增长率或仅能徘徊在 0.6% ~0.8%之间。

二、气候变化对俄罗斯的负面影响愈加显现

俄罗斯精英和学界对于全球气候变化的认知存在长期的演变和转变过程。21 世纪初以前，俄罗斯对自身生态脆弱性的认知判定结果是处于较低水平，认为气候变化（特别是全球变暖）可能给处于寒带的俄罗斯带来潜在利益。但近年来，俄罗斯升温幅度和强度超过世界平均水平。2010 ~ 2020 年，全球平均气温上升 0.18 摄氏度，而俄罗斯升温 0.47 摄氏度，俄属北极地区变暖更快（0.8 摄氏度）。随着温度升高，而国内气候变化征兆凸显，产生了严重的经济和社会负面效应。

首先是生态灾难频发。一方面，极端气候现象愈演愈烈。进入 21 世纪以来，俄罗斯年均气温屡创新高，风暴、干旱、热浪、洪水、野火等极端生态事件日趋频繁。2020 年，俄罗斯再现创纪录高温，40 多个联邦主体发生森林火灾，森林焚毁面积与希腊国土相当，并导致当年碳排放量较 2019 年增加 1/3。西伯利亚山洪摧毁数座村庄，数千人流离失所。俄罗斯研究表明，到 21 世纪中叶，俄夏季平均气温将比 20 世纪末高 2 ~3 摄氏度，甚至 3 ~4 摄氏度，局部降水量激增，出现严重洪灾和风暴的概率持续上升。

---

① Прогноз развития энергетики мира и России 2019，https：//energy. skolkovo. ru/downloads/documents/SEneC/Research/SKOLKOVO_EneC_Forecast_2019_Rus. pdf.

另一方面，冰川冻土加速融化。俄罗斯大片国土位于亚寒带和寒带，65%的土地为永久冻土。2020年，俄冰雪覆盖率降至历史低点，北极海冰覆盖率跌至40年第二低水平。俄永久冻土约占冻土总面积的30%，若以当前速度（约1摄氏度/10年）升温，则2100年北极近地表永久冻土面积将减少30%～99%，并向大气额外释放100亿～2400亿吨二氧化碳，加剧全球变暖。

其次是社会问题凸显。一是粮食安全风险激增。北极水域变暖和冰盖减少引发气候缓慢变化，使俄南部产粮区愈发干旱缺水。北部耕地面积虽随升温有所扩大，但其土壤较南部更贫瘠且酸性更强，难以作为替代。俄罗斯小麦出口约占全球小麦出口总量的1/5，其农业所受冲击将波及全球。二是北极居民生活面临威胁。冻土融化将严重侵蚀当地基础设施，缩短建筑物预期寿命，损坏约20万公里油气管道以及数千英里公路铁路线，影响逾200万人日常生活，或导致大量居民迁徙。2020年夏季，俄罗斯北极城市诺里尔斯克发电厂的储油罐支架因冻土融化下陷倒塌，致2.1万吨柴油泄漏，造成严重污染。

最后是经济损失严重。俄罗斯每年仅因气候灾害损失300亿～600亿卢布，冻土融化所致损害则高达500亿～1500亿卢布。[①] 根据俄罗斯审计署评估，未来十年干旱、洪水、火灾、冻土融化等气候问题将使俄罗斯GDP年均下降3%。俄罗斯科学家进一步指出，2050年冻土解冻对俄造成的损失将达到GDP的8.5%。

三、欧盟碳边境调解机制日益威胁俄能源出口

俄罗斯与欧盟的能源关系历史悠久，利益深度交织，长期互为彼此最重要和最主要的“客户”。目前，俄罗斯对欧洲油气出口分别占其出口总量的50%和70%以上，维系和巩固欧洲市场对俄保证财源、维系公共开支和维护政权稳定意义重大。受到2020年疫情和“欧佩克+减产”协议的

---

① В чем стратегическая ошибка Совета при Президенте РФ по развитию гражданского общества и правам человека, https://www.ng.ru/energy/2021-07-16/100_ecology160721.html?utm_source=yxnews&utm_medium=desktop&utm_referrer=https%3A%2F%2Fyandex.com%2Fnews%2Fsearch%3Ftext%3D.

影响，2020 年俄对欧供油量和供气量有所下降，但管道油和管道气仍然起到“减震”和“托底”之功效，塑造了动荡局势下俄欧能源合作的基本面。然而，日趋激进的碳减排措施和对俄能源依赖的恐惧促使欧盟决定设立“碳边境调节机制”，旨在贯彻落实欧盟经济体内严格气候政策的基础上，对进口或出口的高碳产品缴纳或退还相应的税费或碳配额。欧盟希望通过这一政策工具鼓励其他国家减少温室气体排放，从而逐步实现温室气体减排和碳中和目标。2021 年 7 月 14 日，碳边境调节机制法规提案经过反复酝酿最终出台，将于 2023 年 1 月 1 日正式实施。其中规定，2023 ~ 2025 年为过渡期，期间只做碳排放申报，不执行相应税收；自 2026 年起正式全面实行相关碳税。

作为欧洲的最大能源供应商，俄罗斯 GDP 能耗量高于发达国家 2 ~ 3 倍，是主要经济体中碳密集型产品出口的“绝对领导者”。对于“呼之欲出”的欧盟碳边境税，尽管各大咨询公司评估结果不尽一致，但“将重创俄商品出口”这一点是毋庸置疑的。预计，欧盟的碳边境税可能会影响 42% 的俄对欧出口商品，主要影响的是碳强度高或与欧盟贸易强度大的市场，包括石油和天然气、冶金、煤炭、氮肥生产、纸浆、造纸和玻璃工业。根据波士顿咨询公司专家评估，基于碳价 30 美元/吨的标准，俄罗斯油气产业的损失将达到 14 亿 ~ 25 亿美元/年，有色金属行业的损失达到 3 亿 ~ 4 亿美元/年，黑色金属和煤炭行业的损失达到 6 亿 ~ 8 亿美元/年。① 俄部分行业可能因为缺乏竞争力永久失去欧盟市场份额。总体看，欧盟碳税每年将给俄罗斯带来 31 亿 ~ 38 亿美元的损失。② 对俄罗斯来说，还有一个重要问题是碳边境调节机制对石油加工品和石化产品的界定。目前，由于对复合产品生产的碳强度计算研究不足，主要的石油产品和有机合成产品尚未被纳入碳边境调节机制，但并不意味着其一定不会被纳入其中。此外，还不清楚间接排放是否会影响税费数额，以及欧盟是否会选择采用排

---

① Вызовы углеродногорегулирования, ЭНЕРГЕТИЧЕСКИЙ БЮЛЛЕТЕНЬ Выпуск № 94, март 2021, Аналитический центр при Правительстве Российской Федерации.

② Трансграничное углеродное регулирование: вызовы и возможности, ЭНЕРГЕТИЧЕСКИЙ БЮЛЛЕТЕНЬ Выпуск № 98, июль 2021, Аналитический центр при Правительстве Российской Федерации.

放配额制度。同时，进口商品价值链中“碳足迹”核算的技术问题也未得到解决。① 以上所有的不确定性对俄罗斯出口原料提出了若干紧迫的问题，引发了俄罗斯商界的担忧。总体上看，欧盟的碳边境调节机制不仅会影响俄罗斯的气候政策、税收和对外贸易，还会对其经济战略甚至地区发展产生影响。② 因此，欧盟碳边境调解机制成为俄转变对碳中和议题认知的最直接和最重要的动力。

四、气候议题成为大国博弈新战场，俄不甘被动卷入

气候变化是当前人类面临的主要全球性问题之一。伴随着拜登入主白宫，美国气候政策更强调清洁能源和气候变化的全球领导力。拜登宣布重返《巴黎协定》，相继推出关于保护气候环境、重建科学机构、应对气候危机等行政命令或备忘录，并迅速召开全球气候峰会。与此同时，欧盟也不愿将应对全球变暖斗争的领导地位拱手让人。2019 年底欧委会公布《欧洲绿色协议》，提出到 2050 年将欧洲建成全球首个碳中和地区，希望借发展转型抢占“绿色竞赛”先机。当前，气候议题愈加成为国际社会关注的焦点，逐渐占据世界外交的中心视野。西方国家在这一领域有越来越多政治、经济考量，意图争夺全球治理话语权和议程制定权，并借机巩固自身经济优势。③ 俄罗斯财政部长西卢安诺夫称，“绿色经济的发展不应伴随着创造反竞争条件”。他提到，欧盟长期以来一直奉行脱碳政策，而俄罗斯“只是现在才开始这一进程，需要一定的时间准备——有必要采取行动，但机会和时间都相对滞后”。俄罗斯央行行长纳比乌琳娜也担心全球资本流动变化带来的风险，承认俄罗斯在绿色金融市场发展方面明显落后。④

---

① Вызовы углеродногорегулирования, ЭНЕРГЕТИЧЕСКИЙ БЮЛЛЕТЕНЬ Выпуск № 94, март 2021, Аналитический центр при Правительстве Российской Федерации.

② Вызовы углеродногорегулирования, ЭНЕРГЕТИЧЕСКИЙ БЮЛЛЕТЕНЬ Выпуск № 94, март 2021, Аналитический центр при Правительстве Российской Федерации.

③ 赵璧：《全球气候外交中的大国角力》，http：//comment. cfisnet. com/2021/0526/1322936. html。

④ Углеродный налог пугает Россию медленно, https：//www. kommersant. ru/doc/4762549.

俄罗斯纳米技术公司前董事会主席丘拜斯则提醒道，忽视气候问题的重要性可能会导致俄罗斯将在多年后退出全球竞争。① 在这一全新的博弈战场上，俄罗斯虽然被动卷入，但并不愿意完全被西方“牵着鼻子走”，将这一博弈舞台拱手相让。让俄罗斯更警惕的是，其担忧西方国家将气候及碳中和议题作为政治工具，肆意对俄罗斯施压甚至进行制裁。

第二节　认知转变

出于顺应低碳趋势、应对生态灾难、促进经济转型和争夺国际话语权等考虑，近来俄罗斯对碳中和、碳减排的相关认知及角色定位出现一定程度上的转变和调整。

一、官方立场：从质疑到关注

长期以来，自恃地大物博让俄精英对于不利变化产生了本能抗拒和选择性忽视。对于“页岩革命”，普京总统在 2013 年的民众连线中曾自信地宣称：“俄罗斯有足够的传统能源，页岩气生产成本远高于传统天然气生产成本。我认为我们并没有‘睡过头’。”② 对于能源转型，2017 年时任俄罗斯副总理德沃尔科维奇还在圣彼得堡国际经济论坛上表示，目前可再生能源价格“太过昂贵”。③ 2019 年，普京总统仍在质疑全球变暖的人为因素以及可再生能源发展前景。他在一年一度的大型记者会上称：“气候变化是一个重要问题，但无法确切说明这一过程与什么有关。”④ 直到最近，随着国内外形势的剧烈变化，俄罗斯精英才被迫“睁开双眼”面对现实，

---

① Климатические полярности，https：//www. kommersant. ru/doc/4595499？from = doc_vrez.

② В. Путин не знает，проспал ли Газпром сланцевую революцию，https：//www. rbc. ru/economics/25/04/2013/570407929a7947fcbd448534.

③ В. Путин не знает，проспал ли Газпром сланцевую революцию，https：//www. rbc. ru/economics/25/04/2013/570407929a7947fcbd448534.

④ Путин：никто не знает точных причин изменения климата，https：//www. ntv. ru/novosti/2268863/.

愈加关注、紧密跟踪全球能源形势的重大调整。从2020年10月起，普京先后在瓦尔代国际辩论俱乐部、年度国情咨文、全球气候峰会、俄罗斯地理学会理事会、圣彼得堡经济论坛和民众直播连线等多个大型场合就气候变化、能源转型等议题发表看法，驳斥“俄罗斯对解决该问题不感兴趣”是“无稽之谈”，表示“追求碳中和是一项正确的、崇高的任务”。他直言对气候变化议题“深表忧虑”，称这一问题的“紧张局势日益严峻，可发生不可逆后果，使地球变为金星”。① 2019年，俄罗斯总统网大事记中“气候”议题仅有6项，2021年前7个月已有11项。

二、社会讨论：从边缘到热点

长期以来，生态虽是俄罗斯人相当感兴趣的话题之一，但对气候问题的关注度（64%）始终低于欧洲平均水平（76%）。且俄罗斯人不倾向于将气候变化与使用油气资源直接挂钩，普遍缺乏应对气候变化的准备与行动。直到几年前，在俄罗斯还经常会有“气候变化于俄有利”的讨论：“我们不需要冬衣，在西伯利亚可以种植香蕉和草莓。”② 2018年俄罗斯民调显示，只有19%的俄罗斯人认为全球变暖将在不久的将来对人类构成威胁。近年，由于环保抗议、生态破坏以及负责任和有意识消费的日益重要，俄罗斯人越来越认识到气候变化问题的存在，注意到其负面后果，并认同人为因素在气候变化中的作用。2020年，盖洛普驻俄及独联体国家咨询研究中心“РОМИР”的民意调查显示：66%的受访者认为气候变化是“现在的真正威胁”，90%的人认为气候变化是“真正的问题”，86%的人认为“俄罗斯将因气候变化而遭受损失”。此外，80%的受访者表示他们“已经感受到气候变化的负面影响”，69%的人将其与人类活动联系起来。③ 这表明，公众对这一问题的认识出现了一定程度的变化。2020年，全俄民意研究中心组织的3项民调都与环境、气候有关，这是往年未曾出现过的

---

① Пленарное заседание Петербургского международного экономического форума, http: //www. kremlin. ru/events/president/news/65746.

② Верят ли россияне в климатический кризис? https: //climate. greenpeace. ru/veryat – li – rossiyane – v – climaticheskiy/.

③ Верят ли россияне в климатический кризис? https: //climate. greenpeace. ru/veryat – li – rossiyane – v – climaticheskiy/.

现象。2020 年 1 月，列瓦达中心民调显示，俄罗斯人认为，环境恶化是 21 世纪对人类的最大威胁（48%），其次才是国际恐怖主义（42%）和战争（37%）。①

三、角色定位：从消极旁观到参与塑造

基于既有认知，俄罗斯曾经长期在国际气候谈判中扮演“旁观者”的角色。21 世纪以来，随着各国对气候问题关注度上升和俄极端气候现象频发（气候变化危害集中体现在能源、农业和永久性冻土三方面），特别是在 2008 年梅德韦杰夫出任总统后，俄罗斯在气候变化问题上展现出相对积极的态度。俄罗斯逐渐认识到，发展高效能源和绿色技术，减少温室气体排放事关国家安全，无论从环保还是经济层面都符合俄战略利益。2015 年签署《巴黎协定》后时隔 4 年，俄政府于 2019 年 9 月正式宣布以“全方位合格参与者”的身份加入《巴黎协定》。在 2021 年 6 月的圣彼得堡国际经济论坛上普京指出，需“竭尽所能”将气候变化危害降至最低，称“地球命运、国家发展、人民福祉和生活质量很大程度上将取决于应对气候变化的努力成功与否”。② 米舒斯京总理表示，减少俄罗斯联邦的温室气体排放是重组经济以及开发能源、工业和运输新技术的重要动力。拉夫罗夫外长也指出，俄罗斯始终高度重视气候问题，并积极参与国际舞台上的气候讨论。

第三节　应对立场及原则

基于对本国幅员、地理、气候、经济结构及科技潜力的认知与评估，俄罗斯自视在确保气候稳定、促进碳中和方面潜力巨大、地位重要、立场独特。

---

① ПРОБЛЕМЫ ОКРУЖАЮЩЕЙ СРЕДЫ，https：//www. levada. ru/2020/01/23/problemy – okruzhayushhej – sredy/.

② Пленарное заседание Петербургского международного экономического форума，http：//www. kremlin. ru/events/president/news/65746.

一、贡献与优势

在俄罗斯看来，其在保护气候方面已经比其他国家做得更多更好，其对全球碳中和的贡献卓越，减排力度巨大。根据俄罗斯科学院经济预测研究所的测算，得益于工业、能源和住房的大规模现代化和公共服务，俄罗斯的温室气体排放量在 30 年间减少近 50%。在经济崩溃、去工业化和耕地减少的情况下，俄企业和人口为此付出了沉重的代价。① 普京则更精确地指出，俄罗斯为近 30 年全球减排力度最大的国家，温室气体排放量从 1990 年的 31 亿吨二氧化碳降至 16 亿吨。与此同时，俄罗斯自认为温室气体排放量不高（世界第五位），远不及排放大户中国和美国。

俄罗斯评估自身的优势在于：一是生态系统固碳效应巨大。作为“地球之肺”，俄罗斯森林面积世界第一，占世界森林总面积的 1/5。据权威期刊《科学报告》估计，目前俄罗斯森林吸收的二氧化碳比苏联解体时多出 1/3。② 俄罗斯森林每年可吸收二氧化碳数十亿吨，废弃农业用地约 8000 万公顷（占俄农业用地总面积 1/5），生态系统固碳能力强。二是现有能源结构较为清洁。俄认为，本国 45% 的能源为低碳能源，包括天然气、核能、水电及可再生能源等。此外，在俄罗斯看来，俄罗斯天然气比美国的液化天然气更清洁、更便宜。三是目前能效较低。俄罗斯减排空间大，成本不高，可以较快适应全球碳中和趋势。

二、原则与立场

一是非激进，可持续。俄罗斯特别强调自身可持续发展及向低碳经济平稳过渡的重要性。其坚定地认为，多年实践已成功证明，俄可以实现气候目标，“无需采取任何仅对其地缘政治竞争对手有利的仓促步骤”③。根据德国联邦储蓄银行专家在东方经济论坛上的评估，如果俄罗斯推行不经

① Климатический саммит выявил разногласия, https://www.ng.ru/economics/2021-09-29/100_2109291135.html.

② Климатический саммит выявил разногласия, https://www.ng.ru/economics/2021-09-29/100_2109291135.html.

③ Климатический саммит выявил разногласия, https://www.ng.ru/economics/2021-09-29/100_2109291135.html.

思考的、彻底放弃化石燃料的能源转型，到2035年可能会使该国GDP减少4.4%，家庭收入减少14%，出口减少1790亿美元。这还不包括矿区的社会问题和与能源资源开采和加工相关的经济部门的危机。① 针对2021年秋冬全球爆发的“能源短缺危机”，俄罗斯《独立报》评论指出，虽然一些国家说服其邻国跳入漩涡，放弃可靠的能源，但另一些国家却在努力寻找自己的道路。奉行谨慎、周到的气候政策的俄罗斯可以教会它们很多东西。② 此外，俄罗斯尤其看重天然气的过渡作用，认为中短期内国内外市场对俄罗斯天然气的需求依然旺盛，因此极力宣扬天然气相对清洁，欲以此影响美欧立场，将其作为向碳中和过渡的重要燃料。

二是控增量，降存量。由于生态资源富饶，俄罗斯坚持认为吸收温室气体存量与控制排放增量同等重要，强调“应从所有来源捕集、储存和利用二氧化碳”，从而最大限度发挥俄罗斯自身的潜力和优势。俄罗斯《独立报》援引联合国政府间气候变化专门委员会专家的说法称，就捕获温室气体的潜力而言，俄罗斯在世界上名列第一——其有可能将捕集的二氧化碳注入废弃的石油和天然气地层及矿山。

三是重规则，争标准。俄罗斯并不认可目前全球温室气体排放评价体系，强调需要考虑甲烷等导致全球变暖的所有因素，且应该充分评估森林吸碳能力，完善碳排放计算方法。

四是去政治，促团结。近年来，受乌克兰危机影响，俄罗斯在贸易、金融、能源、军工等领域饱受美欧制裁，因此谨防西方再度借碳中和议题对俄施压，坚决反对“以特定利益的碳足迹为借口，重塑投资和贸易流动，威胁限制俄获得先进绿色技术”。普京称，气候议程及向碳中和过渡“不应成为不公平竞争工具”。拉夫罗夫指出，“气候变化和环境保护问题要团结国际社会而不是将其分裂，防止单边行动”。③ 俄罗斯国家杜马能源委员会主席扎瓦尼表示，“重要的是，引入边境碳税不会成为保护主义和歧视的工具，气候话题不会被政治化。”

---

① Климатический саммит выявил разногласия, https://www.ng.ru/economics/2021-09-29/100_2109291135.html.

② https://www.ng.ru/economics/2021-09-29/100_2109291135.html.

③ Лавров рассказал о подготовке к конференции по климату в Глазго, https://ria.ru/20210928/lavrov-1752196705.html.

第四节　相关举措

当前，俄罗斯已充分意识到，全球向碳中和过渡已大势所趋，必须尽快转变观念，参与制定“游戏规则”。经过近 3 年的反复讨论酝酿，普京总统终于在 2021 年 7 月签署了俄罗斯首部气候领域的相关法律《2050 年前限制温室气体排放法》。该法确立了主要减排目标，普京要求政府 2021 年 10 月 1 日前制订详细计划。

一、减排目标

《2050 年前限制温室气体排放法》中设定的基准场景规定：2030 年俄罗斯 GDP 碳强度较 2017 年下降 9%，2050 年下降 48%；2030 年俄温室气体排放量降至 1990 年水平的 2/3，比之前降至 3/4 的目标更进一步。在全球多国宣布碳中和目标后，普京在 2021 年的国情咨文中宣称：“2024 年前将全俄 12 个最大工业中心有害气体排放量减少 20%”，随后首次提出本国减排目标：2050 年前俄温室气体净排放总量低于欧盟。2021 年 10 月，有消息称克里姆林宫正在考虑在当年 11 月格拉斯哥举行的《联合国气候变化框架公约》缔约方大会第 26 届会议上公布俄罗斯到 2060 年实现碳中和计划的可能性。10 月 6 日，俄罗斯经济发展部提交了最新版《2050 年前俄罗斯低碳发展战略》，该部门提出实现碳中和目标的惯性（维持当前的经济模式，保留能源平衡的结构）和激进（保持在能源转型背景下的全球竞争力和可持续经济增长）两种社会经济发展情景。在激进场景中，考虑到生态系统（森林、沼泽等）的吸收能力，俄计划到 2030 年前二氧化碳排放量仅增加 0.6%，2050 年前将二氧化碳排放量较当前水平减少 79%，较 1990 年水平减少 89%。2030 年起油气出口实际年均下降 2%，2030～2050 年经济增速维持在 3% 左右。[1]

---

① https://www.kommersant.ru/doc/5018693#id2123318.

二、工作重点

一是推动经济部门减排与转型。致力于利用伴生气，推进火电深度现代化，实现燃气运输基础设施电气化。提高住宅部门、供热系统的能源效率，将公共交通改用燃气、电力、混合动力发动机，减少建筑材料消耗。俄副总理胡思努林提出，可以显着降低住房的能源强度，从而减少温室气体排放；利用沼气和用热电联产模式发电厂的热量替代燃煤锅炉房的项目。通过发展核能、水力发电和可再生能源进一步优化俄能源结构。特别值得一提的是，俄罗斯十分看重氢能的发展前景，认为本国兼备生产资源、出口潜力和全价值链技术，拥有向全球市场供应氢能的独特优势，因此将出口氢能作为能源转型背景下的新经济增长点。目前，俄罗斯政府刚刚批准氢能发展构想，计划2024年前氢能潜在供应量达到20万吨，2035年达到200万~1200万吨，2050年达到1500万~5000万吨。

二是发展碳农场。俄罗斯政府支持企业开展生态现代化的商业项目，已开始发行政府补贴的绿色债券，并将向投资清洁技术的外国公司提供优惠。普京总统在给俄政府制订经济脱碳计划的命令中强调，需要“提高森林和土地的效率”。发展碳农场即改变农林作物育种方式，专门种植吸碳植物并进行专业化管理，引入新的土壤恢复农业技术，增加重新造林面积，扑灭森林火灾，扩大未破坏的自然领土、保护区、国家公园等。据评估，若碳农场发展顺利，俄罗斯碳吸收年经济收益将超过500亿美元。俄罗斯官员提议，俄可效仿出口天然气来出口碳配额。

三是制定温室气体评估标准与检测体系。应对欧盟碳边境调节机制挑战的关键在于建立碳排放国家监管，争取碳排放测定权。这需要对俄罗斯的温室气体排放进行更准确、可靠和有文件记录的核算。这个问题的重要方面是需要同时在复杂的管理、税收、统计领域迅速采取措施。因此，俄罗斯气候政策的重点在于以空间观测、数字技术和人工智能为基础，制定透明、客观的碳排放评估、监测系统，实时监测碳排放和吸收、评估自然系统状态、水资源质量和其他参数。《2050年前限制温室气体排放法》首次明确规定了大规模碳排放企业的登记和报告制度。目前，俄罗斯已经在萨哈林州启动碳排放交易试点，批准当地建立碳排放配额交易系统。预计2022年4月试运行碳排放信息系统；2022年7月启动碳排放交易；2025

年实现地区碳中和。若该试点成功，将推广至其他地区，建立全俄碳交易市场。

第五节　现实阻碍

长期以来由于经济发展依靠能源产业，俄罗斯的绿色议程从观念、政策到行动的转变路漫漫而修远，转型和减排之路将面临诸多问题与挑战。

第一，俄罗斯的油气产业仍然是经济支柱。俄罗斯政府一面以经济持续增长为大前提，立志“2030 年前 GDP 年均政府至少 3%，2050 年 GDP 增至当前 2.4 倍”；一面又不得不承认，若要达到这一目标，能源密集型产业将持续增产和提高碳排放量。已出台的“2035 年俄罗斯石油工业发展总体规划”“2035 年俄罗斯天然气工业发展总体规划”仍以扩大油气生产规模为前提。俄罗斯杜马能源委员会主席扎瓦尼指出，现阶段俄罗斯的主要任务是加速矿藏“货币化”，抓紧变现。

第二，减排目标起点较低且模糊。俄罗斯温室气体排放量约为 16 亿吨/年，人均排放量比中国和欧盟分别高出 53% 和 79%。但因为苏联解体后俄罗斯经济严重衰退，未来十年即使“增排”也能轻松实现 2030 年减排目标。与其他国家相比，俄罗斯减排目标相当“温和”，仅以“净排放总量”为指标，且与国际标准并不一致。此外，不少专家质疑俄森林吸收的目标看起来“难以捉摸”——在过去五年中，即使不考虑 2021 年夏季的火灾，森林的碳吸收量也下降了 10%。①

第三，具体落实障碍重重。《2050 年前限制温室气体排放法》并未明确规定限制排放的具体机制和违规的惩罚措施。各联邦主体缺乏个性化的减排目标，资源不足且债务沉重。北极、西伯利亚和远东地区受气候变化影响大，又是全俄经济的“长期困难户”，且独立政治意识强，民众不满情绪淤积。行业层面，煤炭、冶金等行业强烈反对实施碳配额制，担心加重税负；油气出口商则急于对标欧盟新政，疾呼启动国内碳市场，规避欧盟碳关税。各个行业立场差异较大，难以形成合力。

---

① https://www.kommersant.ru/doc/5018693#id2123318.

第四，俄可再生能源竞争力有限。俄罗斯主要依靠热力发电。除了水力（20%）外，风能、太阳能和地热能等可再生能源仅占俄总发电量的0.1%。俄罗斯虽在可再生能源领域潜力巨大，但缺乏自主技术，也没有明确发展规划和重大投资。如氢能，国内市场需求受到价格限制，无力与天然气竞争，在国际层面则因投资不足缺乏明显的技术优势。

第八章

印度碳减排立场及措施*

印度是最易受气候变化不利影响的国家之一，对气候变化问题较为重视，但在减排立场上呈现一定两面性。在国际，印度政府频频发声，强调发达国家责任和为发展中国家留出碳减排空间，试图充当气候变化问题领导者和协调者；在国内，印政府虽积极推动可再生能源开发利用，但受国情和经济发展阶段等制约，未来其碳减排将面临较大挑战。

第一节　气候变化对印度的影响

“气候观察”研究显示，在气候变化风险脆弱性上，印度在180个国家中排名第二十位。① 受气温升高影响，印度极端气候增多、水资源危机加重，对农业生产和经济增长产生不利影响。因此，印度政府对气候变化问题较为重视，希望各国尤其发达国家采取更多措施减少碳排放，缓解气候变化造成的不利影响。

一、极端天气增多

美国宾夕法尼亚州立大学大气科学教授迈克尔·曼表示，气候变化使极端高温天气发生得更加频繁且强烈。受气候变化影响，印度极端热

---

* 本章作者：王海霞，中国现代国际关系研究院南亚研究所副研究员，主要从事印度经济等问题研究。

① “India's vital role against climate change,” Bluenotes, Jun. 17, 2021, https://bluenotes. anz. com/posts/2021/06/anz - research - india - decarbonisation - climate.

浪、暴雨、洪水、灾难性风暴等极端天气明显增多，威胁民众生命、生计和财产。2021 年 7 月以来，印度多邦暴雨事件明显超过多年平均值，所引发灾害在马哈拉施特拉邦造成至少 138 人死亡。热浪变得更常见和严重，多个城市报告称 2020 年气温将超过 48 摄氏度①。雷击事件明显增多，印度科学和环境中心研究发现，从 2020 年 4 月到 2021 年 3 月累计发生 185 万次雷击事件，较上年度同期增长 34%。

二、加重水资源危机

印度政府 2020 年发布气候变化评估报告发现，干旱频率和强度从 1951 年到 2016 年持续增加。约 10 亿印度人每年至少面临一个月严重缺水。喜马拉雅冰川是印度水系主要源头，随着气温上升，它的快速融化正引发生态危机。联合国政府间气候变化专门委员会报告称，几十年内冰川体积将缩至原来 1/5。冰川融化初期易导致洪水泛滥，后期河流干涸、出现严重水资源危机。生活在喜马拉雅山脉地区的民众已遭受泉水干涸的痛苦。随着平均气温上升这种趋势将加速。与此同时，气温升高引起的气候异常导致总降雨量减少，加重干旱。联合国政府间气候变化专门委员会报告显示，随着全球变暖，南亚地区将面临更热的天气、更长的季风季节和更严重的干旱。② 自 1950 年以来，印度暴雨事件增加 3 倍，但总降水量下降。1951 ~ 2015 年，印度夏季季风降水（6 月至 9 月）下降了约 6%，恒河平原和西高止山脉降水也明显减少。③ 气候的快速变化给印度自然生态系统和淡水资源带来更大压力，对生物多样性、粮食、水和能源安全造成严重后果。

---

① "Climate change: IPCC warns India of extreme heat waves, droughts," Deutsche Welle, Oct. 10, 2021, https://www.dw.com/en/india-climate-change-ipcc/a-58822174.

② United Nations Intergovernmental Panel on Climate Change (IPCC), "Impacts of 1.5℃ of Global Warming on Natural and Human Systemsz," June, 2019, https://www.ipcc.ch/sr15/download/#chapter.

③ "Climate change is making India less liveable," The Third Pole, Jun. 16, 2020, https://www.thethirdpole.net/en/climate/climate-change-is-making-india-less-liveable/?gclid=EAIaIQobChMIlImE-ai68wIVwlVgCh0bfAsIEAAYASAAEgL_oPD_BwE.

三、影响农业生产

印度农村有7亿人口依赖农林渔业为生，超56%农业区域是雨养农业。粮食安全和农业生态严重依赖季风，对气候变化尤其脆弱。气候变化易导致农作物产量下降、土地退化、水资源短缺和疾病。随着气温升高，降雨愈不稳定，旱季更长（导致干旱），降雨时间更短、强度更强（导致洪水）。2008年至2017年自然灾害造成的印度经济损失几乎是10年前的两倍，至少1/3发生在农业部门①。印度7500公里海岸线也易遭风暴潮和海平面上升影响。1993～2017年，印度周围海域海平面每年上升3.3毫米。② 海平面上升造成数百万人口的迁移、低洼地区淹没、经济资产损失和基础设施损坏。侵入的盐水腐蚀土地，使沿海农业难以为继，加重农业危机。

四、不利经济增长和消除贫困

气候变化带来的气候异常不仅损害个人财产和公共基础设施，还拖累国内生产总值（GDP）增长。英国智库海外发展研究院研究称，印度到2100年将因为气候变化损失GDP的3%～10%，到2040年贫困率将增加3.5%。如果不迅速采取全球行动，气候变化可能会逆转近几十年发展成果。③ 气温上升2摄氏度，印度每年将损失GDP2.6%，上升3摄氏度将损失GDP13.4%。在缺乏迅速和有影响力的缓解和适应措施的情况下，气候变化可能对经济增长和实现联合国2015年通过的可持续发展目标

---

① "Climate change: IPCC warns India of extreme heat waves, droughts," Deutsche Welle, Oct. 10, 2021, https: //www. dw. com/en/india - climate - change - ipcc/a - 58822174.

② "Climate change is making India less liveable," The Third Pole, Jun. 16, 2020, https: //www. thethirdpole. net/en/climate/climate - change - is - making - india - less - liveable/? gclid = EAIaIQobChMIlImE - ai68wIVwlVgCh0bfAsIEAAYASAAEgL_oPD_BwE.

③ "India may lose 3 - 10% GDP annually by 2100 due to climate change, says report," Indian Express, Jun. 9, 2021, https: //indianexpress. com/article/india/india - may - lose - 3 - 10 - gdp - annually - by - 2100 - due - to - climate - change - says - report - 7350318/.

构成深刻挑战。

第二节　碳减排基本立场

印度在减排问题上呈现一定两面性。一方面，印度易受气候变化不良影响，希望各国尤其是发达国家尽快采取措施、共同对抗气候变化。另一方面，印度面临能源需求增长和碳减排矛盾，希望自身承担较少责任。因此，印度试图充当气候变化问题领导者和协调者，却不愿提出碳达峰和碳减排目标。迫于国际压力，印度在《联合国气候变化框架公约》第26次缔约方大会上提出到2070年实现净零排放。

一、坚持“共同但有区别的责任”和“历史责任”原则

印度拥护《联合国气候变化框架公约》确定的“共同但有区别的责任”原则，认为气候变化是工业化进程中温室气体多年累积排放造成的，发达国家应该比发展中国家承担更多的责任。它还强调“历史责任”原则，印度前任环境、森林和气候变化部部长普拉卡什·贾瓦德卡尔指出，美、欧、中占全球历史排放量的比重分别是25%、22%和13%，而印度仅仅占3%。[①] 因此，发达国家需向发展中国家提供资金和技术支持。印度敦促发达国家履行《巴黎协定》承诺，为发展中国家提供资金并转让清洁能源技术。贾瓦德卡尔多次谴责发达国家未按承诺向发展中国家提供每年1000亿美元融资，称“按照《巴黎协定》承诺，发达国家欠发展中国家1.1万亿美元”。此外，印度主张发达国家向发展中国家提供“可负担”的技术，而非“从中牟利”。

---

① “India not historically responsible for climatechange: Javadekar,” Hindustantimes, Dec. 11, 2020, https://www.hindustantimes.com/india-news/india-not-historically-responsible-for-climate-change-javadekar/story-1QASN1TQGtbCFOvVOwbOlJ.html.

二、强调发展中国家发展权和“气候正义”，弱化碳中和目标

作为发展中大国，印度强调不能为减排放弃经济发展，呼吁为可持续发展和消除贫困留出碳排放空间。据路透社报道，印度电力、新能源和可再生能源部部长库玛尔·辛格于2021年3月底曾公开表示，到2050年或2060年实现碳中和是“空中楼阁”，印度等发展中国家不应该被迫将排放削减到净零。① 他表示，发达国家已占据近80%碳排放空间，发展中国家历史排放量很小且严重依赖钢铁和水泥等碳密集型行业发展经济，不应期待其承诺实现净零排放，“贫穷国家有权继续使用化石燃料，富裕国家无法阻止”。总理莫迪在“世界可持续发展峰会”上表示，应对气候变化应通过“气候正义”实现，应给予最贫困人口更多同情，给发展中国家足够增长空间。印度人民院议长奥姆·博拉2021年10月在二十国集团议长峰会上称，印度对确保气候公正有着明确承诺，正以更广阔的全球视野，建立一个基于能源正义、气候正义和经济正义的世界秩序。

三、强调人均碳排放及《巴黎协定》承诺

印度总理莫迪在2021年4月全球气候变化峰会上表示，“印度人均碳排放比全球平均水平低60%”。普拉卡什·贾瓦德卡尔强调印度仅占全球排放量的6.8%，人均排放量仅为1.9吨。他在2020年12月气候雄心峰会上指出，印度在国家自主贡献中承诺到2030年将碳排放强度降低33%～35%，已降低21%，或提前完成《巴黎协定》承诺。库玛尔·辛格2021年8月在“2021年印度—国际太阳能联盟能源转型对话”主旨演讲中提到，印度碳排放强度与2005年相比已下降28%。②

四、反对欧盟提出的碳关税

印度和其他发展中国家一直反对欧盟提出的碳关税。2021年4月，

---

① 《印度猛烈抨击较富裕国家的减排目标》，《金融时报》中文网，2021年4月1日，http：//www. ftchinese. com/story/001092014？ full = y&archive。

② “India on course to exceed Paris Climate Change commitments,” Hindu Business Line, Aug. 25, 2021, https：//www. thehindubusinessline. com/news/india – on – course – to – exceed – paris – climate – change – commitments/article36098703. ece.

“基础四国”（巴西、南非、印度和中国）发表联合声明，称碳关税是“歧视性的”，违反联合国“共同但有区别的责任和各自能力”原则。作为欧盟第三大贸易伙伴，碳关税令印度感到担忧。根据印度商工部数据，2020～2021年，印度对欧盟出口额达到413.6亿美元。波士顿咨询公司2020年6月的分析报告中指出，该税可能“短期内给温室气体排放量大的企业带来严重挑战”。①

第三节　政策和措施

为应对气候变化、缓解减排压力，印度政府多措并举推动可再生能源开发利用并提高能源利用效率，减少碳排放。同时，广泛开展“气变外交”，增强自身话语权并加强气变领域资金和技术合作，以实现减排目标。

一、推动可再生能源开发利用

首先，设定发展目标。印度政府制定了野心勃勃的可再生能源发展规划，推动能源转型。根据2015年通过的《巴黎协定》，印度提交了国家自主贡献指标。印度承诺，在技术转让和低成本国际资金（包括绿色气候基金的支持）帮助下，到2030年，非化石燃料能源累计装机容量达到40%；到2022年实现可再生能源发电装机容量达175吉瓦，其中太阳能100吉瓦、风能60吉瓦、生物能10吉瓦、水电5吉瓦。② 2019年9月，印度总理莫迪在联合国气候行动峰会上宣布，到2030年印度非化石燃料发电装机

---

① “How EU’s proposed carbon border tax will work & why India is among the nations opposing it,” The Print, Jul. 27, 2021, https://theprint.in/theprint-essential/how-eus-proposed-carbon-border-tax-will-work-why-india-is-among-the-nations-opposing-it/703214/.

② “India on track to meet 175 GW renewable energy targets by 2022: ETILC Members,” Economic Times, Feb. 16, 2021, https://economictimes.indiatimes.com/industry/energy/power/india-on-track-to-meet-175-gw-renewable-energy-targets-by-2022-etilc-members/articleshow/80976846.cms?from=mdr.

容量计划达到450吉瓦，是目前的5倍、《巴黎协定》目标的2.5倍。[①] 在2021年11月召开的《联合国气候变化框架公约》第26次缔约方大会上，印度政府进一步提高可再生能源发展目标。印度计划到2030年，实现非化石燃料能源发电装机容量达500吉瓦，非化石燃料发电占比达50%。[②] 印度政府专门设立"实施《巴黎协定》高级别跨部门最高委员会"，加强部门协调、监督各项目标落实情况。在印度政府的努力下，自2017年以来，印度可再生能源发电量同比增长超过火电。截至2021年5月，可再生能源发电装机容量为95.7吉瓦，占总装机容量25%左右，距2022年175吉瓦的目标过半。[③]

其次，改善投资环境，吸引外资和私营资本进入。为吸引外资进入，印度放宽可再生能源领域外国直接投资门槛，相关投资可"自动生效"，无需审批；启动"绿色能源走廊"项目，改造电网以适应可再生能源发展需求；设立可再生能源投资促进和便利委员会门户网站，为项目投资者提供便利和帮助；鼓励私营资本进入，提供可再生能源项目优先贷款。根据英国商业能源公司数据，印度在2020年可再生能源投资与计划方面排名全球第三位。[④]

最后，推动行业发展规划。2009年，印度发布了国家气候变化行动计划和太阳能、能源效率、水、农业、喜马拉雅生态系统、可持续栖息地、绿色印度、气候变化战略知识八个以"共同利益"为中心的任务，以促进可持续发展与气候减缓和适应行动。自2009年以来，八个任务，特别是太阳能和能源效率任务，在范围和规模上都有显著扩大。为完成"国家太阳能计划"，印度政府近年推进离网太阳能光伏应用计划第三阶段和屋顶太

① "India on track to meet 175 GW renewable energy targets by 2022: ETILC Members," Economic Times, Feb. 16, 2021, https://economictimes.indiatimes.com/industry/energy/power/india-on-track-to-meet-175-gw-renewable-energy-targets-by-2022-etilc-members/articleshow/80976846.cms?from=mdr.

② "COP26: India PM Narendra Modi pledges net zero by 2070," BBC, Nov. 2, 2021, https://www.bbc.com/news/world-asia-india-59125143.

③ India Brand Equity Foundation, "Indian Renewable Energy Industry Analysis," Sep. 9, 2021, https://www.ibef.org/industry/renewable-energy-presentation.

④ India Brand Equity Foundation, "Renewable Energy Industry in India," Oct. 4, 2021, https://www.ibef.org/industry/renewable-energy.aspx.

阳能计划第二阶段，实施“太阳能园区建设和超级太阳能项目建设”计划；推动农村地区使用LED灯，通过“生产激励计划”促进当地太阳能光伏组件生产；推出“国家氢能计划”，推动氢能利用。为了提高高排放能源密集型产业效率，印度商工部根据“国家效率提升任务”，建立了基于监管和市场的能效交易机制，即绩效实现贸易。2012～2022年，绩效实现贸易计划已经扩展到铝、水泥、钢铁、火力发电厂和石化等11个行业。印政府还采取措施改善照明、清洁烹饪，如向低收入家庭的妇女提供液化石油气连接，改善清洁烹饪源的获取，减少有害室内空气污染物的暴露。

二、加强国际合作

一是加强与主要国家双边合作。美印已有美印清洁能源融资工作组、美国国际开发署促进清洁能源伙伴关系、美国国际开发署南亚区域能源伙伴关系等能源和气候变化合作机制。2021年4月领导人气候峰会期间，美印发布“2030年气候变化和清洁能源伙伴关系议程”，加强气候变化和可再生能源合作。2021年9月莫迪访美，美印联合声明指出，通过“2030年美印气候变化与清洁能源伙伴关系议程下的‘战略清洁能源伙伴关系’和‘气候行动与资金动员对话’两个主要轨道，两国将加速清洁能源开发和关键技术部署，以推进清洁能源转型。印度欢迎美国加入‘工业转型领导小组’”。[①] 美国气候特使克里出访印度期间称印度是可再生能源领域世界领袖，为其他国家树立“非常有力的榜样”。2021年5月印欧峰会上，双方就实现《巴黎协定》目标并迅速落实提供资金等适应性措施达成共识。

二是推进多边气候合作。印度是《联合国气候变化框架公约》《京都议定书》和《巴黎协定》缔约方，2014年发起成立国际太阳能联盟，2019年发起成立抗灾基础设施联盟。[②] 印度已承诺提供2600万美元，为国际太阳能联盟建立一个主体基金，并为15个成员国（其中13个是非洲国家）

---

① 《美印首脑联合声明：拜登重申对印度作为主要防务伙伴的坚定承诺》，法广网，2021年9月26日，https：//www. rfi. fr/cn/% E4% BA% 9A% E6% B4% B2/。

② Observer Research Foundation，“Strengthening climate diplomacy：An imperative for Indian climate in the new decade，” Apr. 26，2021，https：//www. orfonline. org/expert－speak/strengthening－climate－diplomacy－imperative－indian－climate－new－decade/.

的27个项目提供13.9亿美元信贷额度。[①] 通过“国际太阳能联盟”和“抗灾基础设施联盟”，印度寻求参与乃至引领、塑造全球气候治理。莫迪2020年11月在二十国集团会议上指出，“国际太阳能联盟”是发展最快的国际组织之一，通过集资数十亿美元、提供培训及促进可再生能源研发计划等减少碳排放。印度积极推动“环孟加拉湾多领域经济技术合作倡议”应对气候变化和自然灾害合作，领导建立多个灾害管理机制，如2011年的《南亚快速应对自然灾害协定》，2014年的“环孟加拉湾多领域经济技术合作倡议”天气与气候中心，以及2018年的南亚环境保护合作组织。除向邻国开放信贷额度外，印度还与印度洋地区合作伙伴挖掘蓝色经济潜力，推进技术、物流、监管措施等领域合作，发展气候变化适应性措施并促进港口和航运业使用可再生能源。印度还利用美日印澳等小多边合作机制增强气变合作。2021年3月美日印澳首次领导人会晤期间，四国决定成立气候问题工作组加强合作。

三是利用多边机制提升自身影响力。2021年10月二十国集团议长峰会上，印度人民院议长奥姆·博拉强调印度在全球事务中的中心地位，称如果印度取得进展世界就会成功。他强调，印度在帮助世界应对气候变化方面发挥着多方面作用。印度一方面与北方国家合作，另一方面充当南方国家“倡导者”，希望充当北方国家和南方国家间的桥梁，制定一体化的全球行动政策，这将是世界未来的基础。印度不仅努力履行承诺，而且在气变领域积极开展工作。印度在98个国家组成的国际太阳能联盟和25个国家组成的抗灾基础设施联盟中的领导作用反映了对绿色地球的承诺。[②] 他表示，“能源安全、气候保护和发展可以齐头并进，印度的发展政策是建立在对经济和生态同等重视的基础上”。

---

① Observer Research Foundation, “Strengthening climate diplomacy: An imperative for Indian climate in the new decade,” Apr. 26, 2021, https://www.orfonline.org/expert-speak/strengthening-climate-diplomacy-imperative-indian-climate-new-decade/.

② “If India progresses, world succeeds: Om Birla at G20 Parliamentary Speakers' Summit,” India Today, Oct. 8, 2021, https://www.indiatoday.in/india/story/if-india-progresses-world-succeeds-om-birla-at-g20-parliamentary-speakers-summit-1862614-2021-10-08.

第四节　主要挑战

印度国情和经济发展诉求与碳减排的矛盾导致其在气变领域面临较大挑战。一方面，作为发展中大国，印度人均收入不高，需推动经济快速增长，必然产生较高能源诉求。另一方面，印度政府财政状况不佳，赤字高企，难以提供或吸引足够资金用于能源转型。

一、经济增长有较高能源需求

印度是仅次于中国、美国和欧盟的全球第四大能源消费主体。随着经济和人口的扩张以及收入增加、城市化和工业化，印度能源需求强劲增长。尽管由于封锁措施 2020 年和 2021 年第二季度排放量意外下降，但碳监测数据显示，2021 年第一季度排放量高于 2019 年同期水平。这表明一旦疫情得到控制，经济活动恢复正常，印度排放量将再次上升。[①] 据国际能源署预测，未来 20 年印度能源需求增长将占全球能源需求增长的 25%，成为“全球能源需求增长中心”。印度 2030 年将超过欧盟，成为世界第三大能源消费主体，其中煤炭消耗全球占比将由 2019 年的 11% 增至 14%；到 2040 年，印度能源消耗翻番，其中石油需求增长 74%，天然气需求增长两倍多，煤炭需求增长 62%，[②] 排放量也将增加约 50%。

二、化石能源消费路径依赖难以扭转

尽管印度政府发展可再生能源已有成效，化石能源依然在能源结构中占比较高。截至 2020 年底，印度总装机容量为 374 吉瓦，其中 53%（200

① “India's vital role against climate change,” Bluenotes, Jun. 17, 2021, https://bluenotes. anz. com/posts/2021/06/anz - research - india - decarbonisation - climate.

② “India to overtake EU as world's third largest energy consumer by 2030: IEA,” Economic Times, Feb. 9, 2021, https://economictimes. indiatimes. com/news/economy/indicators/india - to - overtake - eu - as - worlds - third - largest - energy - consumer - by - 2030 - iea/articleshow/80766446. cms? from = mdr.

吉瓦）为燃煤发电。尽管新煤电厂建设速度自2016年以来明显下降，仍有60吉瓦燃煤发电厂仍在建设中。能源转型触及地方政府、国企、工人等多群体利益，转型过快将动摇现有利益格局。以煤炭为例，恰尔肯德邦、奥里萨邦和中央邦等将煤炭作为重要收入来源；印度煤炭公司是世界最大煤炭开采商，2019～2020财年毛利润达32亿美元（241亿卢比）；煤炭运输占总货运收入40%，印度铁路公司通过煤炭运输盈利并用货运收入交叉补贴票价；煤电经销商从煤炭开采、销售各环节获利颇丰，大幅压减煤炭开采必将引起反弹；煤炭行业总就业（含间接就业）达400万人，约1000万～1500万人从辅助就业及煤矿附近社会项目受益，庞大的"煤炭选票"任何政党都不能忽视。印度在降低煤炭依赖的同时，必须兼顾经济发展，尤其是不能置产煤区那些相对贫困的人于不顾。此外，印度电力分销公司财务状况不佳，其与煤电经销商签订长期合同，即使不获得电力也需支付费用，导致一定程度上不愿增加可再生能源合同。

三、资金、技术领域短板较严重

作为《巴黎协定》"国家自主贡献"主要内容，印度承诺到2030年在降低碳排放强度、电力部门脱碳和碳汇等采取一系列具体行动。要实现这些承诺，需要在2016年至2030年期间投资2.5万亿美元。[①] 国际能源署预计，到2040年印度开发利用清洁能源技术所需额外资金将达1.4万亿美元，约是当前GDP50%，高于既定政策方案（基于已宣布的政策雄心和目标）计划中的资金。[②] 随着气候变化雄心的增长，大规模动员资本的任务既关键又艰巨。印度近年经济疲软、财政收入增长放缓，新冠病毒感染疫情更是推高政府财政赤字，令重大脱碳项目和电网升级等基础设施建设投入捉襟见肘。2020～2021财年，印度中央政府财政赤字占GDP比重达9.3%，高于上财年的4.6%。印度低碳交通雄心面临高技术成本、有限的充电基础设施和低消费者意识等障碍，相关的公共和私人投资较为有限，

---

① Center for American Progress, "Renewed U.S. – India Climate Cooperation," Feb. 18, 2021, https://www.americanprogress.org/issues/green/reports/2021/02/18/495999/renewed-u-s-india-climate-cooperation/.

② "India's vital role against climate change," bluenotes, Jun. 17, 2021, https://bluenotes.anz.com/posts/2021/06/anz-research-india-decarbonisation-climate.

如何获得低成本融资仍是主要挑战。与此同时，印度电网容量和市场框架相对有限，无法适应可再生能源利用的快速增长。为推动可再生能源开发利用，印度需对其电网管理方式进行更深层次改革，如推动不同地区国有电网整合成一个更协调的系统，利用一个地区的电力过剩时期来弥补另一个地区电力不足。要实现这一构想也需大量资金投入。受制于资金不足、中央地方缺乏协调等因素，印度提出的增加森林和树木覆盖率等目标进展缓慢。自2017年以来，印度森林面积仅以每年0.56%的速度缓慢增长。

四、可再生能源利用的不稳定性限制印度能源转型

与煤电相比，风能和太阳能发电更多变和不可预测。电网运营商无法完全依赖这些形式多样的可再生能源，迫使其保持一定量的化石燃料发电。这一挑战会在短期内增加排放和成本并在长期内减缓可再生能源的利用。过剩发电能力的高昂成本加剧配电单位的财政负担，又挤占扩大和建设电网的资源。此外，印度一直欲以“自力更生”扶持“印度制造”、降低对华产业依赖，但在其本国太阳能组件制造等发展不充分的情况下强行实施，可能拖累可再生能源开发利用。如，印度进口太阳能光伏组件约88%来自中国，减少自华进口将制约其可再生能源发展。

第九章

中东碳中和：态势与发展*

中东是全球受气候变化冲击最大的地区之一。一方面，气候变化被认为使得中东多数地区的炎热、干旱和缺水问题更加严重，不少地区的生存环境日益恶劣，对水资源的争夺甚至不时引发军事冲突。另一方面，为了应对气候变化、降低排放，多数能源消费国都在转向低碳能源供应、控制化石能源消费，这对中东可谓不祥之兆。2020 年，中东石油产量占全球的 34%，天然气占 21.8%，石油和天然气出口量在全球的占比分别达到 36.1% 和 17.4%。① 作为传统油气生产与出口重镇，中东后续经济发展乃至社会稳定都可能因全球能源供应的低碳化蒙上阴影。气候变化对中东有双重冲击，会威胁中东作为人类居住地本身，也会因全球能源转型而威胁中东的经济命脉。

重压之下，中东开始调整、转型，应对气候变化和追求碳中和成为地区整体能源改革的组成部分，并获得了政策界和社会舆论的更多关注。然而，受限于地区动荡的政治安全形势、靠油吃饭的经济结构和各国舆论对气候变化的消极态度，中东国家对气候变化的整体态度并不积极。

---

* 本章作者：唐恬波，中国现代国际关系研究院中东研究所副研究员，主要从事中东经济与能源及伊拉克、利比亚等国国别问题研究。

① 数据经由英国石油公司 2021 年 7 月发布的《世界能源统计年鉴 2021》计算得出，系由 BP 数据中的中东地区和非洲地区中的北非国家相加而获得。由于各国际组织和商业机构对中东的定义各不相同，部分数据可能因此存在误差，但一般不影响整体结论。

第一节　碳排放概况

随着人均能源消费迅速增长，中东人均二氧化碳排放量（以下简称“碳排放”）在20世纪90年代初超过了世界平均水平。中东是全球唯一经济增长与碳排放没有实现任何程度“脱钩”的地区，且内部碳排放差距巨大。

一、中东碳排放处于较高水平

长期以来，中东的一次能源消费都以化石能源为主，这既是因为当地的化石能源丰富，也是因为缺乏发展水电的自然禀赋和发展新能源的技术与社会条件。根据国际能源署的统计，2018年中东98%的一次能源来自石油和天然气。生产油气本身会产生大量排放，而中东人口的快速增长和城市化、发展高能耗产业、海水淡化的用电量大幅增长和补贴后的廉价能源引发的浪费行为等原因，使中东的人均能源消费迅速增长，人均碳排放随之节节攀升，20世纪90年代初便已超过了世界平均水平。2018年，中东人均年碳排放量5.6吨，比4.5吨的世界平均水平高出约25%。[①] 2009～2019年，中东的碳排放量年均增长2.7%，高于亚太地区的2.6%，比同期全球年均增长的1.4%高出近1倍。2010年，中东占全球碳排放总量的5.6%，到2020年已上升到6.5%，[②] 显示出中东在减排领域的进展落后于全球水平。

二、全球唯一经济增长与碳排放未“脱钩”的地区

根据世界银行的计算，1990～2018年，欧洲和北美实现了经济增长与碳排放的“绝对脱钩”，也即在人均国民收入增长的同时，人均碳排放量

---

① 数据来自世界银行数据库，具体见“CO_2 emissions (metric tons per capita) – Middle East & North Africa, World,” https://data.worldbank.org/indicator/EN.ATM.CO2E.PC?locations=ZQ-1W&most_recent_value_desc=true。

② BP Statistical Review of World Energy 2021, July 2021, p.15.

呈下降态势。同期，亚太、南亚、撒哈拉以南非洲、拉美和加勒比地区实现了“相对脱钩”，意味着人均碳排放尽管仍在增长，但速度低于人均国民收入的增长。中东 2018 年的人均二氧化碳排放量比 1990 年增长了 70% 以上，而人均国民收入只增长了约 50%，被世界银行指为全球唯一未能实现任何程度“脱钩”的地区。①

三、内部碳排放存在巨大不平衡

地区较快的整体排放及其增长，事实上是由少数碳排放量较大或人均排放量较大的国家驱动的。海湾合作委员会的成员卡塔尔、科威特、阿联酋、巴林、沙特、阿曼六国油气生产活动集中，居民生活水平高且相对缺乏节能意识，人均碳排放量均能排进全球前 15 名。其中，卡塔尔 2018 年人均年排放 32.4 吨，高居世界第一位。利比亚、伊朗、以色列、土耳其、伊拉克等国也因油气生产、依赖煤炭发电、天然气放燃等因素，人均排放明显超过世界平均水平。其他国家由于属于中低收入国家、制造业不发达、人口众多等原因，人均排放有限。也门则因常年战乱、生产生活秩序大受影响，人均二氧化碳排放量仅为每年 0.3 吨，基本处于全球最低水平。

第二节　碳减排态势

传统上，中东各国政府普遍认为自身是气候变化的经济受害者，对投入更多资源进行减排较为抵触。但近年来，在诸多因素的推动下，中东各国对气候变化重视程度显著提高，发展清洁能源的力度明显加大。

一、对气候变化的重视程度有所上升

传统上，中东国家对气候变化与碳中和的态度都是偏保守乃至警惕的。由于长期饱受水旱等自然灾害的侵害，中东国家一般不会将极端天气

---

① “Decoupling economic growth from emissions in the Middle East and North Africa,” https: //www. brookings. edu/blog/future – development/2021/07/22/decoupling – economic – growth – from – emissions – in – the – middle – east – and – north – africa/.

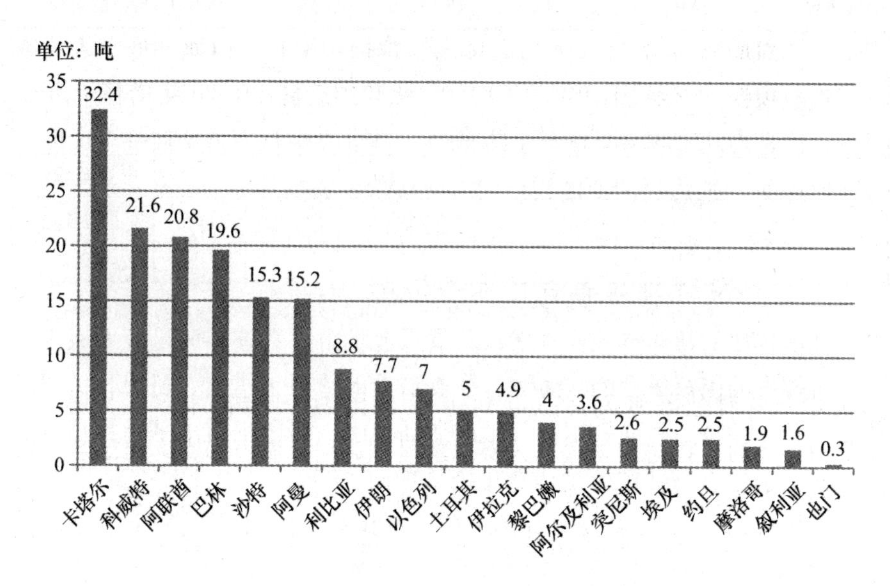

图 9-1　中东国家 2018 年人均二氧化碳排放量

资料来源：世界银行网站，"CO_2 emissions (metric tons per capita)"。

与气候变化相联系，对气候变化的直接威胁感受并不深刻。各国政府忙于应对连绵不断的危机与动荡，气候变化、碳中和一般被视为"环境保护事务"，是政策"奢侈品"而非"必需品"，在议程上处于明显靠后的位置。① 在皮尤研究中心等机构的民调中，中东国家较少将气候变化视为主要关切，而是更担忧来自恐怖主义、腐败和失业的威胁。② 社会舆论对气候变化的关注程度有限，也不像西方有活跃的非政府组织或游说团体会向政府施压，使中东对气候变化的认知和行动在全球都处于最低水平。

在全球转向低碳能源供应的当下，作为中东经济支柱的石油出口将受到潜在冲击，使产油国被迫进行经济改革与转型，并承担相应的额外成

① Amin Mohseni - Cheraghlou, "Necessity or luxury?: Environmental sustainability and economic growth in MENA," https: //www. mei. edu/publications/necessity - or - luxury - environmental - sustainability - and - economic - growth - mena.

② "U. S. , Middle East publics less concerned about climate change than those in other nations," https: //www. pewresearch. org/fact - tank/2013/11/11/u - s - middle - east - less - concerned - about - climate - change - than - those - in - other - nations/.

本。中东国家普遍认为自身是气候变化的“双重”受害者，既要经历极端气候，又要损失油气出口收入，对投入更多资源进行碳中和更加抵触。中低收入国家坚称发达国家应承担更多责任，产油国则主张该地区排放量的很大部分来自油气生产，而这些油气资源最终运往国外并为全球经济提供动力，主张油气开采产生的碳排放不应仅被视为生产国的责任，而是应由消费国分担。① 富裕的海湾国家则以自身工业化和城市化较晚为由，一直反对将人均碳排放作为衡量国家责任的标准，并且不愿被定义为发达国家，强调本国对应对气候变化多边机制的资金捐助都是志愿而非强制性的。沙特、阿联酋在减排领域有较多积极表态之际，卡塔尔、特威特等国则要保守许多。② 卡塔尔阿拉伯青年气候运动的政策与战略主管赛义德·穆罕默德认为，自 1992 年开始气候谈判以来，海湾国家没有适当地捍卫自身利益，错过了在 2015 年《巴黎协定》之前对能源进口国提出要求的最好时机。③

《巴黎协定》签订前后，一些中东国家开始就减少碳排放做出承诺。摩洛哥是 2016 年联合国气候变化大会的主办国，也是中东在减排领域最积极的国家。该国 2015 年提交的“国家自主贡献”中提出基于 2010 年的排放和“一切照旧”情景假设，该国将在 2030 年前无条件减少 13% 的温室气体排放，如果该国能获得 350 亿美元的支持和援助以及国际社会达成更具约束力的减排目标，可在 2030 年前减排 32% 。④ 伊朗 2015 年承诺至 2030 年将排放减少 4% ，在获得国际援助的情况下可提升至 12% 。但多数国家没有承诺量化目标，更多从定性角度来描述减排目标与举措。阿联酋一向对应对气候变化的态度较为积极，是国际可再生能源署总部所在地，

---

① Mari Luomi, *Gulf States' Climate Change Policies amid a Global Pandemic*, The Arab Gulf States Institute in Washington, September 25, 2020, p. 5.

② “Can Major Oil Producers Like The UAE Really Hit Net Zero Carbon Emissions?,” https://www.forbes.com/sites/dominicdudley/2021/08/27/can－major－oil－producers－like－the－uae－really－hit－net－zero－carbon－emissions/? sh =435291b23099.

③ “UAE sets new climate standard for Gulf with goal of net－zero carbon dioxide emissions,” https://www.al－monitor.com/originals/2021/08/uae－sets－new－climate－standard－gulf－goal－net－zero－carbon－dioxide－emissions.

④ Morocco's INDC－A leading climate action commitment from the Arab region, Germanwatch Organization, June 2015, p. 1.

但该国长期不愿设定具体减排目标。该国2017年制定了《阿联酋国家气候变化计划（2017~2050年）》时，提出的三大目标分别是：在维持经济增长同时管理温室气体排放（承认排放会继续增长）、降低风险性提高适应气候变化的能力和以创新方案推进经济多元化，明确的优先事项则包括建立统一的国家温室气体检测和管理体系、制定应对气候变化的预案、激励私营企业参与等，同时承认该国的温室气体排放会继续增长。①

从2020年以来，更多中东国家开始在减排领域制定了具体和量化的标准。阿联酋于2020年12月提交的“国家自主贡献”中提出，到2030年其温室气体排放将相比依据2016年排放量计算的“一切照旧”模式减少23.5%。2021年，阿联酋宣布至2050年会将二氧化碳排放减少70%。2021年3月，沙特王储小萨勒曼宣布“绿色沙特”倡议和“绿色中东”倡议，提出要减少相当于全球总量4%的碳排放、未来数十年在沙特种植100亿棵树、通过发展清洁能源等方式减少1.3亿吨碳排放等。② 2021年4月，土耳其总统埃尔多安在美国主持的“领导人气候峰会”上重申，该国2030年温室气体排放量将减少21%。2021年7月，以色列提出2030年温室气体排放量将比2015年减少27%，2050年减少85%，以色列总理贝内特宣称这将使以色列站在应对气候变化斗争的最前沿。③ 摩洛哥则在2020年、2021年连续上调了减排目标，目前将2030年前的无条件和有条件减排比例分别提升到18.3%和45.5%，为此将在能源、工业、住房建设、交通、垃圾处理、农业及土地森林治理七大行业投资61个项目，其中27个项目获得国际支持，总投资高达388亿美元。④

值得注意的是一些中东国家迄今尚未批准《巴黎协定》。在2021年3月南苏丹批准《巴黎协定》后，全球197个签署协定的国家中，有6个尚

① “National Climate Change Plan of the UAE 2017 – 2050,” https://u.ae/en/about-the-uae/strategies-initiatives-and-awards/federal-governments-strategies-and-plans/national-climate-change-plan-of-the-uae.

② *His Royal Highness the Crown Prince Announces the Saudi Green Initiative and the Middle East Green Initiative*, Saudi Green Initiative Press Release, May 27 2021, p. 2.

③ “Climate change: Israel to cut 85% of emissions by mid-century,” https://www.bbc.com/news/world-middle-east-57965028.

④ “摩2030减排温室气体计划预计总投入达388亿美元”，http://ma.mofcom.gov.cn/article/jmxw/202107/20210703176120.shtml。

未批准协定，其中 5 个是中东国家，分别是伊朗、土耳其、伊拉克、利比亚和也门。伊朗是欧佩克成员、重要的油气生产国，2020 年碳排放占全球 2.0%。除了坚称自身是发展中国家、油气生产将受减排冲击和经济成本高昂等理由外，伊朗主张其批准《巴黎协定》和采取任何气候行动，都必须以外界取消对其制裁为前提，并表示由于制裁导致其无法获得必要的投资、技术和国际援助，伊朗难以实现减排。[①] 即便美国与伊朗能重返伊核协议，美国大概率将以侵犯人权、支持恐怖主义为由维持对伊朗的部分制裁，伊朗预计也将继续维持拒绝《巴黎协定》的现有立场。土耳其 2020 年碳排放量占全球 1.2%，是二十国集团中唯一没有批准《巴黎协定》的国家。该国认为其历史排放量低，而且由于本土缺乏油气资源、发电依赖燃煤电厂等因素，导致其在减排上处于天然不利地位，因而只应当承担有限的责任。土耳其是经合组织成员国，理论上应当为中低收入国家提供资金援助，支持后者应对气候变化，但土耳其坚称自己应是气候变化中的受援方而非出资方。在已经获得欧盟和其他多边、双边机制资助的情况下，土耳其仍认为其有权获得更多资金。此外，土耳其总统埃尔多安声称，美国曾退出《巴黎协定》，使得土耳其议会更加不愿批准协议。[②] 伊拉克、利比亚、也门由于长期处于战乱或政治危机之中，暂时未因拒绝批准《巴黎协定》而受到较大国际压力。

2021 年《联合国气候变化框架公约》第 26 次缔约方大会召开前夕，中东国家抢先在减排领域采取系列动作。10 月 7 日，阿联酋宣布将在 2050 年实现碳中和，开中东主要产油国之先河。沙特不甘示弱，随即主办“绿色中东”倡议峰会，会上王储小萨勒曼承诺沙特将在 2060 年实现温室气体净零排放、2030 年前每年减少碳排放 2.7 亿吨并减少 30% 温室气体甲烷排放。巴林紧跟沙特，同样承诺在 2060 年实现碳中和。伊拉克宣布将投资 30 亿美元，在 2025 年永久停止伴生天然气放燃。卡塔尔则宣布将在主办 2022 年世界杯前植树 100 万棵，并将国家石油公司从“卡塔尔石油”改名为“卡塔尔能源”，以示向新能源和低碳化的转型。土耳其议会在 10 月 6

---

① “The Carbon Brief Profile: Iran,” https: //www.carbonbrief.org/the - carbon - brief - profile - iran.

② “Turkey push for climate funds adds to concerns about Paris accord,” https: //www.ft.com/content/bbef9a42 - 64c0 - 11e7 - 8526 - 7b38dcaef614.

日全票批准《巴黎协定》。分析认为，各国均欲在第26届联合国气候变化大会前抢占有利地形，树立正面形象。

二、产油国“双轮”推进

一面推进油气增产，一面着手限制油气生产的碳排放总量和强度。对于西方国家而言，碳减排一般意味着压缩化石能源生产和消费，拥抱新能源，这可以从欧美特别是欧洲油气公司的动向中得到佐证。英国石油公司承诺2030年的油气产量将比2020年减少40%，开发50吉瓦的可再生能源电力装机容量。法国石油巨头道达尔改名为“道达尔能源”，宣布将在2030年前投资600亿美元，开发100吉瓦的可再生能源，并将石油在销售收入中的占比从55%降低至30%。[①] 但多数中东产油国却对减少油气生产和停止相关投资不以为然。

国际能源署2021年5月发布旗舰报告《2050年净零排放：全球能源行业路线图》，指出全球如果要在2050年实现碳的净零排放，必须立即停止一切新的油气项目开发。但沙特能源大臣阿卜杜勒－阿齐兹对报告提出尖锐批评，称之为“电影爱乐之城的续集”（指其脱离实践），表示没有理由认真对待报告。代表中东产油国观点的欧佩克同样声称，《2050年净零排放：全球能源行业路线图》的结论与国际能源署之前的报告矛盾，且报告中设定的碳中和目标过于激进，会误导投资者并造成市场不稳定。[②]

在英国石油公司、道达尔能源正从油气上游领域后撤之际，中东国家正反其道而行，纷纷计划扩大石油和天然气的产量，并为此进行了实质性的大笔投资。值得注意的是，中东提升油气产量的努力并非与减排一定不能兼容，一些国家甚至计划同时实现这两个看似矛盾的目标。中东多国正在大力增加天然气产量，并将其称为重要的减排举措。

卡塔尔是全球人均碳排放最高的国家，也是最大的液化天然气出口

---

① “Total becomes TotalEnergies after net－zero name change，” https：//ihsmarkit. com/research－analysis/total－becomes－totalenergies－after－netzero－name－change. html.

② “Saudi oil minister calls IEA’s net－zero roadmap‘La La Land sequel’，” https：//www. spglobal. com/platts/en/market－insights/latest－news/natural－gas/060121－saudi－oil－minister－calls－ieas－net－zero－roadmap－la－la－land－sequel.

国，在其2021年8月向联合国提交的国家自主贡献报告中就提到，天然气与传统化石能源相比，是更清洁、高效的能源，而卡塔尔通过出口天然气“在应对气候变化和促进可持续发展的国际努力中发挥了先锋作用”，“对减排和改善空气质量作了贡献”。[①] 2017年，卡塔尔解除了对全球最大天然气田——北方气田12年的暂停开发，2021年又启动扩建计划，拟投资287.5亿美元，将该国液化天然气的产能从每年7700万吨扩建至1.1亿吨。此为全球有史以来最大的天然气项目。同时，卡塔尔利用碳捕集、利用与封存设施，能在2025年前封存500万吨二氧化碳，并通过在北方气田的扩建项目中部署太阳能来进一步降低碳足迹，生产所谓的“绿色液化气”，并有助于卡塔尔赢得那些对碳排放敏感的客户合同。2020年，新加坡进行了第一份含有碳足迹标准的液化气合同招标，而卡塔尔最终赢得了合同。除了较低的生产成本外，“绿色液化气”正帮助卡塔尔巩固其在全球天然气市场上的地位。

沙特也将天然气扩产与减排挂钩。沙特2020年宣布将通过开发非伴生与非常规气田，在10年内将该国天然气产量扩充1倍。该国提出至2030年，其天然气产量将达到每日230亿标准立方英尺，使得沙特跻身全球三大天然气生产国之列，并能实现向外出口天然气（目前该国所产天然气主要用于国内发电）。沙特国家石油公司——沙特阿美宣称正在向天然气进行“战略转向”，指出开发天然气将是沙特阿美实现既满足不断增长的能源需求，又减少温室气体排放的关键。[②] 沙特阿美在其哈维耶天然气厂启动了首个大型碳捕集项目，每天可回收4500万标准立方英尺二氧化碳，将其用管道输送并注入至85公里外的乌斯曼尼亚油田，在储存二氧化碳的同时有助维持油藏中的压力，自2015年首次向油田注入二氧化碳以来，沙特阿美已将四口油井的石油产量提升了1倍。2020年，沙特阿美表示该项目

---

① *Nationally Determined Contribution* (*NDC*), Ministry of Municipality and Environment, State of Qatar, August 2021, p. 2.

② “Strategy flows toward natural gas,” https://www.aramco.com/en/magazine/elements/2020/strategy-flows-toward-natural-gas.

一年可以减少 80 万吨碳排放。①

伊拉克则正在努力减少天然气放燃，从而可以迅速减少甲烷的排放，并同时提升天然气产量。伊拉克的天然气多为伴生气，在开采石油时会被放燃。该国是全球仅次于俄罗斯的第二大天然气放燃国，2020 年因此产生的碳排放高达 3470 万吨，这不仅造成了严重的碳排放和空气污染，而且也浪费了宝贵资源，导致伊拉克每年还需要花费大量外汇进口天然气。此外，伊拉克的天然气主要从伊朗进口，而美国为强化对伊朗的制裁，一直要求伊拉克减少进口。上述因素促使伊拉克开始更积极地减少放燃、提升天然气产量。通过与壳牌等国际石油公司合作，伊拉克 2018 年已捕获了 115 亿立方米的伴生气，约占伴生气总量 40%。2021 年 5 月，该国石油部长伊赫桑宣布该国将投资 150 亿美元提升天然气产量，并计划在 2030 年前消除所有天然气放燃，将捕获天然气的产量提升至每日 24 亿立方英尺。2021 年 6 月，世界银行宣布将向伊拉克巴士拉天然气公司（伊拉克、英荷壳牌和日本三菱合资企业）提供 3.6 亿美元贷款，协助后者将其捕获天然气产量提升 40%。当前，巴士拉天然气公司已经能捕获鲁迈拉、西古尔纳 1 号和祖拜尔三大巨型油田 60% 的伴生气，日产天然气 9 亿立方英尺，每年减少 1000 万吨的温室气体排放。② 由于兼具良好的经济与减排效应，伊拉克捕获放燃天然气和提升天然气产量的努力获得了国际石油公司和外界的大力支持，近年来进度显著提升。

部分中东产油国通过部署先进的碳捕集、利用与封存技术与设施，能够降低石油产量的碳排放。在卡塔尔大力宣传“绿色液化气”的同时，沙特、阿联酋等国则打出了“低碳石油”的口号。沙特阿美依靠领先的科技和管理，2020 年上游生产的碳强度约为每桶油当量 10.5 千克二氧化碳，

---

① “Saudi Aramco exec: Capturing carbon emissions can help combat climate change,” https://edition.cnn.com/2020/06/10/perspectives/carbon-capture-saudi-aramco/index.html.

② “Iraq to receive $360 mil World Bank loan to help expand gas flaring reduction from south,” https://www.spglobal.com/platts/en/market-insights/latest-news/natural-gas/062921-iraq-to-receive-360-mil-world-bank-loan-to-help-expand-gas-flaring-reduction-from-south.

甲烷排放强度为0.06%，实现了业内的最低排放强度。[①] 而且，沙特阿美是全球油气行业气候倡议组织的创始会员和唯一的中东石油公司，而该组织承诺会大力投资碳捕集与利用技术，最终实现净零排放。阿布扎比国家石油公司（系阿联酋国家石油公司，以下简称“阿国油”）同样有着油气行业中较低的碳排放强度，并已提出到2030年前将温室气体排放强度降低25%，将碳捕集能力提升至每年500万吨，在两个天然气厂分别达到每年230万吨和190万吨的碳捕集能力。[②] 这些碳捕集与利用设施完成后，阿国油运营的二氧化碳强度将降低25%。通过提升天然气产量、消除天然气放燃和在油气生产中部署碳捕集、利用与封存技术设施，中东产油国试图向外界证明其可以一边增加油气产量，一边为全球减排作出贡献。

三、部分国家加速发展新能源

2017年，新能源在一次能源和发电量中的占比均不足1%，在全球范围内仅高于独联体地区，但各国对新能源整体上日益重视。受自然禀赋和技术演进的影响，太阳能是最被看好的新能源细分领域。阿联酋一直是海湾推进新能源的标杆国家，正在运营和建设全球最大的光伏发电项目。2020年，阿联酋的光伏装机发电能力已达2.1吉瓦，并准备在2025年将光伏发电能力增加4倍至8.5吉瓦。知名能源咨询公司睿咨得2021年初称阿联酋的太阳能电池板正如“下雨般”部署，指出阿联酋经济尽管遭遇新冠病毒感染疫情冲击，但政府仍将发展太阳能视为重中之重，稳步推进相关投资。睿咨得认为阿联酋的太阳能项目吸引到许多知名跨国企业参与投资或建设，屡屡创下全球最低购电协议价格，整体业务呈良性态势，有望实现该国制定的2025年、2030年和2050年的装机容量和发电目标。[③] 沙

① 《沙特阿美：实施能源技术做“加法”的保守减排》，《中国石化报》，2021年6月4日。

② “Energy for Environment ProtectionCarbon Capture, Utilization, and Storage (CCUS) at Al Reyadah,” https://www.adnoc.ae/en/hse/environment-and-sustainability/energy-for-environment-protection.

③ “It’s raining solar panels in the UAE: Renewable capacity set to increase fourfold to 9 GW by end-2025,” https://www.rystadenergy.com/newsevents/news/press-releases/its-raining-solar-panels-in-the-uae-renewable-capacity-set-to-increase-fourfold-to-9-gw-by-end-2025/.

特在太阳能领域的动作也在提速，其首个太阳能项目、装机容量0.3吉瓦的沙卡卡光伏电站已于2021年4月并网发电，沙特王储小萨勒曼同时宣布，该国已签署合同，建设七个大型太阳能项目，总装机容量达到3.6吉瓦。① 2021年，伊拉克也与阿联酋、法国等国企业签署合同，建设多个吉瓦级的大型太阳能发电站。

在北非，摩洛哥、埃及在太阳能开发上走在前列。摩洛哥2018年投入商用的努尔太阳能电站是当时全球最大的光热项目，三期工程的总装机容量0.58吉瓦。国际可再生能源署称该项目为摩洛哥创造了1.3万个本地工作岗位，并且42%的设备来自国内制造。② 埃及在阿斯旺附近修建的巨型本班太阳能电站总装机量1.65吉瓦，并已于2019年开始并网发电。该项目总耗资21亿美元，得到多家国际开发机构的资金支持，吸引了来自12个国家的30多个公司参与联合开发，英国皇家国际问题研究所能源问题专家杰西卡·奥贝德认为本班项目展示了“埃及对可再生能源的认真态度”。③

相比太阳能，核能在中东的发展则可谓命途多舛。迄今，整个地区只有两座核电站在实际运行。伊朗的布什尔核电站20世纪70年代开始修建，2013年才得以并网发电，总装机量1吉瓦。阿联酋2012开始兴建巴拉卡核电站，投资200亿美元，总装机量5.6吉瓦，能提供该国25%的电力。其一期工程在几经延误后于2018年宣布完工，但因安全审查等因素直至2020年8月才成功并网，装机量为1.35吉瓦。中东唯一在建的核电站是土耳其阿克库尤核电站，2018年4月项目动工，由俄罗斯国家原子能公司承建，包括4座反应堆，总装机量4.8吉瓦，预计耗资将超200亿美元，

① “Saudi Arabia signs agreements for seven new solar projects – SPA,” https://www.reuters.com/world/middle-east/saudi-arabia-signs-agreements-7-new-solar-projects-spa-2021-04-08/.

② “Middle East & North Africa,” https://www.irena.org/mena.

③ “Giant solar park in the desert jump starts Egypt's renewablepush,” https://www.reuters.com/article/us-egypt-solar-idUSKBN1YL1WS.

第一座反应堆将于2023年投入运行。[1] 约旦、埃及均已选定俄罗斯为其建造首座核电站，而拥有中东最庞大核计划的沙特正在为其首个核电项目进行招标，但再三推迟了选定合作方的时间。

风电方面，2020年，埃及、摩洛哥的风电装机总量均超过了1吉瓦，约旦、伊朗则各自有0.5吉瓦和0.3吉瓦。[2] 沙特于2019年启动了其第一个陆地风电项目，总装机量0.4吉瓦，规模系中东最大，耗资约5亿美元，在2021年并网发电。

值得注意的是，部分中东国家近年来对氢能领域愈加重视，沙特、阿联酋在蓝氢（用化石燃料制氢，能实现碳捕捉与储存）和绿氢（用低碳电力电解水制氢）的技术探索与商业运营上都走在全球前列。阿联酋咨询公司阿联酋咨询公司卡马尔能源（Qamar Energy）的报告认为，保守估计包括沙特、阿联酋在内的海湾合作委员会六国在2050年前能每年生产2000万吨氢气，占据欧洲和东亚氢气市场20%的份额，每年产生300亿~400亿美元出口收入，而在乐观的预测中，海合会国家的氢气年产量将达到5000万吨，在欧洲和东亚的市场占比达到30%，产生的年出口收入则将达到800亿~1000亿美元。[3]

阿联酋的地质、资源和基础设施条件都有利于氢和氨（作为氢的运输载体）的生产、储存和运输，并且采取了蓝氢和绿氢并重的发展策略。[4] 蓝氢方面，阿国油已宣布将在阿联酋下游产业中心鲁韦斯建设一个蓝氨生产中心，2025年投产后产量可达每年100万吨。绿氢方面，该国与德国西门子合作在中东建造了第一座太阳能驱动的制氢设施，用于在迪拜世博会期间为车辆提供电力，也计划在阿布扎比哈利法工业园投资建造绿氨生产

---

① 参见世界核能协会关于阿联酋、土耳其两国的网站（英文），更新于2021年3~4月，https：//world－nuclear. org/information－library/country－profiles/countries－t－z/united－arab－emirates. aspx，https：//world－nuclear. org/information－library/country－profiles/countries－t－z/turkey. aspx。

② International Renewable Energy Agency, *Renewable capacity statistics 2021*, April 2021, pp. 13－14.

③ Julio Friedmann, Robin Mills, *The UAE's Role in The Global Hydrogen Economy*, Qamar Energy Report, September 2021, p. 12.

④ Julio Friedmann, Robin Mills, *The UAE's Role in The Global Hydrogen Economy*, Qamar Energy Report, September 2021, p. 6.

设施。在阿国油和该国主权财富基金的大力推动下，阿联酋正在力争成为蓝氢和绿氢行业的先进国家，并已开始探索向日本等国出口蓝氨。

沙特同样高速重视氢能发展，其丰富的油气资源和既有的经开始被用于蓝氢制炼，2020 年向日本出口了 40 吨蓝氨用于零碳发电，系全球首批，具有一定的标志性意义。同时，沙特也与全球最大的氢生产商美国空气产品公司达成协议，将在新未来城城建设耗资 50 亿美元的大型绿氢项目，由 4 吉瓦的太阳能和风能发电供能，预计 2025 年投产后每天将生产 650 吨绿色氢气，从而令新未来城和沙特成为全球绿氢产业的中心。①

第三节　特点及启示

中东国家曾将气候变化与碳排放视为单纯的“环保”问题，需要关注或者监测，但重要性与紧急程度有限。虽然近年来中东各国政府和公众对气候变化的重视程度有所提升，但在地区政局动荡、冲突频发、新冠病毒感染疫情反复和经济不景气的背景下，多数国家有众多比碳中和优先度更高的事项，难以为减排做出更多努力或承担额外成本。

一、碳中和整体上言多于行，虚多实少

第一，各国不愿或无力就减排或碳中和做出硬性承诺。伊朗作为地区大国尚未签署《巴黎协议》，希望借此施压西方，缓解对伊制裁。以伊拉克为代表的中低收入油气生产国则主张产油国在全球向低碳经济转型中受损最重，因此需要额外的国际支持。伊拉克副总理阿拉维与国际能源署署长法提赫·比罗尔在英国《卫报》上共同撰文，声称没有产油国的配合，全球在 2050 年实现碳中和将是“遥远的梦想”，但产油国在资金、技术和管理方面都需要外部支持。② 有的国家提出了碳中和的目标和计划，并宣布将为此投入巨额资金，建设大量项目，但这些目标与计划没有法律约束

---

① “Giving Green Hydrogen a Lift,” *The Wall Street Journal*, February 12, 2021.

② Ali Allawi and Fatih Birol, “Without help for oil - producing countries, net zero by 2050 is a distant dream,” *The Guardian*, September 1, 2021.

力，也缺乏时间表、融资安排和成功标准等进一步细节。从历史上看，中东的多数类似计划的完成情况均不理想。当前一些减排计划的可行性也遭普遍质疑。例如，2021 年 3 月公布的“绿色沙特”倡议中宣称为固碳减排，将在沙特植树 100 亿棵。即便不考虑沙特多数国土均为沙漠覆盖，本身水资源匮乏，植树 100 亿棵也意味着每天植树 100 万棵并持续 30 年。鉴于沙特在 2020 年的全国性的植树运动中，在半年内仅植树 1000 万棵，“绿色沙特”的植树目标可能过于激进。① 类似的计划和目标流于纸面或者缩减规模的可能性较大，很少有人认为其能不折不扣地落实。

第二，即便考虑碳捕集与利用技术和消除天然气放燃，中东产油国也难以在增加油气产量的同时降低排放，中东的碳减排因此更可能会是碳排放强度降低的相对减排，而非排放总量下降的绝对减排。尽管天然气是一种相对低碳的能源，但生产和出口天然气会造成大量排放。卡塔尔的天然气大量出口并取代煤、石油或许在全球范围减少了碳排放，却使卡塔尔成为全球人均碳排放最高的国家。沙特、阿联酋均已在着手扩大油气产量，规模均可达每日百万桶以上。两国油气生产的碳强度再低，整体的碳排放量大概率将随油气产量的提升而增加。两国在部署大型碳捕集与利用设施时也明显有公关考虑。现有技术条件下，油气生产过程中的碳捕集与利用会使生产成本明显上升，在经济上并不划算，这也是截至 2021 年 2 月，全球仅有约 20 个商业碳捕集设施正在运行的原因。中东国家往往只公布其设施的碳捕集与利用“能力”，对实际的碳捕集“数量”却语焉不详，更多是要借助碳捕集与利用技术的概念而非实质，来树立“低碳油气”出口者的形象。相比在提升油气产量上的大举投资，中东产油国对碳捕集和利用设置的部署速度要缓慢许多。

第三，新能源在中东的推进整体并不顺利。中东缺乏发展新能源所必要的社会与经济配套措施。一些明星新能源项目会因其经济合理性存疑而成为“白象”乃至夭折。摩洛哥的努尔太阳能电站是中东与非洲标杆性的

① “Saudi Arabia plans to plant 10 billion trees in the desert,” https://www.al-monitor.com/originals/2021/05/saudi-arabia-plans-plant-10-billion-trees-desert#ixzz78wvxQIPH”.

新能源项目，但它事实上在亏本运行。[①] 2020 年，阿联酋的新能源装机容量占 6%，但发电量却只占 3%，意味着有大量新能源发电能力闲置。沙特 2018 年曾提出投资 2000 亿美元，建设 200 吉瓦的太阳能项目，但很快就将项目搁置。2019 年沙特宣布至 2023 年，该国的新能源发电能力将达到 27.3 吉瓦，但截至 2021 年 3 月只建成了 1.3 吉瓦。海湾国家正在大力发展氢能，然而蓝氢生产中的部分碳排放难以被捕获，而绿氢有前期投资大、安全隐患多、成产成本高等缺点，目前的市场前景尚不清晰。[②] 在技术与市场不确定性较大的情况下，各国对氢能的投入会带有探索性质，不大可能对单一方向下重注。

总之，中东各国在碳中和领域的行动在明显提速，但整体仍是谨慎与渐进的，与《巴黎协定》的要求以及各国自身宣示的目标有不小距离。除摩洛哥等特例外，中东国家现有应对气候变化与碳中和的举措基本不会对其日益上扬的总体碳排放轨迹产生明显影响。[③]

二、各国碳中和政策有较强的机会主义色彩

受各国外交重点与政策的强烈影响，碳中和政策有时被各国用作抬升国际地位或经略大国外交的工具。阿联酋 2006 年启动了位于阿布扎比的马斯达尔城项目，旨在完全依靠可再生能源供能，成为零排放、零废弃物的工业新城和居住中心，总投资 220 亿美元，由阿布扎比主权财富基金提供资金支持。该项目帮助阿联酋争取到国际可再生能源机构将总部设在该国。但在国际可再生能源署办公大楼迁入马斯达尔城内后，马斯达尔城的规模就被大幅缩减，完工时间也从原定的 2016 年推迟到 2030 年。由于人

---

① "In North Africa, solar energy is struggling to shine," https://www.africanews.com/2021/09/01/in-north-africa-solar-energy-is-struggling-to-shine/.

② "Warming to a Multi-Colored Hydrogen Future? The GCC and Asia Pacific," https://www.mei.edu/publications/warming-multi-colored-hydrogen-future-gcc-and-asia-pacific.

③ Mari Luomi, *Gulf States' Climate Change Policies amid a Global Pandemic*, The Arab Gulf States Institute in Washington, September 25, 2020, p. 24.

气不旺，马斯达尔城几近沦为“绿色鬼城”，并已经放弃实现零碳目标。[①]德国全球与区域研究院中东研究所所长埃卡克·韦尔茨表示，阿联酋在吸引国际可再生能源机构总部落户之前推出马斯达尔城并非巧合，而整个马斯达尔城项目本身有一定“炫耀”成分。[②] 2020 年 11 月，沙特国王萨勒曼宣布启动其碳循环经济国家计划。此时沙特正担任二十国集团轮值主席国并主持二十国集团线上峰会，类似计划的推出显然有利于沙特展现其在减排领域的担当，凸显其大国地位。埃及大力发展新能源则部分是为了吸引来自欧洲复兴开发银行、国际货币基金组织等多边机构的大量贷款。

2020 年后中东国家在碳中和领域的步伐突然加快，也是明显受到美国拜登政府政策偏好的影响。中东国家普遍希望借推进减排和碳中和来讨好美国，强化与美国的关系。沙特在参加 2021 年 4 月美国主办的全球“领导人气候峰会”之前，推出了其“绿色沙特”和“绿色中东”倡议，而美国总统气候问题特使克里则称赞沙特绿色倡议是“非常重要的一步”是“我们在全球范围内需要的那种倡议”。同时，沙特还与卡塔尔一道加入了美国 2021 年 4 月牵头创设的“净零生产者论坛”，该论坛成员国还有加拿大、挪威，五国的油气生产占全球总量 40%，而论坛则将为各国协调减排政策、制定减排策略提供平台。阿联酋任命该国工业和先进技术大臣兼阿国油 CEO 苏尔坦·贾贝尔为气候问题特使，并由贾贝尔与克里共同主持了中东与海合会地区气候变化对话会，邀请全球与中东的气候政策制定者与会，并达成加强对新能源的投资、共同对抗气候变化影响、遵守《巴黎协议》等拜登政府喜闻乐见的共识。有分析指出，过去美国在中东的主要利益是反恐和军火销售，而近期气候变化已成为双方新的共同利益。[③] 此外，海湾国家发展氢能，也有与重视氢能的德国、日本等深化合作、加强联系的考虑。

这种强大的外部性对中东碳中和的推进有利有弊。利的一面是如果美

---

① “Masdar’s zero – carbon dream could become world’s first green ghost town,” https://www.theguardian.com/environment/2016/feb/16/masdars – zero – carbon – dream – could – become – worlds – first – green – ghost – town.

② “Renewable energy: What does it mean for oil – dominated Middle East?,” https://www.middleeasteye.net/news/renewable – energy – oil – middle – east.

③ “New era of climate action diplomacy in the Middle East,” https://www.weforum.org/agenda/2021/07/new – era – climate – action – middle – east/.

国和国际社会保持足够的关注，向中东施加足够压力或提供足够支持，那么中东国家将更有可能在碳中和方面取得实质进展。弊的一面是这种动力毕竟来自外界而非内生，持久性和韧性存疑，而且在西方的压力下，中东国家的自主选择也会受限。阿联酋在减排领域实际成果很多，但仍会因正在兴建的清洁燃煤电站而遭到西方环保人士诟病。当中东国家希望借助碳中和讨好西方特别是美国时，碳中和更多成为了气候外交的手段而非目的，对形式的关注也会超过实质。一旦来自外部的动力消退，与碳中和相关的努力或将随之搁置和中止。

三、全球能源低碳化节奏将极大影响中东碳中和前景

随着全球对气候变化认识日益深入，能源供应的低碳化势头似已不可阻挡，但由于相关的技术演进、消费者行为和监管政策还有较大不确定性，各方对这种低碳化的推进节奏预期有较大的分歧。对中东而言，最理想的状态是能源低碳化以较为平缓的节奏发生，全球对石油、天然气的消费温和下降。此时，中东特别是海湾国家可以凭借其较低的油气生产成本，将高成本油气生产者挤出市场。

沙特、阿联酋、卡塔尔等海湾国家在地质、资金储备、基础设施、部署碳捕集和利用设施等领域得天独厚，能够实现全球最低水平的油气生产碳排放强度，在出口市场的竞争中获得独特优势。① 这些国家从而有可能比较从容地利用持续的油气出口收入，为碳中和、能源转型和经济多元化进行投资，也即以“黑金”（油气收入）对“绿金”（新能源收入）实现反哺，形成相对良性的循环，并同步控制乃至减少碳排放。

然而，如果在产油国成功实现经济多样化之前，新能源的技术进步或者全球消费者的减碳意识就令油气需求出现断崖式下跌，那么中东的油气资源就可能成为无人问津的“搁浅资产”，油气收入的大幅下降就会在产油国实现经济多元化之前到来。此时，失业和贫困可能会迅速扩散，并因大量青年人口的存在而迅速转化为社会与政治动荡。届时，碳中和与能源转型都将无从谈起。

---

① Energy Transition: The evolving role of oil & gas companies in a net - zero future, CMS Report, June 2021, p. 22.

第十章

拉美国家碳中和目标、举措及前景[*]

多数拉美和加勒比国家重视气候变化议题，积极参与全球气候治理，主动践行全球气候治理协议，在减排方面走在发展中国家的前列。减排战略与行动方面，拉美国家采取加强可再生能源开发利用、恢复生态系统、节能提效等多重举措。不过，拉美国家经济社会正面临不少挑战，要实现碳中和和碳减排目标需要克服诸多阻碍。

第一节　碳中和目标

拉美各国政府高度重视气候变化议题。在2019年召开的气候变化峰会上，有21个拉美国家宣布正在为2050年实现净零排放而展开行动。①不过，由于国情及经济发展水平等差异，各国的立场和目标存在较大的不同。

一、拉美国家对气候变化的态度

巴西、墨西哥、委内瑞拉和阿根廷是拉美重要经济体，也是该地区

---

* 本章作者：曹廷，中国现代国际关系研究院拉美研究所副研究员、博士，主要从事墨西哥、古巴、中美洲及中拉关系、美拉关系等问题研究。

① 本文所指“拉美国家”包括安提瓜和巴布达、阿根廷、巴哈马、巴巴多斯、伯利兹、智利、哥伦比亚、哥斯达黎加、多米尼加、多米尼克、格林纳达、牙买加、墨西哥、尼加拉瓜、圣基茨和尼维斯、圣卢西亚、圣文森特和格林纳丁斯、苏里南、特立尼达和多巴哥以及圭亚那。

的排放大国，温室气体排放量占该地区排放量的80%以及全球排放总量的9%。[①] 巴西前几届政府均积极参与气候议题讨论，2016年4月巴西签署了《巴黎协定》。现任总统博索纳罗曾对气候治理持消极态度，一度扬言要追随特朗普退出协定，近期改变立场并做出减排承诺，但要求国际社会"为巴西对世界的贡献做出经济补偿"。墨西哥既是经合组织成员国，也是发展中大国，作为美洲大陆第一个批准《京都议定书》的国家，积极参与全球气候治理，承诺加强减排，同时谋求获得发达国家的资金和技术支持。阿根廷提出国际社会应该向最贫困国家提供应对气候变化的资金，同时呼吁拉美国家团结起来应对气候变化。委内瑞拉为首的"美洲玻利瓦尔联盟"坚持"气候正义"原则，加入"立场相近发展中国家"集团，坚持发展中国家的发展权，要求发达国家承担历史责任并率先采取减排行动。

一些中型经济体在气候变化议题上十分积极。2012年联合国气候变化大会召开期间，智利、哥伦比亚、哥斯达黎加、危地马拉、巴拿马和秘鲁六个国家成立拉美独立协会，作为《联合国气候变化框架公约》下的谈判集团。2015年，巴拉圭和洪都拉斯先后加入。尽管这些国家温室气体排放量少，但态度较为激进，认为发展中大国和发达国家应同样承担国际责任，并且愿意自身走低碳发展之路。2019年，智利在联合国气候行动峰会上启动"气候雄心联盟"，致力于到2050年实现净零排放，目前有几十个国家和非国家行为体参与其中。

加勒比地区国家由于气候变化受到的冲击较大，在应对气候变化上立场较为激进。"小岛屿国家联盟"39个成员国中有16个来自加勒比地区。该联盟提出全球温度上升不能超过1.5摄氏度。

二、主要国家的碳中和目标

近年来，许多国家都提出了本国的"国家自主贡献目标"。一些国家提出了碳中和以及碳达峰目标，还有部分国家提出了阶段性减排目标。

巴西最早于2015年9月公布了"国家自主贡献方案"，并于同年9

① Paola Gabriela Siclari Bravo, Amenazas de cambio climático, métricas de mitigación y adaptación en ciudades de América Latina y el Caribe, CEPAL, p. 23.

月获国会通过。其“国家自主贡献目标”提出到2025年其温室气体排放量在2005年水平上减少37%，到2030年减少43%。在2021年4月下旬美国主办的线上气候峰会上，巴西承诺在2030年前终结非法砍伐现象，到2050年实现温室气体的零排放，比之前承诺的2060年实现碳中和目标提前了10年。此外，博索纳罗还要求国际社会为巴西对世界的贡献做出经济补偿。

墨西哥提出到2030年温室气体排放在2017年排放基础上减少22%，黑碳排放减少51%。此外，墨西哥规定于2026年实现碳达峰。阿根廷2016年提出的目标是到2030年二氧化碳排放量不超过4.83亿吨。2020年底，费尔南德斯总统将目标更新为不超过3.13亿吨。在2021年初美国主办的气候峰会上，他宣布阿根廷将加强国家自主贡献，加大利用可再生能源，减少甲烷排放，结束非法砍伐森林等。

拉美独立协会的八个成员国、[①] 多米尼加共和国及海地承诺到2030年实现70%的电力来自可再生能源。其中，作为拉丁美洲气候领域的领导者——哥斯达黎加承诺2025年排放量达到最大值、2050年实现碳中和。其中，哥政府计划到2035年30%的公交车实现零排放，2050年85%的公交车实现零排放，私家车的相应目标分别是30%和95%。

哥伦比亚总统杜克提出到2030年温室气体排放量将比不采取减排行动的排放量减少51%，黑碳排放量将在2014年水平基础上减少40%。委内瑞拉提出到2030年其排放量将减少20%。厄瓜多尔的“国家自主贡献目标”是到2025年其温室气体排放量在2010年基础上无条件减少4%，到2050年实现35%的交通工具以电为动力。危地马拉提出到2030年温室气体排放量在2005年基础上减少22.6%的有条件减排目标。洪都拉斯提出到2030年减少15%的有条件减排目标，无条件自主贡献目标包括在2030年前恢复100万公顷的森林面积，并使家庭燃柴量减少39%。

智利提出到2025年实现碳达峰。其中，到2020年碳密集度在1990年的基础上减少40%，到2030年在2007年排放水平的基础上减排35%～45%。

---

① 智利、哥伦比亚、哥斯达黎加、危地马拉、巴拿马、秘鲁、巴拉圭和洪都拉斯。

同时，2030 年黑碳排放量比 2016 年减少 25%。优先减排领域包括能源、工业加工、溶剂使用以及农业等。此外，针对土地利用和林业出台了特别贡献目标，提出对 10 万公顷森林进行可持续利用和恢复。

乌拉圭提出到 2050 年，能源部门排放的二氧化碳将在 2012 年的基础上无条件减排 24%，能源和农业部门产生的甲烷将无条件减排 57%。玻利维亚、智利、古巴、洪都拉斯、尼加拉瓜和巴拿马均按照经济部门设定了目标，如重新植树造林的面积、可再生能源比例等。萨尔瓦多、古巴和玻利维亚在多个部门实施低碳排放政策，包括设立减排精准目标，以及提高可再生能源的占比。因长期遭受美国封锁打压，古巴提出其减排效果很大程度上将取决于国际金融体系对其支持力度。

第二节　响应碳中和的主要动因

历史传统上，拉美和加勒比地区强调人类社会与自然的和谐统一。近年来随着气候变化负面影响日益凸显，有关国家重视程度日益提高，并越来越把碳减排视为重要的经济发展机遇。

一、保护环境的传统理念

拉美地区自然资源禀赋突出，许多国家被誉为“生物多样性的超级大国”。全世界生物种类最多的 17 个国家中有 6 个在拉美（巴西、哥伦比亚、厄瓜多尔、墨西哥、秘鲁和委内瑞拉）。该地区拥有全世界 22% 的森林面积，因广袤的亚马孙雨林而被称为“地球之肺”。拉美地区还拥有全球 31% 的淡水资源，占全球可耕地面积的 1/4，是世界上净出口粮食最多的地区。在哥伦布抵达美洲大陆之前，美洲的印第安人以自己的生存方式与大自然和谐共处，以满足基本生活为底线，有限地从大自然索取资源。他们将土地称作“大地母亲”，友好地对待大自然。

近现代以来，他们依然将自然放在首位，不愿意以环境为代价谋求发展。秘鲁、厄瓜多尔和玻利维亚的克丘亚人提出了“美好生活”概念，强调人类社会与自然的和谐统一。同地区的艾马拉人（秘鲁、玻利维亚）、瓜拉尼人（巴西、阿根廷、巴拉圭和玻利维亚）、舒阿尔人（厄瓜多尔）和马普切人（智利）均有类似语义表达。[①] 殖民时期和后来的全球化进程中，印第安人沦为拉美国家社会的边缘群体，各国为快速发展经济，忽视环境问题，导致自然生态受到严重破坏。拉美民众意识到生态的重要性，逐渐重新关注自然生态问题，并开始推崇印第安人对待自然的传统理念。2007年厄瓜多尔总统科雷亚就任后，强调以“美好生活”发展观为指导，就实现包容和平等、保护生物多样性和自然资源制定政策方案。玻利维亚也将该理念纳入宪法，重申“大地母亲”的权利，提出“人类—自然—社会”的和谐发展模式。此外，拉美其他国家也日益受到该理念的影响。2015年“美洲晴雨表”发布的报告显示，21个拉美国家中50%以上的人认为应优先考虑保护环境，约50%的秘鲁民众愿意牺牲经济增长来保护环境。

二、气候变化负面影响日益凸显

近年来，拉美成为受气候变化影响最严重的地区之一。巴西南部、墨西哥、智利、加勒比地区等多地的生物多样性受到破坏，沿海的珊瑚礁白化速度加快。高温、洪灾、飓风等极端气候事件频繁发生。史无前例的热浪席卷南极地区，一些动物如企鹅、鲸鱼、海豹和小型甲壳纲动物受到影响，正处于濒危状态。海平面上升等问题持续加剧，加勒比岛国面临国土被侵蚀甚至整个国家被海水淹没的灭顶之灾。哥伦比亚、智利、墨西哥、古巴等国干旱和荒漠化问题严重。传染病疫情多次来袭，对该地区经济活动和人民生命财产产生较大影响。研究表明，温度升高越多，对经济社会的负面影响越大。如果温度在目前基础上升高2.5摄氏度，气候变化将消耗目前该地区经济生产总值的1.5%～5%。[②] 继续走高碳发展道路将使拉美面对气候变化和卫生危机变得更加脆弱。

---

① 方旭飞：《厄瓜多尔的“美好生活社会主义”初探》，《现代国际关系》，2015年第12期，第45页。

② A. Bárcena y otros, La emergencia del cambio climático en América Latina y el Caribe: ¿seguimos esperando la catástrofe o pasamos a la acción?, p. 68, Libros de la CEPAL, N° 160 (LC/PUB. 2019/23 – P), Santiago, Comisión Económica para América Latina y el Caribe (CEPAL), 2020.

三、碳中和提供了重要发展机遇

经合组织称，为实现碳中和而采取行动可使二十国集团成员国 GDP 提高 2.8%。由于水电的广泛开发利用，该地区已经拥有部分世界上最洁净的能源系统。虽然拉美地区风力发电和太阳能发电目前占据次要地位，但潜力巨大。尤其是风电和太阳能发电的成本正在降低。预计到 2025 年，拉美的可再生能源成本将下降至 10～30 美元。预计到 2030 年该地区可通过风电、太阳能发电、水电、地热发电等满足 80% 的可再生电力需求，将节省 70 亿美元的费用。而且能源转型可为拉美到 2030 年提供 100 万个就业岗位，并且可为 GDP 做出几个百分点的贡献。对哥斯达黎加而言，交通部门的去碳化将大大减少空气污染对人民身体健康的影响，减少交通拥堵，节约时间，并减少交通事故，到 2050 年可给哥斯达黎加带来 200 亿美元的收入。墨西哥政府研究发现，到 2030 年用清洁的能源发电 43% 可以使电力部门的就业机会增加 38%，还可以降低国民死亡率，并在 2030 年节省至少 12 亿美元的能源。美洲开发银行报告显示，大部分拉美国家认为减少碳排放并不会导致经济倒退，相反可以带来发展红利。这种认识为拉美积极开展减排和实现碳中和提供了重要基础。

第三节　具体应对措施

拉美和加勒比地区每年的二氧化碳排放量约在 40 亿吨左右，占全球排放总量的 8%。但全世界排放的温室气体中 70% 来自能源部门，而该比例在拉美地区只有 45%。农业和畜牧业的温室气体排放量占 23%，而土地使用方式的改变造成的排放占 19%。[①] 因此，加大使用清洁能源、增加森林面积和节约能源等成为拉美和加勒比国家实现碳中和的重要途径。

---

① A. Bárcena y otros, La emergencia del cambio climático en América Latina y el Caribe: ¿seguimos esperando la catástrofe o pasamos a la acción?, p. 52, Libros de la CEPAL, N° 160 (LC/PUB. 2019/23 – P), Santiago, Comisión Económica para América Latina y el Caribe (CEPAL), 2020.

一、能源转型

能源的生产、运输和消费产生的温室气体排放量占拉美地区温室气体排放总量的46%。[①] 拉美推进能源转型对于实现碳中和至关重要。而拉美地区是全球能源转型的先锋队，能源转型起步较早，自20世纪70年代开始，一些国家便开始探索可再生能源的开发使用。经过数十年的发展，目前拉美地区在能源转型方面已经走在了世界前列。联合国拉美经委会统计显示，该地区可再生能源发电占发电总量的比重已从2010年的4%增长至2018年的12%。其中，巴西、智利、哥斯达黎加等国均取得了不少成绩。

巴西是拉美地区第一大经济体，也是能源消费大国，目前其能源消费量达到阿根廷、玻利维亚、智利和乌拉圭能源消费总和的两倍。[②] 历史上，巴西曾是一个高度依赖石油进口的国家。自20世纪70年代起，巴西就开始重视可再生能源的开发和利用。

巴西拥有生物原料充足的突出优势，作为乙醇燃料主要原料作物的甘蔗和作为生物柴油主要原料作物的大豆、木薯、棕榈等种植面积和产量位居世界前列。1975年，巴西出台"全国乙醇计划"，旨在用甘蔗乙醇来部分替代汽油，并逐渐提高混合乙醇在汽车燃油中的浓度。20世纪80年代初，巴西已开始全面使用乙醇燃料。2008年12月，巴西时任总统卢拉签署了《国家气候变化政策》，计划提高风能和甘蔗杆发电所占份额，增加水电和太阳能光伏项目，鼓励使用太阳能、风能、生物质能和热电联产。2010年12月，巴西矿业能源部提出在2014年之前逐步停止化石能源发电厂建设，并加大对水电和风电的开发利用。近年来，巴西政府不断加大水电、太阳能和风电开发力度。巴西国家开发银行专门为风电项目提供专项低息贷款。巴西政府还出台《半导体和显示器工业科技发展支持计划》，规定享受国家税收优惠的太阳能企业须拿出一定比例的净利润，用于产业

---

① Panorama de la situación energética en América Latina, 15 de abril de 2020, https: //co. boell. org/es/2020/04/15/panorama - de - la - situacion - energetica - en - america - latina.

② "El futuro energético del sistema eléctrico en América Latina," GE Reports Latinoamérica, https: //gereportslatinoamerica. com/el - futuro - energ% C3% A9tico - del - sistema - el% C3% A9ctrico - en - am% C3% A9rica - latina - a54105757c7.

技术研发。2020 年巴西光伏产业增长创纪录，吸引投资超过 130 亿雷亚尔（约合 23.2 亿美元），创造超过 8.6 万个新工作岗位。过去 10 年里，巴西风力发电装机容量从不到 1 吉瓦增加至 2021 年初的 18 吉瓦，预计到 2024 年风电装机容量有望增至 28 吉瓦甚至更高。①

目前巴西已成为世界上可再生能源占比最高的国家之一。目前，可再生能源发电占比高达 48%，比全球平均水平高出 3 倍多。其中，风电在巴西发电占比达到 10.9%。按照目前进度，到 2030 年，可再生能源发电将占巴西电力供应近 80%。

墨西哥温室气体排放中，能源部门的排放量占总排放量的 71%。② 墨西哥前总统佩尼亚·涅托提出到 2025 年实现 35% 的能源消费来自清洁能源。③ 其能源部和国家科技委员会拨款 20 亿比索对能源创新中心进行资助。2018 年 7 月，墨西哥联邦电力委员会解除对分布式发电系统的限制，允许中小型太阳能发电系统接入国家电网，并允许多余电力出售给墨西哥联邦电力委员会。因此，私人安装的小型太阳能发电系统制造的多余电力可以通过国家电网传输给其他用户。截止到 2018 年 7 月，墨西哥分布式太阳能发电系统的装机容量已超过 40 万千瓦。2018 年，国际可再生能源署将墨西哥列为光伏发电最重要的 15 个国家之一。

阿根廷采用了混合核能、水电、太阳能和风能的模式。在发展可再生能源方面，前总统马克里给予大力支持，宣布 2017 年为阿根廷“可再生能源年”，提出到 2025 年实现可再生能源可满足国内能源总需求 20% 的目标。为此，阿根廷出台了包括 147 个项目的《可再生能源发展计划》，并提出未来 10 年为可再生能源领域吸引 200 亿美元投资。新总统费尔南德斯上台后，继续积极推动国家能源转型。据阿根廷电力监管机构统计，2021 年 9 月，可再生能源发电在阿根廷全国供电总量中的占比达到 14.2%，创

① 李晓骁：《拉美绿色能源产业发展提速》，《人民日报》，2021 年 3 月 12 日，第 17 版。

② Emission Trading Worldwide, International Carbon Action Partnership (ICAP) Status Report 2021, March 2021.

③ Daniel Chavez：《墨西哥可再生能源发展前景展望》，《风能》，2015 年第 9 期，第 39 页。

历史新高。①

智利拥有丰富的可再生能源资源。位于智利北部的阿塔卡马沙漠是世界上阳光直射最集中最稳定的地区之一，有着巨大的太阳能发电潜力。同时，智利国土狭长，拥有4270公里的海岸线，为风电开发提供了天然条件。此外，智利境内拥有多座火山，热能发电潜力巨大。由此，智利政府加大对太阳能、风能和地热能的综合开发。2014年，智利政府制定了可再生能源发展战略，批准了76个太阳能和风力发电项目。2020年智利开始建设首批装机容量超过200兆瓦的光伏园区，还计划在阿塔卡玛地区建设大型风电场。②

哥斯达黎加作为一个中美洲小国，十分重视环境保护和可再生能源的开发使用，已成为全球碳排放量最低的国家之一。其拥有丰富的水力和地热资源，加之其人口较少，工业化程度较低，为可再生能源利用提供了较为有利的条件。目前集中开发的可再生能源主要包括水电、地热能、风能、生物质能和太阳能。③ 2019年，哥斯达黎加发布《国家脱碳计划》，提出到2030年实现100%可再生能源发电。根据哥斯达黎加国家能源控制中心的数据，2020年其可再生能源发电量占全国发电总量的比例已达99.78%，水电成为其电力的主要来源，占比近72%，地热能、风能、生物质能和太阳能为补充能源。

哥伦比亚政府制订了"清洁增长"计划，提出将太阳能和风能的总体装机容量从2018年的不足50兆瓦提高至2022年的2500兆瓦，并计划到2050年，水电、风电、太阳能、生物质能和地热发电厂将覆盖所有能源的80%。其余则通过碳捕捉和碳储存技术利用化石能源发电，或者要求排放气体通过植树造林和恢复森林加以吸收。乌拉圭在政府长远的发展规划和支持政策推动下，风电行业迅猛发展。2014年，乌拉圭人均风电装机容量

① 商务部，"阿根廷可再生能源发电量创历史新高"，http://ar.mofcom.gov.cn/article/jmxw/202111/20211103213265.shtml。

② 吴月婷：《浅析拉美主要国家碳减排经验及中拉合作潜力》，中国贸易促进会驻智利代表处，2021年5月30日，http://www.ccpit.org/Contents/Channel_4287/2021/0530/1345335/content_1345335.htm。

③ María Castañeda Carvajal, "El 98% de la generación eléctrica en Costa Rica procede de fuentes renovables desde hace cuatro años," https://www.energynews.es/generacion-electrica-en-costa-rica/.

位居世界第一。

二、恢复自然生态系统

拉美地区近一半的排放来自农业、林业和其他土地的使用。许多地区大国将1/4以上的温室气体排放归咎于农业和森林砍伐。秘鲁境内亚马孙地区的滥砍滥伐造成的排放占该国排放总量的50%。为此，一些国家近年来开始严格限制森林采伐，并重新植树造林，恢复生态系统。博索纳罗宣布，巴西将全面实施《森林法》，通过终止砍伐能减少40%的二氧化碳排放；强化环境部门监管职能，加强打击破坏环境的犯罪行为。墨西哥总统洛佩斯·奥夫拉多尔出台“播种生命”计划，宣布任内将种植30亿棵树木，并鼓励美国为在南部边境种树的拉美移民颁发“气候签证”。危地马拉总统吉米·莫拉莱斯称已投资2亿美元用于植树造林，计划到2032年恢复120万公顷森林。[①] 哥伦比亚希望借助森林、草地和湿地将碳封存，其政府在2020年12月前已种植了1亿棵树，并计划在2022年之前种植1.8亿棵树，以保护亚马孙和荒原地区的生态系统。哥斯达黎加目前有52%的森林覆盖率，承诺到2030年该比例达到60%。此外，阿根廷、智利、乌拉圭等南锥体国家在海洋保护方面积极作为，近年来扩大海洋保护区范围，减少捕捞行为，以保护生物多样性和加强碳固存。[②] 智利还积极呼吁在南极建立海洋保护区，以保护生物多样性。2021年初，联合国环境项目部长论坛召开期间，拉美国家达成了《恢复生态系统2021~2030年十年行动计划》，决定加大区内合作，以恢复陆地以及海洋生态系统、减缓气候变化。

三、调整经济模式和生产方式

拉美国家在推动农村电气化方面有所进展，加大使用可再生能源发电

---

① Daniela Gross, Los compromisos de América Latina y el mundo en la Cumbre sobre la Acción Climática, 23 de septiembre de 2019, https://news.un.org/es/story/2019/09/1462582.

② 费尔明·库普：《拉丁美洲“南锥体”国家如何引领海洋保护》，https://chinadialogueocean.net/7428-how-latin-americas-southern-cone-is-leading-the-way-for-marine-protection/?lang=zh-hans。

和建设微电网工程。巴西为西北部地区制定可再生能源利用方案，使用太阳能等可再生能源用于农村电气化。阿根廷能源部制订了“分散农村人口供电计划”，鼓励私人电力公司为人口密度低且距离集中电网较远的地区供电。乌拉圭利用风力资源发电为偏远地区提供电力。玻利维亚制定“国家农村能源战略”，通过利用光伏电站和小型水电站等为农村家庭供电。拉美国家在交通电气化方面也做出了不少努力。哥伦比亚提出，到2035年前实现公共交通全部为零排放。包括基多和墨西哥城在内的14个城市承诺自2025年起只购买零排放公交车。智利提出到2040年公交全部采用电力，2050年40%的私人交通使用电力。首都圣地亚哥目前有400辆电动公交在运营。哥伦比亚首都波哥大提出2020年达到600辆电力公交。拉美其他一些城市如瓜亚基尔、麦德林和巴拿马城，也在建设电动公交系统。

四、减少能耗和提高能效

一是鼓励公共出行。公共交通可以减少汽车尾气排放。拉美是快速公交系统的先行者，最近20年在此领域投入较多。哥伦比亚、哥斯达黎加、厄瓜多尔和墨西哥的碳中和路径提出，到2050年公共交通将占全国机动化道路的45%～70%。哥伦比亚提出2015～2050年间使用公共交通的人数要增长近4倍。墨西哥和厄瓜多尔的碳中和路径考虑到城市和基础设施规划可以减少家庭和其他日常活动之间的距离，并规划到2050年，人均旅行距离与2010年相比减少10%。哥斯达黎加的碳中和计划提出，到2050年大城市公共交通的作用将大幅提升，而且届时自行车等非机动车辆应占出行的10%。

二是加强碳足迹监测。智利、秘鲁、厄瓜多尔和哥斯达黎加等国已经建立了全国性的碳足迹监测项目。① 秘鲁制定了气候目标实施项目，与国家采购监督局共同行动，测量公开招标中的碳足迹。哥斯达黎加自2012年以来一直在运行国家碳足迹平台，计算事件和产品的碳足迹，以降低

① Países de América Latina y El Caribe comparten avances y experiencias sobre la Huella de Carbono, 19 de junio de 2020, http://www.gob.pe/institucion/minam/noticias/187691-paises-de-america-latina-y-el-caribe-co.

成本和优化资源使用。[①] 同时，拉美开发银行为支持地方政府展开减排行动，专门设计了一套模型，对拉美城市的碳和水足迹进行测量，确定是否要采取措施加强减排，其最终目标是改善居民生活质量、减少温室气体和其他污染物的排放。截至 2018 年 3 月，已有玻利维亚首都拉巴斯、秘鲁首都利马、厄瓜多尔首都基多和城市瓜亚基尔等 14 个拉美城市在测量碳和水足迹方面取得进展。

三是发展节能环保系统。各国政府有意识地开展行动，降低基础设施方面的能耗。2021 年 2 月，智利规定新建住宅必须有能效标签，民众可通过标签了解住宅能源效率，为购房提供参考。[②] 阿根廷政府正将公共场合的照明系统换为节能的 LED 灯。[③] 拉巴斯、基多和利马实施了减少碳足迹的试点项目。其中，拉巴斯建立了生态社区，市政动物园安装了集成系统，对废物进行生物降解后，利用其进行施肥和发电，并回收废水。基多市建立强化生态效率委员会，在选定区域建设拼车系统。利马市开发节能灯泡和足迹计算器，实施“绿色学校计划”。哥斯达黎加更是发明出“无足迹住宅”，以实现住房对能源消耗的最低化。

四是提高能效。2008 年 12 月，巴西时任总统卢拉签署了《国家气候变化政策》，提出以多种手段提高能源效率，力争到 2030 年减少 10% 的电力消耗。2021 年 2 月初，智利总统皮涅拉颁布《能源效率法》，为推进本国绿色能源政策迈出了关键一步，其中规定了要提高能源效率、到 2030 年整体能源使用量减少 10% 的目标，并将其作为 2050 年实现碳中和的阶段性目标。这也是迄今为止拉美地区举措力度最大的清洁能源法。

---

① 吴月婷：《浅析拉美主要国家碳减排经验及中拉合作潜力》，中国贸易促进会驻智利代表处，2021 年 5 月 30 日，http：//www. ccpit. org/Contents/Channel_4287/2021/0530/1345335/content_1345335. htm。

② 李晓骁：《拉美绿色能源产业发展提速》，《人民日报》，2021 年 3 月 12 日，第 17 版。

③ Verónica Gutman，Argentina：descarbonización energética y precios al carbono，noviembre de 2019，https：//www. researchgate. net/publication/337444711.

五、市场手段

一是税收政策。哥斯达黎加等国已经开始对碳氢燃料进行征税。2014年，墨西哥引入生产和服务特别税，针对碳排放进行征税。2017年智利开始征收碳税，2020年2月进一步改革税收政策。2017年，阿根廷进行税收改革，通过了碳税法，决定对液体燃料、煤炭和焦炭等燃料的使用进行征税，大约可覆盖全国排放量的20%左右，税率价格约在10美元/吨二氧化碳。[①] 二是探索碳交易机制。美洲国家已就碳定价机制开展合作。2017年12月12日，在法国巴黎召开的“一个星球”峰会上，加拿大、智利、哥伦比亚、哥斯达黎加、墨西哥以及美国加利福尼亚州和华盛顿州宣布制定《美洲碳定价宣言》。2018年春季，墨西哥索诺拉州加入了该宣言。墨西哥自2020年1月已经开始试行碳交易政策。[②] 智利和巴西正在考虑实施碳交易。博索纳罗称巴西对国际合作打开大门，将根据《巴黎协定》第五条和第六条中有关碳交易的内容来推动合作。智利和秘鲁制定了社会碳定价机制，以促进有利于减排的公共投资项目。[③]三是环境债务互换。阿根廷总统费尔南德斯呼吁更新国际金融体系，以实现环境债务互换、达到可持续发展目标。目前，债权国（或公益组织）通过双边或三边交换机制，就环境保护达成协议，放弃对欠发达国家的债权。阿根廷债务问题突出，也希望通过该机制为经济纾困，同时促进可持续发展。[④]

六、国际协作

第一，拉美国家积极参与全球性气候融资机制，积极争取资金支持。

---

① Verónica Gutman, Argentina: descarbonización energética y precios al carbono, noviembre de 2019, https://www.researchgate.net/publication/337444711.

② Emission Trading Worldwide, International Carbon Action Partnership (ICAP) Status Report 2021.

③ Jolita Butkeviviene, Avances en la Acción Climática de América Latina: Contribuciones Nacionalmente Determinadas al 2019, Serie de Estudios Temáticos EUROCLIMA +, p. 17.

④ 林瑶、阳文艺：《拉美国家迈上气候治理征途》，《中国社会科学报》，2021年5月13日，第3版。

目前，世界银行通过其管理的清洁技术基金向巴西、墨西哥、智利等国提供融资支持，2003～2019年共向该地区31个项目提供了9.3亿美元融资。① 联合国通过其环境项目框架下的绿色气候基金向阿根廷、古巴、巴拿马等拉美多国提供资金援助，向20多个地区项目提供了9.29亿美元融资。亚马逊基金向103个项目提供了7.2亿美元融资。② 上述三个机制是该地区气候融资的主要来源。第二，拉美国家之间加强协调行动。近年来，拉美国家多次召开地区环境和气候会议。2018年3月，拉美24个国家在哥斯达黎加签署《埃斯卡苏协定》，达成了拉美和加勒比地区第一个关于环境问题的多边条约。协议要求签署国将环境议题的信息和政策制定过程对外公布，并向环保人士提供法律保护。截至2020年9月26日，已有12个拉美和加勒比国家批准了该协议。美洲开发银行长期为拉美气候治理提供支持，其管理的拉美深度去碳化路径项目向各国提供具体融资和技术支持。第三，美国加大对拉合作。在2021年4月下旬召开的气候峰会上，美国宣布扩大对参与“拉丁美洲和加勒比可再生能源倡议”国家的技术援助，该倡议由哥伦比亚、智利和哥斯达黎加牵头，旨在到2030年将可再生能源至少提高到70%。美国将与美洲开发银行、拉丁美洲能源组织和全球电力系统改造财团进行合作，提供支持。第四，欧盟积极对拉美展开气候领域合作。欧盟与拉美跨区域合作机制框架下专门设立了气候议题。区域项目EUROCLIMA持续展开与拉美和加勒比地区的合作，长期提供资金支持。此外，欧盟还通过拉丁美洲投资基金和加勒比地区投资基金开展技术合作投资项目，向巴西、墨西哥等国提供碳市场工具、加强应对森林退化等方面的技术援助。③

---

① Charlene Watson, ODI, y Liane Schalatek, HBS, Reseña regional sobre el financiamiento para el clima: América Latina, p. 2, febrero 2020, Overseas Development Institute.

② Charlene Watson, ODI, y Liane Schalatek, HBS, Reseña regional sobre el financiamiento para el clima: América Latina, p. 2, febrero 2020, Overseas Development Institute.

③ “拉丁美洲和加勒比地区”，https://ec.europa.eu/clima/policies/international/cooperation/latin-america_caribbean_zh。

第四节 挑战及前景

当前，拉美实现碳中和仍面临重重挑战，包括政府更迭对政策延续性产生影响、政策实施效果不足等问题。加上全球新冠病毒感染疫情持续蔓延，拉美发展遭遇全方位冲击，经济、社会和政治风险加剧，也给地区国家气候治理带来影响。

一、经济衰退给能源转型蒙上阴影

受疫情冲击，拉美经济衰退严重，2020 年经济下滑 8.1%，初级财政赤字升至 GDP 的 7.3%，中央政府债务占 GDP 比重均值从 2019 年的 68.9% 升至 79.3%，远超 60% 的国际警戒线，其中阿根廷和巴西分别高达 96.7% 和 101.4%。① 面对经济困境，一些拉美国家或放宽环保标准，继续依赖廉价的石油发电，甚至加大对低成本的油气的开发和利用。②巴西政府在经济恢复计划中表示，将考虑石油、天然气在自然保护区的勘探项目，扩大油气生产潜力。委内瑞拉石油资源丰富，国内可再生能源开发较少，加上目前深陷经济困境，更倾向于使用廉价的石油，另起炉灶开发可再生能源恐怕难上加难。阿根廷长期存在能源短缺问题，其能源领域的首要目标是确保能源供应。加上当前阿根廷深陷债务危机，为考虑成本，或继续维持高碳能源结构。

二、政治动荡影响相关政策实施

拉美大多数国家的元首任期为 4 ~5 年不等，有的国家规定元首可以连任一次。近年来，拉美国家左右博弈加剧。随着政治力量更迭加快，部分国家内外政策出现调整，包括能源政策也有所变化。巴西总统博索

① 中国现代国际关系研究院：《国际战略与安全形势评估 2020 ~2021》，时事出版社 2020 年版，第 277 页。

② 张锐：《新冠疫情影响下的拉美能源转型》，《拉丁美洲研究》，2021 年 2 月第 43 卷第 1 期，第 125 页。

纳罗与前几届政府不同，其对气候变化态度消极，一度宣称要退出《巴黎协定》。墨西哥总统洛佩斯·奥夫拉多尔重视油气开发，对可再生能源行业几乎未提供任何支持措施，前政府的能源改革被搁置。同时，当前新冠病毒感染疫情给拉美多数国家带来政治影响，一些国家因抗疫不力遭到反对派攻击和民众诟病。尽管一些国家做出碳中和承诺，但国内政局不稳，对减排行动恐有心无力。

三、部分国家减排成效不佳

根据联合国拉美经委会 2019 年发布的报告，1990 ~ 2014 年，拉美和加勒比地区的去碳化速度为 2.4%，若要在 2030 年实现该地区国家的无条件国家承诺减排目标，去碳化速度需要达到 2.8%。如要将温度升高幅度控制在 1.5 摄氏度以内，去碳化速度需要达到 6.3%。[①] 显然，这与各国的实际能力差距较大。此外，拉美地区一些贫穷国家能源匮乏、电力不足。海地电力覆盖率不到 40%，670 万民众无法获得能源，尤其农村地区缺电严重。解决这些国家的问题，需要国际组织和其他国家的协作和帮助。

但同时也应认识到，拉美国家普遍重视环保，在碳中和议题上存在共识，尤其新冠病毒感染疫情提高了公众对环境安全的认识，为低碳发展提供了历史机遇。2020 年以来，拉美国家加大了对环境议题的关注，加强沟通协调，出台诸多政策加强环保。同时，“绿色复苏”正日益成为全球倡导和实施的方案，在后疫情时代可能发挥更大促进作用。[②] 在此背景下，拉美国家为适应新形势下的国际经济秩序，或将加快调整产业结构和生产方式，为实现碳中和助力加码。

---

① Comisión Económica para América Latina y el Caribe (CEPAL), Informe de avance cuatrienal sobre el progreso y los desafíos regionales de la Agenda 2030 para el Desarrollo Sostenible en América Latina y el Caribe (LC/FDS. 3/3/Rev. 1), Santiago, 2019.

② 张锐：《新冠疫情影响下的拉美能源转型》，《拉丁美洲研究》，2021 年 2 月第 43 卷第 1 期，第 122 页。

第十一章

中国气候行动目标演进与实施*

2020 年 9 月以来，中国国家主席习近平在第七十五届联合国大会一般性辩论等重要国际场合多次提出“二氧化碳排放力争于 2030 年前达到峰值，努力争取 2060 年前实现碳中和”的新国家自主贡献目标，展现出中国坚定应对气候变化的积极立场，也在国际社会引起了广泛关注和赞赏。

作为当今全球第二大经济体，中国在经历了 30 余年的经济高速增长后，发展重心逐步由追求“量”转向“质”，气候变化等生态文明建设领域相关问题的重要性显著上升。中国在全球气候治理体系中扮演的角色日趋积极的同时，低碳发展亦成为中国产业结构转型和升级的关键导向，着力建设绿色低碳循环发展经济体系，为落实国际气候承诺等气候行动目标奠定了坚实基础，加快经济社会绿色转型进程。

第一节　目标的提出

作为世界上最大的发展中国家，中国基于不同时期宏观发展形势、产业结构、能源资源供需等因素，围绕 2020 年、2030 年等关键时间节点做出了一系列应对气候变化承诺，呈现出对气候变化问题重视程度不断提高、气候行动目标力度持续增强的趋势，反映出中国各发展阶段工作重心的变化与调整。基于全球气候治理进程演进，中国气候行动目标

---

* 本章作者：王际杰，国家应对气候变化战略研究和国际合作中心助理研究员，主要从事应对气候变化与碳交易、国际碳交易机制、低碳发展等问题研究。

总体可划分成为以下三个阶段。

一、1992 年《联合国气候变化框架公约》及其 2005 年《京都议定书》谈判期间

作为非附件一国家，中国在该阶段不承担强制性减排义务，换言之不必如欧盟等发达经济体在《京都议定书》约束下承担量化减排目标。经济建设是当时中国国家发展的中心工作与优先事项，应对气候变化、生态环境保护等领域问题尚未凸显。1993 年，中共中央印发了《关于建立社会主义市场经济体制若干问题的决定》，明确了建立社会主义市场经济的根本导向，坚持改革开放，推动中国经济长期保持较高增速水平。从《联合国气候变化框架公约》通过到《京都议定书》生效实施的 15 年间，中国国内生产总值增速基本维持在 10% 左右，在全球范围内实现了经济增长领域的“奇迹”，引起了广泛关注，并推动中国经济规模跃升至全球第五位，成为重要的新兴经济体。

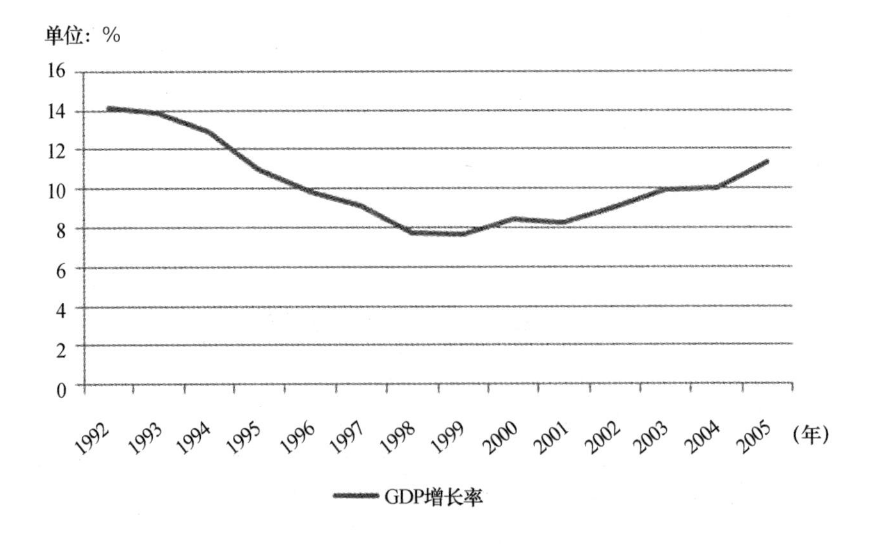

图 11－1　1992～2005 年中国 GDP 增长率趋势

资料来源：国家统计局网站，https：//data. stats. gov. cn/easyquery. htm？ cn = C01&zb = A0208&sj = 2020。

与全球主要经济体发展轨迹类似，在经济高速增长期，第二产业在中国产业结构中占据主导地位，第三产业也呈高速增长趋势，满足工业、服务业等领域新增能源需求成为经济持续增长的关键。基于中国多煤、缺油、少气的能源禀赋，在海外油气等资源获取难度较大的背景下，煤炭成为主要消费能源。如图 11－2 所示，2000～2005 年中国能源消费总量呈现快速增长的态势，6 年间增幅接近 78%，反映出得益于加入世界贸易组织等有利条件，中国能源消费伴随着经济增长势头不断扩张；同时，煤炭在能源消费结构中占比显著且仍呈现出一定的上升趋势，占比一度超过 70%，充分展现其在能源供需领域的巨大影响力。总体来看，中国在该时期呈现出经济增速较高、业态变化较快、产业结构偏重排放、能源结构高碳等特点，经济实力显著提升。在提高产业竞争力、改善居民生活条件、提高国际影响力的同时，也给资源和环境容量带来较大压力，为中国经济转型升级埋下了伏笔。

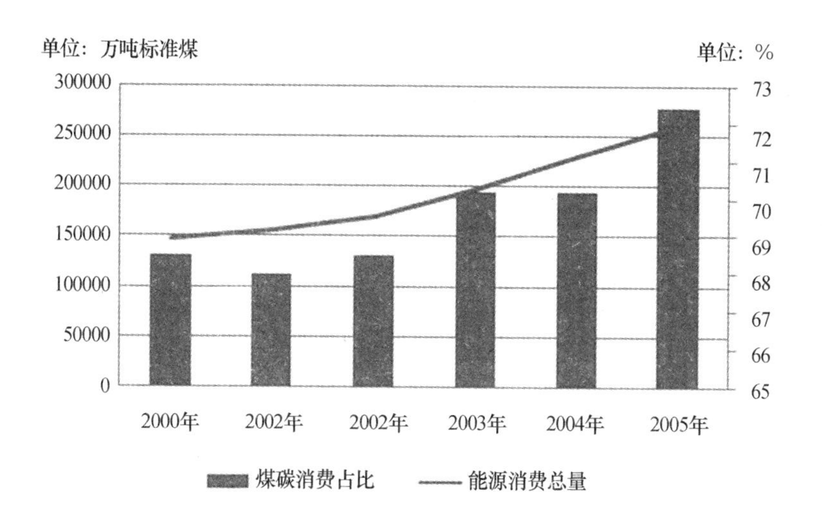

图 11－2　2000～2005 年中国能源消费趋势

资料来源：国家统计局网站，https：//data. stats. gov. cn/easyquery. htm？ cn = C01&zb = A070E&sj = 2020。

二、《京都议定书》第二承诺期（2013～2020年）谈判阶段

中国在哥本哈根会议召开前，提出了2020年气候行动目标，即到2020年实现单位国内生产总值二氧化碳排放（以下简称“碳强度”）降低40%～45%，非化石能源占一次能源消费的比重达到15%左右，森林面积比2005年增加4000万公顷，森林蓄积量比2005年增加13亿立方米，首次向国际社会做出应对气候变化承诺，明确了中国在2020年前应对气候变化工作目标，也意味着低碳发展成为经济社会发展的重要导向之一。该目标的提出在一定程度上体现了中国在气候变化议题上的调整，尝试在全球气候治理舞台中扮演更积极的角色，力图为全球气候治理作出贡献。

一方面，这得益于中国对资源节约、环境保护等问题更为重视。2003年，时任中国国家主席胡锦涛提出科学发展观，明确在坚持发展的同时，统筹协调经济社会发展的各领域，塑造可持续发展模式。其中，加快转变经济发展方式成为经济建设领域的中心工作，其核心之一在于扭转此前以资源投入等为特征的“粗放型”经济增长模式，强调通过技术研发等举措提高全要素增长率、保持经济活力和持续性，高耗能、高污染行业成为治理的关键对象，光伏、风电等新能源政策支持力度增大，优化产业结构成为经济社会发展的焦点，提高资源利用效率、降低能源强度和碳强度等成为主要政策导向之一。同时，伴随着由次贷危机引发的全球性金融危机的到来，中国面临的国际环境较20世纪90年代发生了明显变化，经济“新常态”下增速有所放缓，优化经济发展动能、培育新兴增长点成为应对危机的重要着眼点，战略性新兴产业等成为政策引导的重要方向。节能环保、新能源、新材料、新能源汽车、信息技术等行业具备较高技术密集型特征，也呈现鲜明的绿色低碳特色。由此可见，低碳发展既是中国在达到一定发展阶段后追求更高水平经济增长的内在需要，也是应对国际政治经济形势剧烈变化等外部挑战的“良策”，制定并提出气候行动目标已经初步具备了国内基础。

另一方面，气候变化议题的国际影响力日益提升。随着政府间气候变化专门委员会科学研究的持续推进，气候变化问题的科学认知及其成因日益清晰，应对气候变化在国际社会逐渐形成了广泛共识，加强气候

变化合作、构建符合实际的全球气候治理体系的呼声日益增强。除《联合国气候变化框架公约》框架下的磋商交流外，气候变化日益成为世界银行、二十国集团、经合组织等多边平台关注的重要领域之一，也成为了双边合作的重要事项，凸显气候变化议题在国际政治经济议事日程中的重要性不断提升。作为全球主要经济体，中国主动做出国际气候承诺顺应了全球气候治理形势，展现出中国负责任大国的担当。值得注意的是，中国在该时期建立了专业化的应对气候变化管理机构，在国家发展和改革委内新设应对气候变化司，加强应对气候变化工作归口管理。

三、2015 年《巴黎协定》谈判与实施阶段

为推动《巴黎协定》谈判进程，中国在巴黎会议召开前提交了首份国家自主贡献文件，确定了 2030 年左右二氧化碳排放达到峰值并争取尽早达峰，单位国内生产总值二氧化碳排放比 2005 年下降 60% ~65%，非化石能源占一次能源消费比重达到 20% 左右，森林蓄积量比 2005 年增加 45 亿立方米左右,① 初步勾勒出中国 2030 年前气候行动的目标与方向。根据《巴黎协定》有关更新“国家自主贡献”的要求，中国国家主席习近平于 2020 年 9 月在第七十五届联合国大会一般性辩论的讲话中首次提出，到 2030 年，中国单位国内生产总值二氧化碳排放将比 2005 年下降 65% 以上，非化石能源占一次能源消费比重将达到 25% 左右，森林蓄积量将比 2005 年增加 60 亿立方米，风电、太阳能发电总装机容量将达到 12 亿千瓦以上，二氧化碳排放力争于 2030 年前达到峰值，努力争取 2060 年前实现碳中和。② 这显著提升了“国家自主贡献”的目标力度，在国内外引起了广泛的赞赏，也确立中国经济社会未来 40 年的发展基调。相较于此前提出的碳强度指标和碳达峰目标，碳中和目标的提出意味着若中国如期实现碳达峰目标后，仅留了 30 年左右的时间来实现碳中和，比欧盟等主要经济体碳中和目标力度更强、压力更大，彰显了中

---

① 《我国提交应对气候变化国家自主贡献文件》，国务院，2015 年 6 月 30 日，http：//www. gov. cn/xinwen/2015 -06/30/content_2887337. htm。

② 《继往开来，开启全球应对气候变化新征程——在气候雄心峰会上的讲话》，国务院，2020 年 12 月 12 日，http：//www. gov. cn/gongbao/content/2020/content_5570055. htm。

国坚定应对气候变化的积极姿态。

近十年来，生态文明建设在中国发展全局中的重要性的定位显著提升，补齐生态环境短板、提升绿色发展水平成为重要政策目标，应对气候变化与低碳发展受到的关注不断提升。一方面，中国经济已经踏入新的历史方位，经济增速调为中高速增长并较可能呈现“L 型经济走向”,① 相较于增量扩容，调存量、优增量成为经济结构调整的重要导向，激发新经济发展动能成为关键；同时，以“雾霾”为代表的生态环境问题在国内引起了广泛关注，中国着力强调加强生态文明建设、践行绿色发展理念，产业生态化和生态产业化逐步提速，实施多层级、多轮次的生态环境保护督查以整治突出环境问题、强化环保意识，“两山两水”等理论的提出为绿色低碳发展营造了良好的态势；实现高质量发展成为传统行业和新兴行业发展的关键，“双创”等政策的陆续制定进一步强化了对新兴技术研发的支持，新兴低碳产业发展的政策环境持续优化。同时，航空等行业加强绿色发展的能动性明显增强，这一方面是其追求国际竞争力的需要，通过采取绿色技术等模式做到降成本、提效率，为经营提供足够的支持；另一方面，受欧盟将国际航空业纳入其碳市场等国际因素影响，中国企业对“碳”成本的认知日益加深。此外，伴随着中国经济实力的提升和温室气体排放规模的扩大，国际社会希望中国为全球气候治理作出更多贡献的呼声逐步增多。可以说，在该时期中国应对气候变化的政策导向已经比较清晰，也具备经济绿色低碳转型的意愿和能力，行业和社会减排意识显著增强，为提出更强有力的气候行动目标提供了条件和支撑。

总体来看，中国承诺的气候行动目标伴随着经济社会发展呈现出持续加强的态势，这既得益于国内绿色发展基础的培育、巩固和强化，也体现中国在全球气候治理领域的建设性姿态，为其国内和国际气候政策提供了目标和遵循。

---

① 《中国经济新方位》，《人民日报》，2016 年 12 月 14 日，http：//www. gov. cn/xinwen/2016 – 12/14/content_5147641. htm#2。

第二节　气候政策的发展

为实现日益增强的气候行动目标，中国气候变化政策框架持续完善、政策工具不断丰富，在碳减排目标约束性逐步强化的同时，着力为相关控排主体提供灵活性，不断调整、优化政策组合，通过试点等手段激发控排主体的积极性和创造性，多措并举推动碳达峰目标有序推进，具体来看主要包括以下领域。

一、宏观规划低碳导向日益明确

在顶层设计领域，中国政府通过制定国民经济和社会发展五年规划纲要（以下简称“五年规划”）、专项规划等方式对各阶段国家应对气候变化工作方向进行统筹部署，明确阶段目标和重点举措，为中央和地方政府、重点排放单位等相关方指明应对气候变化的重点方向，向市场释放明确的政策信号。气候变化目标首次出现在五年规划中是在“十二五”时期。在《国民经济和社会发展第十二个五年规划纲要》中明确在该时期内碳强度降低17%，且与能源强度指标一道被列为约束性指标，具有较强的约束力和强制性。[①] 在经济社会总体规划设立该目标是以实现2020年气候行动目标为主要着眼点，协调中长期气候治理目标与经济社会发展规划之间的关系，将气候变化问题纳入发展大局统筹考虑，在保障国际气候承诺目标落实进度的同时，凸显低碳转型的政策导向。结合业已发布的“十三五”“十四五”规划纲要，在五年规划中设立碳强度约束性指标成为“惯例”，指标力度维持在较高水平，成为衔接和落实2020年、2030年、2060年等中长期国际气候承诺目标的风向标，确定短期气候政策目标、明确市场预期，有序推进实现气候目标的进程，逐步强化低碳发展能力。值得注意的是，五年规划所设的短期碳强度目标并非是对国际气候承诺目标的简单分解，在一定程度上更类似于以5

---

① 《国民经济和社会发展第十二个五年规划纲要》，中国政府网，http://www.gov.cn/2011lh/content_1825838_2.htm。

年为期，在确保中长期国际气候承诺目标实现的基础上，基于工作推进情况持续优化短期目标设置，其累进减排目标可能超过国际气候承诺目标，这从“十二五”和“十三五”两个时期碳强度目标可以得到体现。除设立专项目标外，五年规划中也对阶段性应对气候变化工作做出原则性部署，阐明重点政策和工作导向。

表11－1　中国五年规划碳强度指标设立情况

	“十二五”时期	“十三五”时期	“十四五”时期
碳强度下降（%）	17	18	18
指标约束力	约束性指标	约束性指标	约束性指标

资料来源：笔者根据相关文件整理。

在五年规划的基础上，中国配套制定了“十二五”“十三五”控制温室气体排放工作方案（控温方案），对各时期应对气候变化各相关领域工作进行系统安排。温控方案在阐述各时期五年规划气候变化领域目标和导向的基础上，对能源革命、产业转型、城镇化、区域发展、科技研发等相关重点领域工作重点进行了部署，并对碳排放权交易体系建设等减排政策工具做出具体安排；同时，控温方案还提出了各地区碳强度下降指标，将国家总体目标分解到地方省市，调动地方政府积极性；此外，控温方案总体呈现出政策举措日趋丰富、工作领域不断拓展的趋势，反映中国气候政策框架逐步完善。相较于总体规划而言，控温方案具有更强的可操作性，使地方政府、行业、企业等清晰地掌握各时期气候政策走向和关键点，并评估可能产生的影响，从而各自形成对策。在“十四五”期间，控温方案有望“升格”为“十四五”应对气候变化专项规划，① 体现中国对气候变化领域工作重视程度不断加强。

① 《正在生态环境部召开座谈会研究部署生态环境保护有关重点工作》，国务院，2020 年 10 月 13 日，http：//www. gov. cn/guowuyuan/2020 – 10/13/content_5551067. htm。

表 11-2　“十二五”和“十三五”时期控温方案主要举措

	“十二五”时期	“十三五”时期
主要措施	调整产业结构、推进节能降耗、控制非能源活动温室气体排放、加强高排放产品节约与替代等	低碳引领能源革命、打造低碳产业体系、推动城镇化低碳发展、加快区域低碳发展等
试点建设	低碳省区和城市试点 低碳产业试验园区试点 低碳社区试点 低碳商业、低碳产品试点	新增低碳商业、低碳旅游、低碳企业试点、生态系统碳汇试点、气候投融资试点 开展工业领域碳捕集、利用与封存试点示范、低碳农业试点示范、绿色生态城区和零碳排放建筑试点示范等工作
碳市场建设	建立自愿减排交易机制 开展碳排放权交易试点	建立全国碳排放权交易制度 启动运行全国碳排放权交易市场等

围绕重大气候变化领域系统性工作，中国普遍会在国家层面编制相应的行动方案，先期在经济、环境、工业、财政等相关部门间达成共识，并听取地方省市和其他相关主体意见，形成具有综合性、包容性的方案，统筹部署工作推进路径、重点领域等事项，明确各相关治理主体要求。该类行动方案印发后，地方政府等普遍会参照方案就本辖区落实相关工作制定地方层级实施方案，基于辖区排放特征等形成更有针对性的工作安排，更好推动实现国家下达任务目标。以碳排放达峰为例，中国明确提出将制订二氧化碳排放达峰行动计划，在既有宏观规划的基础上专门明确碳排放达峰的工作思路和安排部署，保证重点工作能够有效落地。通过多领域、多层级的气候变化领域相关规划、方案的印发和实施，中国将国家与地方两个层面间在不同时期气候变化工作的职权划分进行了相对清晰的界定，并将最为宏大的国际气候承诺目标层层细化，在整体呈现出一定的“自上而下”特征的同时，维护了地方政府等治理主体主动创新的积极性。

为强化关键行业低碳导向，在制定行业性专项规划的过程中，中国高度重视应对气候变化工作要求，有针对性地完善低碳发展相关顶层设计架构。一方面，针对与温室气体排放密切相关的能源产业，国家发展改革委、国际能源局等相关部门制定出台了《能源生产和消费革命战略（2016～2030）》等中长期能源规划，明确能源清洁低碳发展的总体趋势，提出非化石能源2030年、2050年消费占比目标，明确能源绿色转型的导向；同时，围绕可再生能源以及光伏、风电等细分行业制定相应的“五年规划”，阐明各阶段相关行业的低碳发展目标、要求等内容，从而在能源领域形成多层级的低碳政策部署。另一方面，工信、住建、交通、林业等主管部门也结合行业特征针对性地制定了行业性低碳发展相关规划或工作方案，明确工业等部门绿色发展导向，推进实施节能降碳工程，促进公共建筑等节能改造，发挥林业碳汇等固碳作用，提高绿色产品和服务供给水平，提升全社会绿色消费意识，从行业角度为整体气候行动目标实施提供支撑，强化气候变化领域顶层设计政策落地的能力。

总体来看，中国应对气候变化规划形成了“门类齐全、上下联动”的总体框架，既明确了阶段性气候行动总体目标和实施路径，明确了相关重点行业工作重点，也推动各省（区、市）基于国家层面部署制定本辖区的相关规划或方案，从而在强化宏观指导力度和准确性的同时，明确政策落地实施思路。

二、应对气候变化制度持续完善

为保障气候变化领域顶层设计内容能够有效落实，中国近年来不断加强应对气候变化制度体系建设，利用制度规范气候政策实施，涵盖了立法、考核、试点等多样化的制度范畴。

（一）气候变化立法持续推进

中国着力推动各层级气候变化立法进程，将《应对气候变化法》《碳排放权交易管理暂行条例》分别纳入《国务院2016年立法工作计划》中的“研究项目”和“预备项目”，虽未在该年度通过，但也体现出中国探索构建应对气候变化法律框架、界定相关方在气候治理中的权责利，进而强化其在气候变化领域的合法权益保障，提高其参与积极性。值得注意的是，考虑到全国碳市场上线交易的工作安排等因素，《碳排放权交易管理暂行条例》被再次列入《国务院2021年度立法工作计划》，这意味着该条例有望于在本年度获得通过，进而确立全国碳市场制度框架和要素设计，为全国碳市场交易、监督、管理等工作提供法律依据，在彰显中国对保障全国碳市场运行秩序和相关方权益的重视程度的同时，也体现出中国逐步加强气候治理法制化建设的决心，释放出积极的政策信号。

（二）温室气体排放考核评估制度逐年实施

为推动温室气体减排目标有序实现，保障如期兑现应对气候变化国际承诺目标，中国将国家碳强度下降目标等向地方政府层面分解，压实地方政府减排责任，明确各其阶段性目标要求；中央政府则定期对地方碳强度下降目标完成情况开展考核评估，跟进、督促地方政府落实减排目标。作为“十九大”前国务院气候变化主管部门，国家发展改革委陆续发布了《单位国内生产总值二氧化碳排放降低目标责任考核评估办法》《“十三五”省级人民政府控制温室气体排放目标责任考核办法》等政策文件，明确了减排目标考核对象、流程、评价等关键制度要素，按要求跨部门组织考核队伍，在结合地方政府前期提供的辖区碳排放自评估报告等相关材料基础上对各省（区、市）开展碳强度考核工作，并在现场考核后进行综合评价。各地区结合国家下达的辖区碳强度控制目标及相关政策要求，合理确定其年度目标实现方式，推动开展年度考核自评估工作，跟踪、分析本地区碳强度降低目标完成情况并编制相关报告，配合国家考核队伍完成后续评估工作。国家发展改革委会在现场评估后将考核结果通报各省（市、区）及有关部门，作为主要负责人和领导班子综合考核评价等重要依据，落实主体责任，以提高地方政府重视程度。通过该项制度安排，国家层面制定的5年期碳减排目标完成情况能够形成跟踪反馈机制，一方面有利于中央政府在宏观层面上调度阶段性目标实施情况，针对特殊情况及时做出调整，另一方面利用该制度所提供的“指挥棒”有效督促各级地方政府强化对应对气候变化工作的重视程度，提高其在地方治理议程中的定位，激励地方层面提高气候行动力度。

（三）低碳试点示范范围不断拓展

相较于约束性较强的碳强度考核制度，出于支持不同区域低碳创新等考虑，中国建立了多样化低碳试点，涵盖省（区、市）、城市、工业园区、社区等不同层级和范畴。在要求地方省市、企业等着力完成碳减排行动的同时，鼓励其利用试点政策开展低碳领域的政策试验，为碳捕集、利用与封存等前沿技术和管理模式提供实践的可能，从而不断积累低碳发展经验，为下一步完善国家气候政策提供支撑。在低碳省市试点领域，国家发展改革委分三批共确定在87个省市开展低碳省市试点示范，其中包括6个低碳省（区）和81个低碳城市，试点省市普遍制定了低碳试点工作实施方案，结合其辖区碳排放行业特征、低碳政策工具等提出创新举措和行动目标，推动经济结构低碳转型，培育绿色低碳的生活方式和消费模式，强化绿色发展理念引导作用。值得注意的是，试点城市往往还提出了碳排放达峰目标，充分体现出试点工作的前瞻性。在低碳园区和社区试点方面，工信部与国家发展改革委于2013年联合印发《关于组织开展国家低碳工业园区试点工作的通知》，启动低碳工业园区试点工作，相关园区在资金、政策、项目等方面可获得支持，目前全国已有52家工业园区进入低碳工业园区试点期。在低碳社区方面，国家发展改革委于2014年印发《关于开展低碳社区试点工作的通知》启动相关试点工作，并组织开展低碳社区碳排放核算方法学和评价指标体系研究，目前省级低碳社区试点总量超过400个。① 此外，中国还围绕碳捕集、利用与封存、近零碳排放模式技术进行了试点示范，推动华润电力等能源企业依据有关政策陆续开展碳捕集、利用与封存技术研究和试点示范工作。

（四）完善低碳产品标准建设

在低碳标准标识方面，国务院办公厅、国家发改委等部门均陆续发布了低碳产品标准相关文件，发布《低碳产品认证目录》，建立了全国碳排放管理标准化技术委员会，规范低碳产品供给，为其流通提供支持。为规范低碳产品和服务供给、培育绿色新风尚，中国着力加强低碳产品认证等相关工作，形成了相应的制度规范。财政部等持续优化、扩大政府采购的节能环保产品范围，鼓励各级政府提高绿色采购规模，希望通过政府部门带头采购低碳产品来引导绿色消费、促进低碳发展。

三、碳排放权交易体系建设不断深化

在构建兼具约束性与引导性的气候治理制度的同时，中国为推动火电等重点排放行业减排、激发市场主体的减排能动性，中国自2011年起

① 《我国已初步形成全方位多层次低碳试点体系》，人民网，http://env.people.com.cn/n1/2020/0928/c1010-31878646.html。

着力推动碳排放权交易体系建设，在初步建成各具特色的试点碳市场基础上，于2021年7月启动了全国碳市场上线交易，稳步将碳定价约束扩展至全国范围。

2013年以来，北京、上海、天津、重庆、湖北、广东、深圳七个碳交易试点省市陆续启动了各自的试点碳市场，建立了配套碳交易制度和管理框架，不仅纳入了电力、钢铁、建材等高排放行业，还针对性地将陶瓷等辖区排放较高的特色行业纳入试点碳市场约束，总计覆盖了近3000家重点排放单位，成为各试点管控重点排放源的重要政策工具。在市场运行方面，试点碳交易持续丰富市场参与主体和交易产品，目前除重点排放单位外，有1082家（含1家境外投资机构）非履约机构和11169个自然人参与试点碳市场;[①] 同时，在引入试点碳排放配额和中国核证自愿减排量等基础交易标的的基础上，开展碳远期、碳普惠等市场创新，丰富市场参与者策略选择，拓展了公众参与碳交易的空间。广东等部分试点在免费配额分配方式基础上，开展了配额有偿分配等创新做法，构建了以配额拍卖等为主的一级市场，进一步提高了价格形成效率。截至2020年8月末，试点碳市场配额累计成交量4.06亿吨，累计成交额约92.8亿元，成交量规模仅次于欧盟，位居全球第二位。[②] 其中，一级市场有偿投放配额累计成交量3000余万吨，累计成交额约11.5亿元。二级市场上，7个试点碳市场配额累计成交量约3.8亿吨，累计成交额达81.3亿元。

在配额价格方面，试点碳市场间配额价差依然明显，除北京、上海配额价格较高之外，其余试点碳市场配额价格普遍处于20～30元/吨的范围内，一定程度上也体现出各试点省市在配额分配方法、行业减排成本等方面的差异。

在平稳运行试点碳市场基础上，中国持续推动全国碳市场建设相关工作。2017年12月，国家发展改革委印发《全国碳排放权交易市场建设方案（发电行业）》，对全国碳市场政策定位、覆盖范围、各阶段工作

---

① 马爱民、王际杰：《推进全国碳市场建设支撑实现碳达峰目标》，能源研究俱乐部公众号，2020年11月13日。

② 《中国试点碳市场累计成交量4.06亿吨规模为全球第二》，新浪网，https：//k. sina. com. cn/article_6456450127_180d59c4f020017mzl. html? subch = onews。

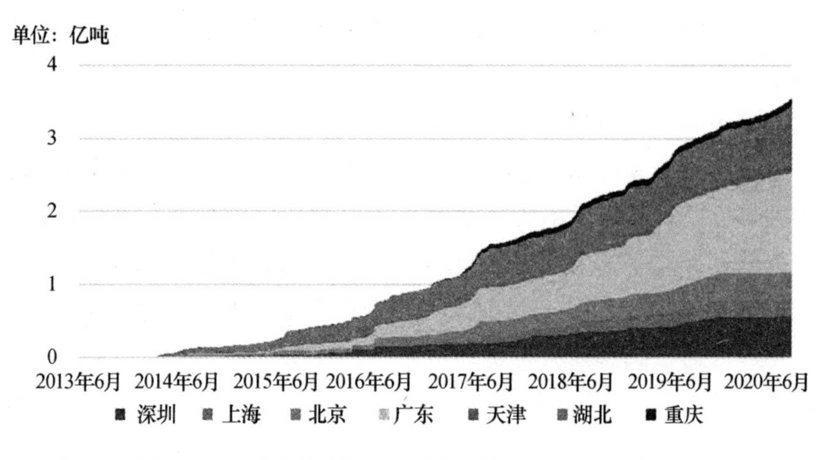

图 11－3　试点碳市场二级市场历年累计成交量变化

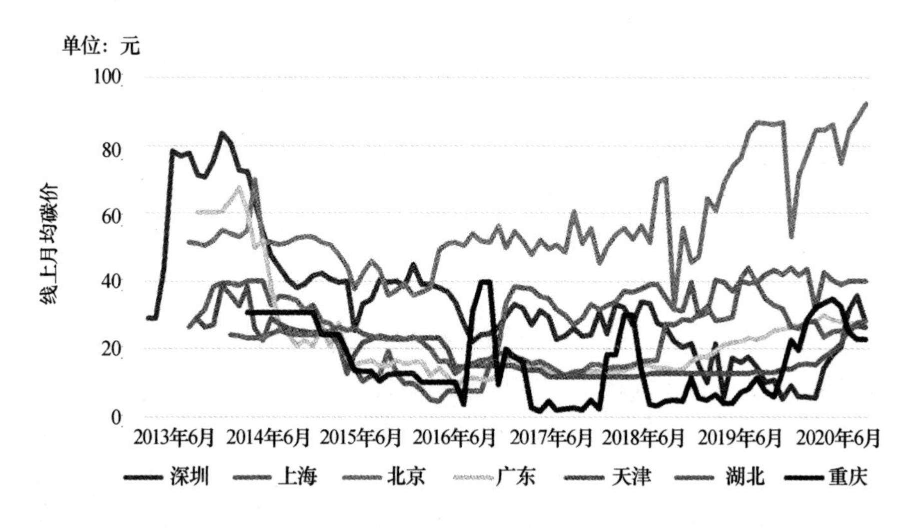

图 11－4　试点碳市场配额成交均价走势

安排等事项进行统筹安排，标志着中国碳市场建设正式从试点阶段向全国碳市场过渡。2020 年，生态环境部集中印发了《碳排放权交易管理办法（试行）》《2019～2020 年全国碳排放权交易配额总量设定与分配实施方案（发电行业）》等宏观政策，确立了全国碳市场管理的基本原则、总体框架等重点事项，明确了配额分配的原则和方法，制定出台碳排放核查、发电设施碳排放核算等技术规范，为全面实施全国碳市场奠定了政策基础。值得注意的是，首批纳入全国碳市场的重点排放单位为符合准入条件（1 万吨标准煤/年）发电企业，纳入全国碳市场的控排单位无需参与试点碳市场。这一方面是考虑到电力行业在中国碳排放总量占比突出，管控电力行业碳排放将对中国实现碳减排目标奠定坚实基础；另一方面，从碳排放数据基础较好的电力行业入手，能够相对容易地先期推动全国碳市场管理机制的搭建和磨合，为后续扩大覆盖行业提供条件。

2021 年 7 月 16 日，全国碳排放权交易市场正式上线交易，标志着全球覆盖温室气体排放规模最大的国家碳市场正式扬帆起航。开市首月，全国碳市场总体运行状况平稳，排放配额累计成交量约 702 万吨，累计成交额逾 3. 55 亿元，成交均价为 50. 6 元/吨，高于同期碳排放权交易试点市场配额均价水平，为深化全国碳市场建设奠定了良好的基础。

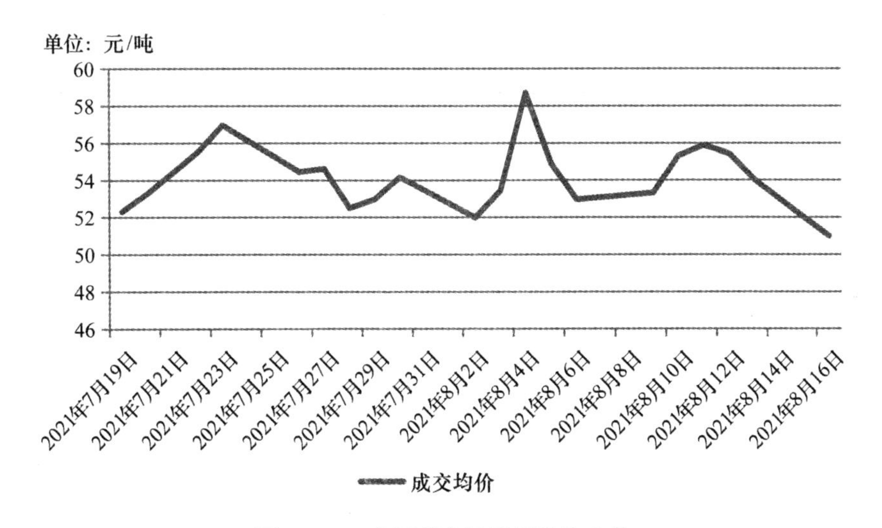

图 11－5　全国碳市场首月价格走势

总体来看，随着全国碳市场上线交易启动，中国碳排放权交易体系建设再次提速，利用市场机制管控温室气体排放正成为中国应对气候变化的关键路径之一。

四、国际气候合作稳步拓展

在全球气候治理领域，中国所扮演的角色日趋积极，始终保持着“说到做到”的负责任大国形象，积极推动国际社会携手解决气候变化挑战。

（一）在气候变化多边进程中展现建设性作用

在《联合国气候变化框架公约》及其《京都议定书》谈判阶段，中国基于历史排放责任等因素，强调“共同但有区别的责任”原则应在相关协定案文中得到充分体现，推动发达国家承担起相适应的碳减排责任，并为发展中国家应对气候变化提供资金支持，得到了发展中国家阵营的广泛支持，促进相关协定的达成和实施。随着综合国力的提升，中国在《巴黎协定》达成、生效的过程中发挥的作用更为显著：率先向联合国提交中国国家自主贡献文件，并与美、法等方发布元首级气候变化联合声明，营造良好的国际气候谈判氛围；中国元首首次出席了巴黎会议并发表重要讲话，全面阐述全球气候治理中国方案，注入政治推动力；中方代表团推动各方凝聚共识、化解分歧，为会议成功与《巴黎协定》的达成作出历史性贡献；此后，中国成为第一批签署《巴黎协定》的国家，习近平主席和时任美国总统奥巴马向联合国秘书长交存各自批准《巴黎协定》的法律文书，带动其他缔约方加快批准《巴黎协定》进程，促成《巴黎协定》于2016年11月4日正式生效，成为生效时间最短的国际气候协定。同时，中国利用各类多双边平台为气候变化多边进程注入信心。在气候变化多边进程因特朗普政府退出《巴黎协定》而不确定性增大的情况下，中国表明坚定支持《巴黎协定》和全球气候治理进程的立场，向国际社会传递了向绿色低碳发展转型的积极信号，坚定全球应对气候变化的信心；中国还着力推进《联合国气候变化框架公约》外多边气候治理进程，推动国际民航组织达成航空减排全球市场措施机制，参与国际海事组织海运温室气体减排谈判。随着全球气候治理进程持续推进，以及中国经济社会低碳转型的信心不断提升，中国在国际气候谈判中的主动性随之上升。

（二）国际气候合作渠道日益拓宽

中国与包括世界银行、亚洲开发银行、联合国开发署等多边机构围绕碳市场建设、适应气候变化等应对气候变化重点问题开展务实合作，与美、欧、法、韩、瑞、俄、澳、新等发达经济体签订了一系列双边气候变化领域框架合作文件并推进合作文件执行，不断提高双方气候变化合作制度化水平。同时，中国高度重视与发展中国家的合作，在坚持通过“基础四国”“77国集团和中国”等平台与相关方交换关键气候问题意见的基础上，中国还发起了应对气候变化南南合作计划，旨在为需要支持的发展中国家提供气候援助。2015年12月，习近平主席在巴黎会议上宣布设立200亿元人民币的中国气候变化南南合作基金，并启动实施“十百千”项目；中国还向联合国捐赠了600万美元资金，用于支持联合国秘书长推动气候变化南南合作，展现出中国在实现经济增长后对发展中国家伙伴的重视。此外，中国探索组建气候变化国际合作机制来强化对全球气候治理进程的支持，自2017年起，中方与加、欧两方共同发起气候行动部长级会议，在二十国集团、亚太经合组织等传统多边气候磋商平台外，进一步为气候变化高级别政治磋商提供平台。

总体来看，中国气候政策日益呈现积极建设性的取向，政策框架日益完善，这既得益于对气候变化问题重要性的认识不断深化，也体现经济社会发展导向的调整。现阶段，中国已经在国内建立了涵盖行政、市场、财政等多种治理渠道在内的气候政策体系，国内政策工具日益丰富，国际气候合作方式不断优化，在气候变化多边进程中发挥的作用越发重要，在全球气候治理领域的影响力稳步提升。

第三节　气候治理演进方向

面对2060年实现碳中和的目标要求，中国势必要在现有气候政策基础上进一步加强气候治理导向性，协调发挥各类政策效能，创新气候政策举措，激励低碳技术和业态创新，营造国际气候合作良好氛围，有效利用全球气候治理体系提供的灵活政策工具，多渠道推动碳中和目标稳步落实。

一、中国实现碳中和目标的路径选择

为如期实现碳中和愿景目标，中国有必要基于现阶段国内和国际气候政策进行评估，分析促进中国温室气体减排可能产生的影响。

在宏观层面，统筹行业和区域低碳发展领域，加强产业结构低碳转型力度以及调动重点排放区域减排积极性应成为设计碳中和“路线图”的重要着眼点，这也是中国切实推动经济社会低碳化的根本指引。为构建绿色低碳经济，现阶段中国正围绕能源、交通等重点排放行业推行低碳政策，引导全行业顺应应对气候变化形势要求，总体呈现出以下三种导向：一是以绿色为导向调整优化产业结构。近年来中国加快淘汰落后产能，推动传统产业改造升级，国务院以及国家发改委、工信部等相关部门印发的《关于化解产能严重过剩矛盾的指导意见》等“去产能”政策明确了高排放特征的落后产能标准以及关停思路，生态环境部等部门有关限制“高耗能、高排放”项目等工作的力度近期持续强化，推进节能改造进程，明确指向了中国产业结构相对较“重”的特点；同时，加快服务业发展，商务部等有关部门持续出台举措推动服务业在实现稳步增长的同时，进一步丰富业态、提高服务质量。二是支持低碳产业发展，培育经济新动能。中国在“十二五”“十三五”时期大力推动 7 个战略性新兴产业发展，印发《国家战略性新兴产业发展规划》，并于 2015 年批准筹备设立总规模为 400 亿元的国家新兴产业创业投资引导基金，重点支持处于起步阶段的创新型企业，培育新兴低碳增长点已经逐步成为中国经济的重心之一。三是加大能源结构低碳转型力度。在严格控制煤炭消费总量、推动化石能源清洁化的基础上，大力发展非化石能源，提高能源系统多元化、清洁化水平。国家发改委、国家能源局等部门建立了可再生能源电力消纳保障机制，明确了各省市可再生能源电力消纳责任权重，着力解决“弃风弃光”难题，保障可再生能源优先发展。可以看到，中国已着手从产业结构升级、低碳增长点培育、重点排放行业管控等多个维度加强行业低碳发展指导，通过引导中国经济整体绿色转型来推动实现气候行动目标。

相较行业指导而言，中国区域层面的低碳转型更为依赖地方政府的主观能动性。在完成国家下达的碳强度下降目标前提下，北京、天津、山东、重庆等十余个省市在其“十三五”温控方案中提出了有关全省域或重点城市实现碳达峰的时间要求，对接中国首个国家自主贡献文件中所提出的行动目标，引导辖区内各相关方能够着眼于完成五年短期目标的同时，更好地将低碳工作与国家中长期气候治理目标相衔接。在“双碳”目标提出后，多个省市出台了推动“双碳”目标的工作计划或方案，提出更高的目标要求。此外，中国鼓励不同省市跨区域开展形式多样的气候合作，如京津冀、长三角等区域在跨区碳排放权交易等领域的探索，也尝试在重点区域经济、环境等领域合作框架中加入气候变化内容。

在实施层面，处理好政府和市场在推动低碳转型过程中扮演的角色是有效分解、落实气候目标的关键。基于现有的气候政策框架，政府约束和市场配置是中国实施气候政策的重要渠道。根据有关机构测算，中国为实现碳中和目标可能需136万亿元的投入①。庞大的资源投入规模意味着政府难以仅依靠财政资源实现“双碳”目标，动员市场主体投入到转型过程中是必要的举措。基于当前气候政策框架，中国基本已经形成了以目标分解考核制度和全国碳市场为基础的治理架构。考虑到碳排放权交易体系发展阶段，目标分解考核制度在现阶段中国推进气候行动目标的过程中发挥着关键作用，通过行政手段压实了地方政府减排责任，为各阶段目标顺利实现提供保障。但也应注意到，中国碳排放权交易体系已进入了全国碳市场阶段，按计划将纳入重点排放行业主要排放源，覆盖碳排放量有望超过总体排放量的60%，这也意味着中国绝大部分排放源将纳入碳市场约束，将有效推动全国碳市场规模扩大，持续强化市场机制配置减排资源的能力。相较于指向性明确的考核制度，全国碳市场在实施过程中除了能通过配额总量控制等方式明确对重点排放单位碳排放的管控，还能够促进形成具有代表性的碳价格，为碳金融等更广义范畴的低碳业务发展提供价格基础，拓展绿色项目等融资渠道，为多样化的市场主体参与低碳发展进程提供可能。

在国际层面，利用国际气候政策工具、加强国际气候治理规则影响力

---

①　解振华：《中国实现碳中和目标或需投入136万亿》，https：//www. sohu. com/a/481487163_199710。

是保障碳中和目标稳步实现的外部环境依托。根据现阶段全球气候治理进展和发展趋势，中国实现碳中和目标不仅与内部碳减排工作密切相关，还将受到跨境碳排放权交易等因素影响。《巴黎协定》第六条所设市场机制、国际航空碳抵消和减排计划等国际碳交易机制有望为各方利用跨境碳排放权交易等完成《联合国气候变化框架公约》、国际民航组织等气候治理平台下的碳减排目标提供渠道，考虑到2020年后《巴黎协定》缔约方均不同程度地做出了碳减排承诺，为保障环境完整性等原则，开展跨境碳排放权交易的各方将极有可能适用“相应调整”规定，即出售减排指标的一方需要在核算自身排放量时等量加上售出指标数，反之亦然。这意味着，利用国际碳交易机制等政策工具能够为中国实现碳中和目标提供一定的灵活性，中国参与国际气候治理进程所产生的影响与2020年前呈现出明显变化。

综上所述，考虑到实现碳达峰愿景目标在时间等方面的紧迫性，中国需要统筹考虑国内和国际两个大局，充分激发各类气候政策工具作用，动员更广泛的市场主体投入到该进程中。

二、优化碳中和实施路径的三方面挑战

第一，在碳减排领域建立指向性更明确的宏观管理模式。当前中国气候行动目标主要通过“五年规划”等方式滚动实施，与2020年、2030年等中期碳减排目标衔接的比较紧密，配套的目标分解考核制度也更多着眼于地方短期碳减排进展，既缺少对重点排放行业减排的“硬性”目标要求，也难以对远期气候行动目标实施路线图进行展望。在该模式下，相关行业企业更多程度上掌握本行业低碳转型的方向，但对相关工作节奏的掌握却并不清楚，从而为其调整中长期经营战略和短期市场策略带来诸多不确定性。同时，以五年为周期为各省（区、市）设定碳减排目标的方式难以满足碳中和形势需要，一方面考虑到区域发展不均衡等现状，在有序推进碳中和工作时需要统筹考虑不同时期区域碳排放特点，应着眼全局需要为地方政府设立中期等更长时间范畴的气候行动目标和重点任务；另一方面，地方政府难免对“双碳”目标的理解与中央政府出现一定分歧，可能出现“行动力度不够”或“过度超前”等情况。上述情况均需要国家层面加强对中长期碳减排工作的指导，既要为重点排放行业等规划碳减排提供

更明确政策预期，强化行业企业开展低碳实践和创新的计划性，营造相对清晰的低碳市场竞争环境，也应加强地方政府制定中长期减排规划或工作方案的能力，引导地方政府有序开展相关工作，结合碳中和愿景设立可行、有效的阶段性目标。

第二，更清晰地划分政府和市场在气候治理工作中的边界。现阶段中国的气候行动目标主要在地方政府层面进行了分解，尚未明确全国碳市场等重要政策工具所承担的具体减排责任，这既受该类政策工具建设、发展周期较短等因素影响，也和碳中和等工作推进整体方式仍需进一步明确相关。这既导致难以准确把握行政和市场两种路径在各类碳减排工作中所发挥的作用，也使得作为管控中国主要排放源的全国碳市场难以形成量化减排指标并与国家总体减排目标建立联系。同时，总体目标分解的缺失也影响到考核制度难以对两种路径的贡献做出区分。与欧盟管理体系不同，当前全国碳市场重点排放单位在完成市场履约任务后，仍需满足地方推动实现碳强度下降目标相关工作的要求，简言之，参与全国碳市场的排放源仍需满足行政考核的需要，这也使得两类履约工作在政策定位上存在着明显交叉，为控排主体确立行动目标带来影响。

第三，提高多元化利用国际气候政策工具和国际气候合作框架的能力。面对《巴黎协定》第六条、国际航空碳抵消和减排计划等国际碳排放权交易机制带来的挑战，中国一方面需要准备把握中方市场主体参与该类国际碳交易机制对自身气候目标实施进展的影响，也需及时跟踪中国相关市场主体跨境买卖减排指标的情况，并研判其可能对碳达峰、碳中和目标产生的影响。考虑到中国在清洁发展机制下减排量交易的规模，跟进跨境碳信用指标交易结果对于推动国家自主贡献等目标具有重要意义。另一方面，中国也应尽早评估实现碳中和目标对开展跨境碳交易的需求，考虑在实现碳中和进程中可能扮演的角色，进而明确对该类国际公共政策工具的参与方式，为相关市场主体提供指导。同时，也要关注碳边境调节机制等外部因素影响，提前做好应对思路，对冲潜在风险。

三、政策建议

一是制定碳中和愿景路线图等顶层设计方案。考虑到实现碳达峰、碳中和目标的紧迫性，中国应尽快制定碳达峰实施方案、碳中和实施路线图等规划，在提出阶段性总体减排目标的基础上，着力明确重点排放行业减排目标以及相关要求。考虑到现阶段碳排放峰值仍存不确定性，可尝试在碳达峰后提出硬性的量化减排目标要求，此前以预测性或引导性目标为主。同时，关注行业间减排平衡问题，避免单一行业承担过重的减排责任而对其行业发展产生严重影响，考虑国家行业先进低碳水平和中国产业基础统筹确定行业碳减排约束。此外，在顶层设计中，可考虑明确中央和地方政府在推动相关工作中的责权，在为各省（区、市）设立五年期碳强度下降目标基础上，尝试配套设置同期碳总量约束目标，并结合关键时间节点尝试提出地方十年期甚至更长时间范畴的碳减排目标，兼顾区域经济发展阶段加强区域间低碳工作协调。

二是明确市场减排路径的边界。为充分发挥市场机制、优化减排资源配置的作用，中国可考虑结合各时期国家整体碳减排目标，设定明确的全国碳市场配额年度配额总量目标，并制定配套的配额分配方法。尽快由强度目标过渡到量化目标，确定全国碳市场管控重点排放源的具体减排要求，强化约束性、提高市场效率。同时，优化目标考核方式，可尝试明确全国碳市场覆盖的重点排放单位主要承担市场履约责任，不再纳入地方政府考核范畴。这样，地方政府的工作重心转向管理未被全国碳市场覆盖的排放主体，国家层面也应在制定各省（区、市）减排目标时考虑该方式调整。

三是基于全国碳市场推动碳金融等创新业务发展。鉴于全国碳市场上线交易为形成具有代表性的全国碳定价提供了基础，可在条件成熟后引导金融机构等专业服务机构基于配额等市场标的开展低碳信贷等类型金融服务，在风险可控的前提下逐步强化配额等资产属性，拓宽重点排放单位融资渠道，支持其低碳转型进程。同时，利用好国家自愿减排交易体系等项目级减排市场，加强产业导向、支撑低碳领域有潜力的新兴业态，为其将获取的核证减排量通过全国碳市场出售提供渠道，改善其财务表现、降低其融资难度，切实带动相关产业发展。此外，开展碳普惠等相关创新举措，探索为其提供机制化的变现渠道，激励社会总体减排。

四是有序试水国际碳交易机制。利用国际航空碳抵消和减排计划等进入实施阶段的国际碳交易机制，引导有意愿或有义务的市场主体参与国际碳市场竞争，了解相关国际碳交易机制的进展，探索中国碳交易体系与国际机制衔接的方式，逐步强化中国碳定价的影响力，以及在国际碳交易规则制定中的话语权。同时，建立国际碳交易管理机制，一方面为国内市场主体参与国际航空碳抵消和减排计划、《巴黎协定》第六条所设市场机制等提供明确的国内审核程序，这也符合该类机制对东道国的要求，在实施初期加强对相关市场主体的业务指导，保证风险可控；另一方面，建立中央登记簿等相关制度，准确跟踪记录跨境碳交易结果，并将该结果与国家总体减排工作建立联系，研判跨境交易对中国实现碳中和等国家自主贡献目标的影响。

五是创新国际气候合作模式。结合现阶段国际气候治理趋势，中国可考虑在多双边气候合作中尝试引入碳排放权交易等政策工具，例如在“一带一路”等合作框架下提高低碳项目比重，并尝试基于《巴黎协定》第六条等要求合作开发减排项目，创新以相关项目可获得潜在额减排指标缓解东道方项目出资压力等模式，支持合作伙伴国经济建设。同时，可尝试在全国碳市场成熟后，探索跨境碳市场链接的可能性，扩大中国碳定价的国际影响。

第十二章

中国能源领域低碳转型与行动*

能源领域的低碳转型，一般是指能源领域碳排放量趋于降低、乃至实现负排放的全过程。从整个转型历程来看，关键节点是能源领域碳排放达到峰值，终极情形是零碳排乃至负碳排。影响能源领域低碳转型的因素，除了能源消费结构外，能源利用效率、能源使用总量、能源消费观念等，均起着不可忽视的作用。根据西方统计，当前中国业已成为全球最大的碳排放国家，占全球年度总排放量的1/4以上，其中88%来自能源燃烧；能源行业中，总排放的41%来自电力部门。

在中国经济社会整体向低碳转型的征程中，能源是主战场，电力是主力军。与欧美等发达经济体不同，中国经济社会仍处于较高速度增长阶段，能源总需求在较长一段时间内仍将持续增加，如何处理好经济社会发展用能需求与控制碳排放总量之间的关系，有序平稳实现中国能源领域的低碳转型，是事关中国能源产业碳中和路径选择的关键。而在大力推进能源消费结构低碳化的同时，借助能源科技创新和工艺改良不断提高能源利用效率，是解决这一难题的必由之路。

第一节　能源低碳转型进程

能源转型是由能量原动机推动的、伴随着能源体系深刻变革的、一

---

* 本章作者：苗中泉，国网能源研究院能源互联网研究所研究员，主要从事国际能源政治经济等问题研究。

次能源长期结构发生变化的过程。① 在人类能源历史上，曾经经历了多次能源转型，每次能源转型完成后，都会出现新的主导能源，形成相应的能源时代。能源原动机，即能够产生适合人类使用的动能（机械能）的能量转换设备，决定着人类社会能源的主要利用形式。② 自有社会文明开始至今，人类社会的能源原动机经历了"人→驯化动物→简易机械（风帆、水车等）→蒸汽机→内燃机、汽轮机"的更替，由此分别推动着"肌力（人力、畜力）→自然力（薪柴、风力、水力）→煤炭→石油、天然气"成为社会运转的主导能源，并相应地形成了前煤炭时代、煤炭时代、油气时代等三个能源时代。

电动机的发明与普及，以及主要由爱迪生对电力系统商业化做出的大胆改进，拉开了电能时代的大幕。电能卓越的能量转换效率、无与伦比的灵活性使其在现代经济社会之中得到了广泛的应用。③ 随着信息化、数字化技术的深入发展，唯一能够为现代经济社会的电子数据监控、采集和自动化控制等系统提供能量的电能，越发成为人类社会有序运行的基本必需品。加上当前人类社会为解决日益突出的气候变暖、化石能源污染等问题而大力推进的绿色能源、清洁能源替代化石能源的项目，从能源形式上看，几乎都要转换为电能才可以得到更大范围的应用。因而发展绿色能源、清洁能源实际上不啻为进行"再电气化"，未来将进入以"电"为主导的电能时代，④ 清洁低碳的可再生能源将替代传统化石能源成为主要能源，促进人类走向人与自然、人与人之间和谐共生的生态文明阶段。

中国政府对绿色发展的关注由来已久，促进绿色可持续发展、建设生态文明社会是中国政府的一贯追求。20 世纪 90 年代，可持续发展已

---

① 朱彤、王蕾：《国家能源转型：德、美实践与中国选择》，浙江大学出版社 2015 年版，第 76 页。

② ［加］瓦科拉夫·斯米尔著，高峰、江艾欣、李宏达译：《能源转型：数据、历史与未来》，科学出版社 2018 年版，第 15 页。

③ 刘振亚：《全球能源互联网》，中国电力出版社 2015 年版，第 92 ~ 94 页。

④ 苗中泉、毛吉康：《电能时代地缘政治初探》，《全球能源互联网》，2020 年第 5 期，第 518 ~ 525 页；苗中泉：《世界能源秩序与地缘政治动力》，载毛维准主编，《南大亚太评论》（2020 年第三辑），南京大学出版社 2020 年版，第 154 ~ 181 页。

经成为中国政府文件中的关键议题之一。1992 年联合国环境与发展大会之后，中国政府颁布《环境与发展十大对策》，首次提出了可持续发展战略，并编制《中国 21 世纪议程》，成为世界上第一个国家级的可持续发展战略。进入 21 世纪，在科学发展观的指导下，中国经济社会发展更加注重经济结构调整，大力发展循环经济，强化生态环境保护工作。2007 年，中共十七大正式提出“生态文明”理念，节约资源、保护环境、减缓碳排放、实现人与自然的和谐相处，是生态文明建设的重要内容。2012 年，中共十八大将“生态文明”上升为党的执政纲领和国家治理战略。2015 年，中国公布了《中共中央国务院关于加快推进生态文明建设的意见》《生态文明体制改革总体方案》，为生态文明制度改革设定了清晰的目标和时间节点。2017 年，中共十九大再度提出加快生态文明制度建设，推进绿色发展，建立健全绿色低碳循环发展经济体系，打好污染防治攻坚战、建设美丽中国，实现“绿水青山就是金山银山”。中国政府推动经济社会向绿色低碳转型发展的战略更加聚焦、决心更加坚定。2020 年 9 月，中国国家主席习近平在第七十五届联合国大会一般性辩论会上首次向全世界宣布中国将采取更加有力的政策和措施，在 2030 年实现碳排放达到峰值、2060 年实现碳中和。构建生态文明、加快绿色发展成为中国携手国际社会应对气候变化挑战、共同保护地球家园、推动实现联合国可持续发展目标、展现中国作为负责任大国担当的庄严承诺。

与“生态文明”战略相匹配，中国对各行业设定了严格的约束指标，以切实行动加快建设绿色中国。从 2006 年开始实施的“十一五”规划开始，中国政府就设立了国民经济发展过程中 GDP 能源强度下降、可再生能源占比提高的约束性指标，并逐一分解至各省市，列为政府绩效考核的重要内容。“十二五”规划中，在原有约束性指标的基础上增加 GDP 碳排放强度下降的目标，“十三五”增加了能源消费总量控制的强制目标，并出台一系列财税金融支持政策，绿色金融、节能降碳政策不断完善。2021 年 3 月印发的《国民经济和社会发展第十四个五年规划和 2035 年远景目标纲要》，单列“推动绿色发展，促进人与自然和谐共生”篇章，从“提升生态系统质量和稳定性”“持续改善环境质量”“加快发展方式绿色转型”三个章节详细设定了未来五年经济社会在低碳绿色发展方面的约束指标、工作重点与发展愿景，成为指导国民经济低碳转型的纲领性文件。

尤其是“双碳”承诺提出后，“十四五”期间成为中国实现碳达峰的关键期和窗口期，各部门、各行业、各地区做出了一系列实质性行动，有序促进双碳实现。2020年底，生态环境部正式发布《2019～2020年全国碳排放权交易配额总量设定与分配实施方案（发电行业）》，印发《纳入2019～2020年全国碳排放权交易配额管理的重点排放单位名单》，将2225家发电企业、自备电厂纳入首批全国碳交易试点，总排放量超过40亿吨。2021年1月，生态环境部发布《碳排放权交易管理办法（试行）》，围绕全国碳市场建设和运行的基础制度保障需要，以发电行业为突破口开展碳排放配额分配、碳排放报告与核查、注册登记和交易监督管理、清缴履约等活动提供制度支撑。根据该方案，2021年7月，全国碳排放交易市场正式启动，以市场机制控制和减少温室气体排放，成为助力碳减排的重要平台。2021年5月，碳达峰碳中和工作领导小组第一次全体会议在北京召开，强调要紧扣目标分解任务，加强顶层设计，指导和督促地方及重点领域、行业、企业科学设置目标、制定行动方案。会议提出当前要围绕推动产业结构优化、推进能源结构调整、支持绿色低碳技术研发推广、完善绿色低碳政策体系、健全法律法规和标准体系等，研究提出有针对性和可操作性的政策举措。中央企业要根据自身情况制定碳达峰实施方案，明确目标任务，带头压减落后产能、推广低碳零碳负碳技术。

2021年7月，生态环境部在贵州“碳达峰碳中和与生态文明建设”主题论坛上，发布了《中国应对气候变化的政策与行动2020年度报告》，向公众详细介绍了2019年中国各部门、主要地区在应对气候变化、推动绿色低碳循环发展方面所做的工作，包括强化顶层设计、减缓气候变化、适应气候变化、完善制度建设、加强基础能力、全社会广泛参与，以及积极开展国际交流与合作7个方面，展示了中国控制温室气体排放、适应气候变化、战略规划制定、体制机制建设、社会意识提升和能力建设等方面取得的积极成效。

聚焦中国能源领域的绿色发展，尤其是2012年以来中国能源绿色低碳转型历程，可以总结为两句话：能源效率上，从粗放式、高能耗向精细化、高能效转变；能源结构上，从高碳为主向混合多元过渡、最终发展到低碳清洁为主。主要表现为：一是能源利用效率显著提高，呈现出从粗放式、高能耗向精细化、高能效转变的特征。中国单位 GDP 的能耗（或曰能源强度），从 2000 年的 1.47 吨标准煤/万元下降至 2018 年的 0.56 吨标准煤/万元，年均下降 5.2 个百分点，其中 2012 年以来，单位 GDP 能耗累计降低 24.4%，相当于减少能源消费 12.7 亿吨标准煤。2012～2019 年，中国以能源消费年均 2.8% 的增速，支撑了国民经济年均 7% 的增长。①

表 12－1　2000 年以来中国单位 GDP 能耗　　（单位：吨标准煤/万元）

	2000	2005	2010	2014	2015	2016	2017	2018	2019
单位 GDP 能耗	1.47	1.40	1.13	0.76	0.63	0.60	0.58	0.56	－

资料来源：国家统计局、国家电网公司：《国内外能源数据手册 2020》，第 26 页。

二是能源结构从以煤炭为主向煤油气电多元能源过渡，最终将发展到以低碳清洁的新能源为主体。从能源供给看，以煤炭为主的供给结构明显向气、电等多元能源过渡，非化石能源消费占比逐年提升。推进煤炭安全智能绿色开发利用，2016 年至 2019 年，累计退出煤炭落后产能 9 亿吨/年以上；实施煤炭清洁高效利用行动，严控煤电规划建设，截至 2019 年底，累计淘汰煤电落后产能超过 1 亿千瓦，煤电装机占总发电装机比重从 2012 年的 65.7% 下降至 2019 年的 52%。天然气产能不断提升，重点突破页岩气、煤层气等非常规天然气勘探开发，以四川盆地、鄂尔多斯盆地、塔里木盆地为重点，建成多个百亿立方米级天然气生产基地。2017 年以来，每年新增天然气产量超过 100 亿立方米。提升油气勘探开发力度，促进增储上产，加强渤海、东海和南海等海域近海油气勘探开发，推进深海对外合作，2019 年海上油田产量约 4000 万吨。经过有序调整，能源供给侧结构出现明显变化。初步核算，2019 年煤炭消费占能源消费总量比重为 57.7%，比 2012 年降低 10.8 个百分点；天然

① 中华人民共和国国务院新闻办公室：《新时代的中国能源发展白皮书》，2020 年 12 月。本部分数据，如非另外注明，均出自该文件。

气、水电、核电、风电等清洁能源消费量占能源消费总量比重为23.4%，比2012年提高8.9个百分点；非化石能源占能源消费总量比重15.3%，比2012年提高5.6个百分点，提前完成“十三五”规划中关于“到2020年非化石能源消费比重达到15%左右”的目标。从终端用能侧看，用能清洁化和电能替代势头迅猛，再电气化趋势明显。京津冀及周边地区、长三角、珠三角、汾渭平原等地区强化分散燃煤治理，燃气锅炉、电锅炉、生物质成型燃料锅炉得到因地制宜的推广，北方地区清洁取暖工程有序推进。截至2019年底，北方地区清洁供暖率达55%，较2016年提高21个百分点。居民采暖、生产制造和交通运输领域积极实施以电代煤、以电代油政策，全社会电气化水平不断提升。新能源汽车快速发展，2019年新增量和保有量分别达120万辆和380万辆，均占全球总量一半以上。截至2019年底，全国电动汽车充电基础设施120万处，建成世界最大规模充电网络，有效促进了交通领域能效提高和能源消费结构优化。热泵、电窑炉等新型用能方式得到大幅推广，2019年完成电能替代电量2065亿千瓦时，同比增幅32.6%。

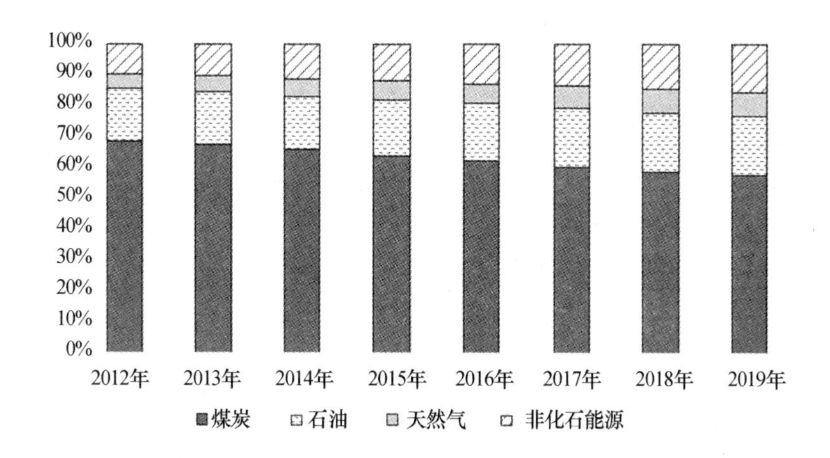

图12－1　2012～2019年中国能源消费结构变化情况

资料来源：国家统计局。

中国能源领域绿色转型的成效，主要得益于三个因素：一是管理制度的创新，最重要的就是实施了各省能源消费总量与强度双控制度。根据双控目标对各级地方政府进行监督考核，把节能指标纳入绩效评价指标体系，对重点用能单位分解能耗双控目标，开展目标责任评价考核，推动重点用能单位加强节能管理。例如，国家发改委 2016 年 12 月印发《“十三五”节能减排综合工作方案》，制定了到 2020 年单位工业增加值能耗下降 18%，各主要工业行业能耗各有不同程度下降的硬性指标，以此倒逼各行业改进能效，实现双控。

二是经济产业结构的调整，尤其是能耗显著较低的先进制造业、高新技术产业、现代服务业得到大力支持，同时积极推动传统产业的智能化、清洁化改造，拉动经济发展的主要产业从第二产业向第三产业转移，能源弹性系数从大于 1 向小于 1 转变。进入 21 世纪，以化解钢铁、电力、煤炭等工业部门过剩产能为抓手，同时得益于中国政府大力推进的“智能制造 2025” 产业扶持政策，中国逐渐从长时间以来的资源密集型增长模式转向主要由现代制造业、消费服务业驱动的更加可持续的增长模式，进入经济“新常态”。能耗更低的第三产业在国民经济中的作用越来越突出，带动国民经济整体能源强度不断下降。

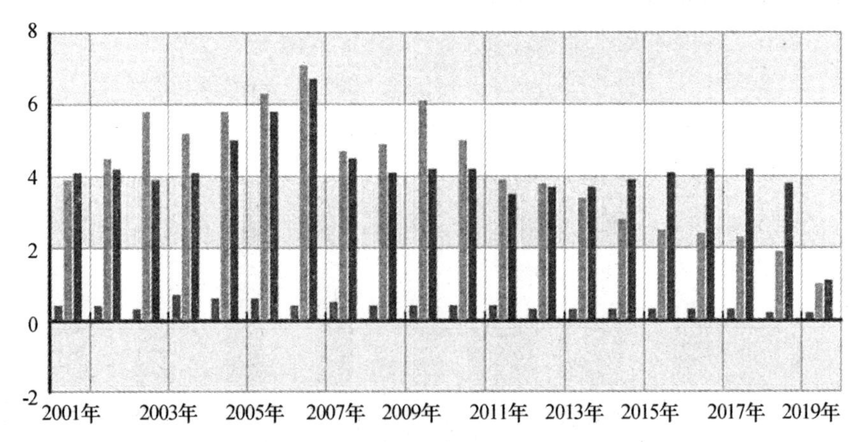

图 12－2　2001～2020 年三大产业对 GDP 的拉动程度

资料来源：国家统计局。

三是绿色能源技术和节能低碳技术的创新与商业化推广。根据国家知识产权局的报告，2014 年以来，中国绿色技术创新活动非常活跃，创新活动以国内本土创新为主。2014～2017年，绿色专利[①]申请量累计达24.9万件，年均增速（21.5%）高出发明专利整体年均增速（17.8%）3.7个百分点；绿色技术的创新活动主要活跃在污染控制与治理、环境材料、替代能源、节能减排四个技术领域，以污染控制与治理领域最为活跃。上述四个领域绿色专利申请量占同期绿色专利申请总量的近九成。[②] 在技术创新实现突破的同时，政府倡导、市场决定的绿色技术创新推广体系不断完善，国家重点节能低碳技术、工业节能技术装备、交通运输行业重点节能低碳技术等实现大规模商业化应用，成为提高能源效率、降低能源碳排、加快绿色转型的重要条件。

第二节　政策导向与基本举措

如果说从人类社会主导能源从薪柴到煤炭、从煤炭到油气的两次转型主要是由经济技术进步引发的主导能源之间相互主动替代的话，从高碳排的化石能源向清洁低碳、可再生能源的低碳转型，已经不再是经济社会和能源领域自发演进的结果，而是环境危机、能源资源危机、人口增长危机等人类社会发展的负外部性倒逼出来的被动转型，政府政策与决心在推进能源低碳转型过程中发挥着至关重要的作用。首先，新能源的大发展，增大了能源系统有序运行的安全隐患，对安全标准、操作规范等提出了新的要求；初期技术成本高、资源可靠性差，助推了转型的经济成本，需要政府政策处理好转型中的环保目标与安全、经济之间的关系，确保转型平稳有序。其次，能源转型必然伴随社会各方利益的重新分配，需要相关政策予以有效平衡，减少转型阻力。从化石能源为主

---

① 绿色专利是指以绿色技术为主题的发明、实用新型和外观设计专利。绿色技术指有利于节约资源、提高能效、防控污染、实现可持续发展的技术，主要包括替代能源、环境材料、节能减排、污染控制与治理、循环利用技术。本处涉及的绿色专利，仅指绿色发明专利。国家专利局：《中国绿色专利统计报告（2014～2017年）》，2018年第14期。

② 国家专利局：《中国绿色专利统计报告（2014～2017年）》，2018年第14期。

体向以新能源为主体的转型将会造成巨大的社会沉没成本，给高度依赖化石能源的行业、企业、社会阶层造成巨大冲击；能源低碳转型的关键是构建以新能源为主体的新型电力系统，需要数字技术、能源技术、电力技术的全面创新突破和巨量且持续的资金投入，远超出单一某个行业或企业能力范围。建立并不断完善有利于转型的政策机制体系，充分调动市场力量和金融财税手段支持转型，有效平衡转型中的各方利益冲突，是减少转型阻力、确保有序推进的重要保证。

中国政府[①]在推进和加快能源低碳转型的过程中业已出台较为系统的法律、政策、办法、标准，有利于低碳转型的体制机制趋于完善。

第一，建立健全有利于保障和促进能源低碳转型的相关法律法规体系。以立法手段为低碳转型提供法律基础，是国际社会加快低碳转型，实现碳达峰、碳中和行动的重要组成部分。通过立法，可以为低碳减排政策与行动提供法律依据与效力，从根本上调动个人、企业、公共机构等不同行为主体参与到低碳转型行动中，形成加快转型的社会合力。

从 2012 年以来，中国已经制定或修订了车船税法（2012 年制定、2019 年修订）、大气污染防治法（2016 年修订）、节约能源法（2016 年修订）等法律文本。其中，车船税法规定，对节约能源、使用新能源的车船可以减征或者免征车船税。大气污染防治法（2016 修订案）规定治理大气污染不仅要控制燃油车辆数量、减少煤炭消耗总量，而且要控制油品和燃煤的质量标准；在控制机动车污染问题上，大气污染防治法（2016 修订案）改用经济举措取代以往的行政限制办法；同时，法案规定各地政府对本地大气环境质量负有直接责任，政府领导的离任审计将囊括环境治理情况，这为将空气污染治理与行政绩效考核挂钩提供了法律依据。节约能源法（2016 年修订案），明确规定，“国家实行固定资产投资项目节能评估和审查制度。不符合强制性节能标准的项目，建设单位不得开工建设；已经建成的，不得投入生产、使用。政府投资项目不符合强制性节能标准的，依法负责项目审批的机关不得批准建设”。“负

① 事实上，不仅中国中央政府，中国各地政府也根据中央相关政策出台了相应的促进能源低碳转型的政策、法规、办法等，限于篇幅，此处仅涉及中国中央政府出台的、目前还处于生效状态的相关法律、政策、标准等。

责审批政府投资项目的机关违反本法规定，对不符合强制性节能标准的项目予以批准建设的，对直接负责的主管人员和其他直接责任人员依法给予处分。”

第二，不断完善覆盖多领域的促进能源低碳转型的政策体系。政府政策是引导、加快新能源发展、传统化石能源改造和能源消费结构调整的重要力量。健全的政策体系，有利于确保能源低碳转型的快速高效实现。

2012 年以来，中国中央政府层面出台相关政策 60 多条，涵盖光伏、风电、地热、生物质等新能源建设、并网、消纳、补贴等各环节，全链条保障新能源大规模发展；出台以电代煤、以电代油相关鼓励政策、实施办法等，加快推进清洁电能替代。借助这些政策举措，中国新能源装机容量、上网规模已经跃居世界首位，就绝对体量而言，业已成为全球发展新能源的领导者。

第三，有序推进低碳绿色、智慧能源示范点（园区、城市）建设，通过示范工程有效检验低碳能源技术的可靠性与经济性，为下一步大规模产业化推广积累宝贵经验。能源低碳转型从根本上依赖能源技术的创新突破，而新技术、新模式从实验室成果、专利发明到大规模产业化运用，中间需要通过创新示范点（园区、城市）建设，进行工程经验的积累与校正，并配套创新相关管理体制机制，最终在示范工程有序运行的基础上，总结经验教训，实现大规模复制与推广。换言之，示范工程是能源创新技术从科学实验走向社会转化的必要阶段。

从 2012 年以来，中国政府先后发布《关于申报分布式光伏发电规模化应用示范区的通知》（2012）、《关于开展分布式光伏发电应用示范区建设的通知》（2013）、《关于推进分布式光伏发电应用示范区建设的通知》（2014）等文件，指导和加强光伏、风能电站试点工作。

第四，更新、提高相关行业用能、建设标准，将低碳、节能理念融入行业发展的微观环节。低碳绿色转型对能源乃至经济社会系统整体提出了新的要求，能源系统的安全标准、行业建设准则、排放计量体系等，都需要进行全面的更新与提升。制定更高水平的行业标准，是将低碳绿色理念直接转化为全社会低碳转型行动的重要抓手。

2012 年以来，中国中央政府先后制定或更新了电气能效标准、风电设备标准、热泵能效等级、建筑节能标准、绿色建筑技术导则、碳捕捉与封存环境风险评估标准、电动汽车能耗标准、大型建筑碳排放国家计量标准等一系列重要行业、关键领域绿色节能标准，实现了建筑、交通、能源、工业四大高碳排领域的全覆盖，为切实推进低碳转型提供了有力保障。

第五，综合采取政府引导、市场决定、有序推进的方法，从偏重于政府扶持逐渐过渡到注重发挥市场的决定性作用，构建推动能源低碳绿色转型的可持续动力。从全球能源低碳转型的经验看，政府扶植政策应主要起着引导、鼓励、保护弱小的作用，当有关技术创新发展到一定成熟度、具备应对充分市场化竞争挑战的条件时，取消定向扶植、交给市场进行资源配置的优胜劣汰，是确保能源低碳绿色转型长久、可持续的基本思路。没有必要的产业扶植，是不可能有低碳转型的重要突破的；但仅仅依靠产业扶植，而忽视市场自由竞争的淘汰机制，低碳转型同样无法持续。

中国能源的低碳绿色转型从政府扶持起步，经过多年的发展，各行业能源效率不断提高，新能源产业实现从弱变大，并逐渐向强升级。现在，新能源领域除了若干尖端能源技术创新仍需国家大力资助、重点突破外，绝大多数细分产业已经具备在市场上与传统化石能源自由竞争的能力与条件，取消针对新能源的特殊补贴的时机已经成熟。2021 年，中国政府取消了除海上风电以外的其他光伏、风电补贴政策，新能源发展进入后补贴时代。7 月，全国碳排放权交易市场启动运行。首批参与全国碳排放权交易的重点排放单位、发电行业的 2162 家企业，在上海环境能源交易所的交易系统上，采取协议转让（包括挂牌协议和大宗协议）、单向竞价或其他符合规定的方式，在法定时段内对各自碳排放配额进行市场交易，估算排放总量超过 40 亿吨二氧化碳，意味着中国的碳排权交易市场将成为全球最大的碳交易市场。根据时间表，参与主体后续将会逐步覆盖石油炼制、化工、有色金属加工、建筑材料、钢铁、纸浆和造纸，以及航空 7 个行业的大型企业。尽管目前碳交易市场仍存在较多限制，例如交易主体严格受限、交易手段单一、定价机制单一等，在某种程度上更像是一种对降低单位碳排放企业的市场化补贴机制。但这标志着中国借助市场手段实现对低碳减排企业的补偿努力的开始，后续有望不断改革完善，成为助力碳减排的重要手段。此外，2020 年 10 月，中国发布《关于促进应对气候变化投融资的指导意见》，引导和促进更多资金向应对气候变化的领域、行业、企业流动，借助现代金融力量助力低碳转型。

第三节　减排案例分析

宏观政策指明了能源低碳转型的基本方向，能源创新技术成熟度和市场需求情况决定着能源转型的发展程度，而重点企业则是推进能源低碳转型的微观基础和行动主体。分析重点企业的碳减排案例，有助于从感性和理性两个层面更加深刻地认识中国能源产业碳减排工作。

一、能源产业链上游企业的碳减排案例

煤炭、油气生产企业，包括勘探、开发等业务环节，构成能源产业链的上游主体。发电企业，无论是化石能源发电，还是可再生能源发电，均位于电力产业链的上游。本节主要以中央油气企业为对象展示上游企业的碳减排努力。

在中国发布国家“双碳”行动方案后，中石油在 2021 年公布了碳路线图，首次把“绿色低碳”纳入企业发展战略，制定了“30 · 60”条件下的绿色低碳发展路径，初步确定“清洁替代、战略接替、绿色转型”三步走的总体部署。根据时间表，中石油将在 2025 年实现“碳达峰”，新能源新业务在清洁替代方面实现良好布局，2035 年左右实现新能源新业务的战略接替，2050 年实现“近零”排放，发展成为综合性能源公司。具体路径上，一是利用天然气绿色低碳的属性，充分发挥资源优势，推动天然气产量的进一步增长。与石油相比，天然气更加清洁，中石油在 21 世纪初就把大力发展天然气作为企业发展战略之一。2021 年 5 月，中石油发布《2020 企业社会责任报告》，数据显示，2020 年中石油的国内天然气产量突破 1300 亿立方米，天然气在油气结构中占比首次超过 50%，成为中石油绿色转型发展的重要转折点。预计到 2025 年天然气占

比将提高到55%左右。二是充分发挥天然气在未来能源体系中的关键支撑作用，利用好现有矿权范围内的“风光”和地热等丰富资源，大力实施风光电融合发展和氢能产业的产业化利用，持续加大地热资源的规模开发和综合利用，加快向油气热电氢综合性能源公司转型。三是积极推进绿色企业行动计划，大力实施节能减排和清洁替代，努力减少碳排放。中石油董事长承诺，以后将逐年以较大幅度增加绿色低碳和新能源在企业资本开支中的比例。此外，中石油在森林碳汇业务和碳捕捉技术储备方面也拥有明显优势，当前正在马鞍山营建碳汇林，预计栽种数目超过2.1万株。

中石化在2021年3月对外公布了以净零排放为终极目标，以推进化石能源洁净化、洁净能源规模化、生产过程低碳化为路径的绿色转型蓝图，确保在国家碳达峰目标达成前实现碳达峰，力争在2050年实现碳中和。具体方向上，针对传统化石能源，中石化制定了聚焦天然气全产业链大发展战略，未来3年，计划天然气产量保持每年两位数增长。针对新能源，将以氢能为业务发展的主要方向，“十四五”期间规划建设1000座加氢站或油氢合建站，打造“中国第一大氢能公司”；优化提升油品销售网络，加快打造“油气氢电非”综合能源服务商；大力发展可降解材料、高端聚烯烃、高端合成橡胶，在新材料发展方面实现大突破；同时，积极加快推进低碳化进程。

二、能源产业网运环节的碳减排案例

能源产业的网运环节，一般具有自然垄断属性，集中表现为油气管网和电网。中国油气管网运输业务由国家管网公司负责，电网业务主要由国家电网公司和南方电网公司两家中央企业负责。其中国家电网公司行业影响力最为显著，其碳减排行动方案具有示范意义。

就企业内部的碳排放而言，国家电网公司并非碳排放大户，但“能源转型、绿色发展”是其一贯的发展理念，而特高压技术的突破和产业化运用，使长距离大规模运输清洁绿电成为可能，国家电网公司因此得以依靠垄断性技术优势建设坚强智能电网、助力清洁能源消纳。2015年提出构建“全球能源互联网”倡议，描绘了“以电代煤，以电代油、电从远方来、来的是清洁电”的能源蓝图，① 在全球范围内推广特高压电网技术、促进新能源发展。“十三五”期间，国家电网公司以建设坚强智能电网为核心，加强输电通道建设，保障新能源及时并网和消纳，输送清洁能源电量比例43%。2020年底，实现业务经营区内风电和太阳能发电量5872亿千瓦时，利用率达到97.1%；助力21个省区新能源成为第一、第二大电源；减少电煤消耗2.5亿吨、减排二氧化碳4.5亿吨。大力实施电能替代，促进终端能源消费电气化。积极推进并全面完成中国北方地区“煤改电”任务；加快电动汽车充电网络建设，建成覆盖176个城市的高速公路快速充电网络，搭建全球规模最大的智慧车联网平台，支持新能源汽车产业发展；在民航机场、沿海和内陆码头大力推广以电代油，在工业领域推广电窑炉、电锅炉4万余台。近年来，累计实现替代电量8677亿千瓦时，相当于减少散烧煤4.8亿吨、减排二氧化碳8.7亿吨，电能占终端能源消费比重达到27%。加强电力技术创新，促进清洁能源利用高效化。研发并全面掌握特高压核心技术和全套设备制造能力，实现清洁能源大规模、远距离输送。建成国家风光储输、张北柔直等工程，探索新能源友好接入和综合利用新模式。

2021年，国家电网公司发布中央企业中首家落实双碳的实施方案。提出建设安全高效、绿色智能、互联互通、共享互济的坚强智能电网，加快电网向能源互联网升级，当好“引领者”“推动者”“先行者”，加快能源生产清洁化、能源消费电气化、能源利用高效化，推进能源电力行业尽早以较低峰值达峰，引导绿色低碳生产生活方式，推动全社会尽快实现碳中和，挖掘节能减排潜力，实现企业碳排放率先达峰。具体做法上，一是推动电网向能源互联网升级，着力打造清洁能源优化配置平台。加快构建坚强智能电网，加大跨区输送清洁能源力度，保障清洁能源及时同步并网，支持分布式电源和微电网发展，加快电网向能源互联网升级，到2025年，初步建成国际领先的能源互联网。二是推动网源协调发展和调度交易机制优化，着力做好清洁能源并网消纳。持续提升系统调节能力，优化电网调度运行，发挥市场作用扩展消纳空间，加快构建促进新能源消纳的市场机制。三是推动全社会节能提效，着力提高终

① 刘振亚：《全球能源互联网》，中国电力出版社2015年版，第94~98页。

端消费电气化水平，满足多元用能需求。聚焦工业、交通、建筑和居民生活等重点领域，进一步拓展电能替代广度深度，持续提高全社会电气化水平。“十四五”期间，经营区内替代电量规划达到6000亿千瓦时，积极推动综合能源服务，以工业园区、大型公共建筑等为重点，积极拓展用能诊断、能效提升、多能供应等综合能源服务，助力提升全社会终端用能效率。助力中国电能消费占比到2030年、2060年分别由目前的27%增长到39%、70%左右。四是推动企业自身节能减排，着力降低碳排放水平。全面实施电网节能管理，加强电网规划设计、建设运行、运维检修各环节绿色低碳技术研发，实现全过程节能、节水、节材、节地和环境保护。强化办公节能减排，强化建筑节能，推广采用高效节能设备，采用节能环保汽车和新能源汽车，促进交通用能清洁化，减少用油能耗。提升公司碳资产管理能力，健全碳排放管理体系，培育碳市场新兴业务，构建绿色低碳品牌，形成共赢发展的专业支撑体系。五是推动能源电力技术创新，着力提升运行安全和效率水平，加快电力系统构建和安全稳定运行控制等技术研发，深化应用“新能源云”等平台，全面接入煤、油、气、电等能源数据，汇聚能源全产业链信息，支持碳资产管理、碳交易、绿证交易、绿色金融等新业务，推动能源领域数字经济发展，打造能源数字经济平台。六是加强与产业链上下游协同合作，促进发输配用各领域、源网荷储各环节、电力与其他能源系统协调联动。加强与利益相关方沟通交流和国际合作交流，积极参与国际标准制定，共同促进“双碳”目标和人类社会可持续发展。①

第四节　能源产业碳中和路径

中国已经成为世界上最大的能源生产国和消费国。与经合组织国家

① 《国家电网公司发布“碳达峰、碳中和”行动方案》，国家电网公司官网，http：//www.sgcc.com.cn/html/sgcc_main/col2017031233/2021-03/19/20210319162202566659054_1.shtml；辛保安：《加快建设新型电力系统助力实现“双碳”目标》，《经济日报》，2021年7月23日。

相比，中国在未来一段时期内能源总需求仍将保持持续增长，能源消费结构以煤为主，能效利用效率相对较低，地区发展不平衡等问题显著。

首先，从经济社会和能源发展进程看，中国能源产业总体仍处于煤炭时代。欧美国家的能源转型，经历了从煤炭时代到油气时代再到可再生能源时代的发展历程。但中国“富煤贫油少气”的资源禀赋决定了从煤炭时代向油气时代全面转型路径对中国而言代价将极其高昂，能源和经济安全将高度依赖国外供应：中国在现阶段的经济技术条件制约下不可能像英、德那般完全放弃煤炭能源；也不大可能选择像美国那样大幅压缩煤炭消费占比，将天然气提升为主导能源；能源产业的发展阶段、与经济产业部门的系统匹配度和全社会对高质量能源供应的需要，也决定了中国不可能像北欧国家那样在极短时间内将风电等可再生能源迅速推升为主导能源。实现双碳目标和绿色低碳转型意味着中国要从煤炭时代跨越油气时代直接向可再生能源时代发展，从高碳排放直接向近零碳排跃升，倒逼压力大，过渡时间短，腾挪空间小，系统风险高，必须立足国情审慎推进。

其次，从能源需求变化看，中国仍处于能源总需求逐年攀升的阶段。从经济发展史看，能源需求与工业化、城镇化进程密切相关。欧美等世界主要工业国能源消费呈现出“工业化前期，能源需求增速较大，能源消费弹性系数大于1；工业化后期，能源需求基本稳定，能源消费弹性系数小于1”的总体特征；在城镇化过程中，人均能源消费量与城镇化率表现为正相关。数据显示，1965 年以来，美国、德国、丹麦、日本等发达国家的能源消费总量基本维持稳定，能源消费增速递减。这意味着发达国家的清洁低碳转型，主要是对存量用能部分的清洁化改造和替代，压力相对较小。中国目前大部分地区仍处于工业化大规模推进阶段，城镇化水平还有很大的提升空间。更大范围和更加深入的工业化与全面推进的新型城镇化，将进一步推高国家能源总需求，并使之在未来一段时间内保持强劲增长力。因此，中国能源低碳转型要在确保满足新增能源总需求的前提下同时处理存量高碳能源问题和增量能源的绿色发展问题，任务更加艰巨。

再次，从科技创新看，中国主要能源科技创新水平较发达国家仍处于落后水平。中国能源技术创新目前以集成创新为主，在规模化应用方面具有领先优势，但在关键基础创新方面，尤其是核心基础零部件（元器件）、关键基础材料、先进基础工艺和产业技术基础等基础能力薄弱。特高压套管、大容量发电机保护断路器、变频智能电动执行器等核心基础零部件，重型燃机关键高温材料、叶轮用高强韧不锈钢等关键基础材料，电力用安全芯片，计算、射频、模拟及数模转换芯片、电力系统仿真采用的 SGI 服务器、电力系统分析软件研发所使用的 CPU/FPGA 等计算机硬件等几乎完全依赖美国。以集成电路及存储器制造为代表的共性技术和以重型燃气轮机、国产大功率 IGBT、用于加工电力工程设备的国产五轴联动数控机床为代表的国产基础产品可靠性，与国际先进水平存在较大差距。计算机辅助设计 CAD、仿真软件 CAE、电子设计自动化 EDA 等软件严重依赖进口，EMS、SCADA 等工业控制系统的核心技术严重受制于国外。先进能源技术方面的薄弱，严重制约着中国能源低碳转型的发展进程。

最后，从能源体制机制看，中国能源领域的体制机制改革仍处于探索阶段，发展理念相对多元，理顺各方关系、加快市场化改革、集约化发展、精细化管理和高效化利用压力巨大。能源领域尤其是油气、电力行业的市场竞争比较缺乏，能源价格的发现机制具有浓厚的计划时代特色，发挥市场在配置能源资源方面决定性作用仍存在较大提升空间。政府监管部门、行业协会、中央能源企业与地方政府部门之间的利益关系仍需理顺，若干能源央企仍保留着行业审批职能，兼具“裁判”与“运动员”身份，在一定程度上破坏了市场竞争的公平平等性。诸多能源企业一味追求规模效应，发展方式粗放，强调“做大”，忽视精益化管理和投资收益的提升，在“做强”“做优”“做精”方面存在较大提升空间。

中国能源领域的特殊性，决定了面向“双碳”、绿色转型的基本路径将与欧美发达国家存在较大不同。

一是要增量绿化，优先发展非化石能源。坚持把非化石能源放在能源发展优先位置，推动太阳能多元化利用。按照技术进步、成本降低、扩大市场、完善体系的原则，全面推进太阳能多方式、多元化利用。统筹光伏发电的布局与市场消纳，集中式与分布式并举开展光伏发电建设，采用市场竞争方式配置项目，加快推动光伏发电技术进步和成本降低。

全面协调推进风电开发。在做好风电开发与电力送出和市场消纳衔接的前提下，有序推进风电开发利用和大型风电基地建设。优先发展平价风电项目，推行市场化竞争方式配置风电项目。以西南地区主要河流为重点，有序推进流域大型水电基地建设，在做好生态环境保护和移民安置的前提下，做到开发与保护并重、建设与管理并重。坚持发展与安全并重，加强核电规划、选址、设计、建造、运行和退役等全生命周期管理和监督，安全有序发展核电。因地制宜发展生物质能、地热能和海洋能。

全面提升可再生能源利用率。实施清洁能源消纳行动计划，多措并举促进清洁能源利用。95%左右的非化石能源主要通过转化为电能加以利用。电网连接电力生产和消费，是重要的网络平台，是能源转型的中心环节，是电力系统碳减排的核心枢纽。要提高电力规划整体协调性，优化电源结构和布局，充分发挥市场调节功能，形成有利于可再生能源利用的体制机制，全面提升电力系统灵活性和调节能力。充分发挥电网优化资源配置平台作用，促进源网荷储互动协调，完善可再生能源电力消纳考核和监管机制。到2025年、2030年，中国非化石能源占一次能源消费比重力争达到20%、25%左右。

二是要结构优化，逐步推动中国能源供给结构从以煤炭为主，向煤炭、油气、新能源三足鼎立调整。通过最大限度开发利用风电、太阳能发电等新能源，坚持集中开发与分布式并举，积极推动海上风电开发；大力发展水电，加快推进西南水电开发；安全高效推进沿海核电建设，进一步提高可再生能源在中国能源供给中的结构占比。加快天然气、页岩气、煤层气发展，以四川盆地、鄂尔多斯盆地、塔里木盆地为重点，建设多个百亿立方米级天然气生产基地，有效发挥天然气的过渡功能，弥补煤炭消费控制造成的用能缺口；科学设定煤炭达峰目标，控制煤炭消费总量。在“双碳”目标指引下，基于经济社会可承受度，有序推动中国能源供给结构向更加均衡、更具中和特征转变。

三是要加强存量能源系统的清洁化改造，重点是加快煤炭工业和煤电产业清洁低碳改造。推进煤炭安全智能绿色开发利用，建设集约、安全、高效、清洁的煤炭工业体系。加快淘汰落后产能，有序释放优质产能，优化煤炭开发布局和产能结构，加快煤矿机械化、自动化、信息化、智能化建设，建设以大型现代化煤矿为主体的煤炭生产企业群。推进大型煤炭基地绿色化开采和改造，发展煤炭洗选加工，发展矿区循环经济，有序推进煤制油气、低阶煤分质利用等煤炭深加工产业化示范工程。清洁高效发展火电。严控煤电规划建设，加快淘汰落后产能。推进煤电布局优化和技术升级，积极稳妥化解煤电过剩产能。建立并完善煤电规划建设风险预警机制。实施煤电节能减排升级与改造行动，执行更严格能效环保标准。推动煤电由电量供应主体向电力供应主体转变，更多承担系统调节功能，发挥保供作用，助力电力系统提高应急备用和调峰能力。提升石油勘探开发与加工水平，发展先进采油技术，提高原油采收率，稳定松辽盆地、渤海湾盆地等东部老油田产量。推进炼油行业转型升级。实施成品油质量升级，提升燃油品质，促进减少机动车尾气污染物排放。

四是要借助能源数字技术、商业模式创新，全面推进电气化和节能提效。强化能耗双控，坚持节能优先，把节能指标纳入生态文明、绿色发展等绩效评价体系，合理控制能源消费总量，重点控制化石能源消费。推动能源技术与现代信息、材料和先进制造技术深度融合，依托“互联网+”智慧能源建设，加快冶金、化工等高耗能行业用能转型，提高建筑节能标准。以电为中心，推动风光水火储多能融合互补、电气冷热多元聚合互动，建设综合能源系统，提高整体能效。加快电能替代，持续实施“以电代煤”“以电代油”，加快工业、建筑、交通等重点行业电能替代，持续推进乡村电气化，推动电制氢技术应用。借助能源数字技术的创新突破，有效挖掘需求侧响应潜力，构建可中断、可调节的多元负荷资源，完善相关政策和价格机制，建设适应新能源大规模发展的综合能源服务体系。积极探索能源各环节、各场景储能应用，推进储能与可再生能源互补发展。加快新能源微电网建设，形成发储用一体化局域清洁供能系统。加速发展绿氢制取、储运和应用等氢能产业链技术装备，促进氢能燃料电池技术链、氢燃料电池汽车产业链发展。推动综合能源服务新模式，实现终端能源多能互补、协同高效，促进各类能源新技术、新模式、新业态持续涌现，形成能源创新发展的“聚变效应”。力争到2025年、2030年，电能占终端能源消费比重分别达到30%、35%以上。

五是要强化尖端科技创新，充分发挥科技创新第一动力的作用，加快双碳目标的实现。抓住全球新一轮科技革命与产业变革的机遇，在能源领域大力实施创新驱动发展战略，增强能源科技创新能力。完善能源

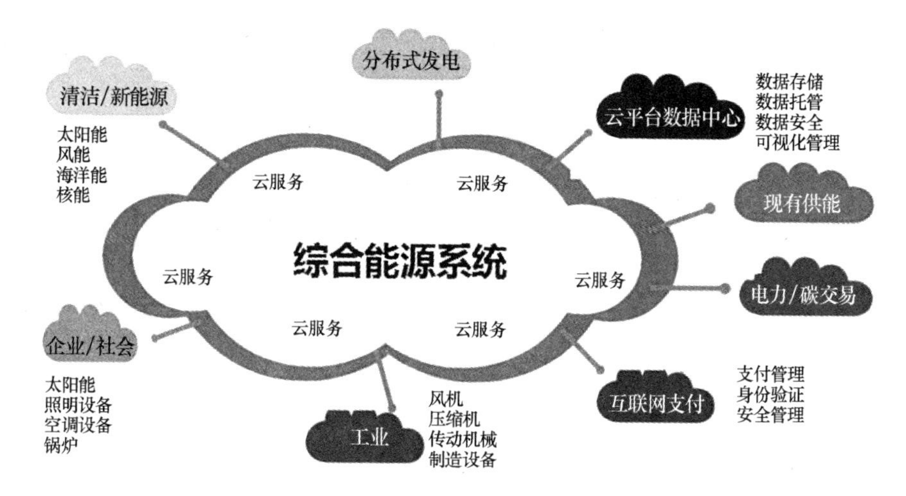

图 12－3　综合能源系统结构及功能示意图

资料来源：国网能源研究院有限公司、美国国家可再生能源实验室联合编制：《清洁电网 2050 发展愿景研究》，2021 年 1 月。

科技创新政策顶层设计，有效实施《国家创新驱动发展战略纲要》、能源科技创新规划和《能源技术革命创新行动计划（2016～2030 年）》，深化能源科技体制改革，形成政府引导、市场主导、企业为主体、社会参与、多方协同的能源技术创新体系，加大重要能源领域和新兴能源产业科技创新投入。依托骨干企业、科研院所和高校，建设多元化多层次能源科技创新平台，依托 40 多个国家重点实验室、80 余个国家能源研发中心和国家能源重点实验室、一大批国家工程研究中心，重点围绕煤炭安全绿色智能开采、可再生能源高效利用、储能与分布式能源等技术方向及煤炭、石油、天然气、火电、核电、可再生能源、能源装备重点领域和关键环节开展研究，力争实现尖端突破。开展能源重大领域协同科技创新，实现关键技术领域跨越式发展。实施油气科技重大专项，重点突破油气地质新理论与高效勘探开发关键技术，开展页岩油、页岩气、天然气水合物等非常规资源经济高效开发技术攻关。实施核电科技重大专项，围绕三代压水堆和四代高温气冷堆技术，开展关键核心技术攻关，持续推进核电自主创新。面向重大共性关键技术，部署开展新能源汽车、智能电网技术与装备、煤矿智能化开采技术与装备、煤炭清洁高效利用与新型节能技术、可再生能源与氢能技术等方面研究。面向国家重大战略任务，重点部署能源高效洁净利用与转化的物理化学基础研究，推动以基础研究带动应用技术突破。加快传统能源技术装备升级换代，加强新兴能源技术装备自主创新，依托重大能源工程提升能源技术装备水平。完善能源装备计量、标准、检测和认证体系，提高重大能源装备研发、设计、制造和成套能力。围绕能源安全供应、清洁能源发展和化石能源清洁高效利用三大方向，着力突破能源装备制造关键技术、材料和零部件等瓶颈，推动全产业链技术创新。开展先进能源技术装备的重大能源示范工程建设，提升煤炭清洁智能采掘洗选、深水和非常规油气勘探开发、油气储运和输送、清洁高效燃煤发电、先进核电、可再生能源发电、燃气轮机、储能、先进电网、煤炭深加工等领域装备的技术水平。

六是向改革要发展。完善能源体制机制改革是推动能源低碳转型、科学实现碳达峰碳中和的重要保障。要充分发挥市场在能源资源配置中的决定性作用，更好发挥政府作用，深化重点领域和关键环节市场化改革，破除妨碍发展的体制机制障碍，着力解决市场体系不完善等问题。大力培育多元市场主体，打破垄断、放宽准入、鼓励竞争，构建统一开放、竞争有序的能源市场体系，着力清除市场壁垒，提高能源资源配置效率和公平性。要按照“管住中间、放开两头”总体思路，稳步放开竞争性领域和竞争性环节价格，促进价格反映市场供求、引导资源配置；严格政府定价成本监审，推进科学合理定价，形成主要由市场决定能源价格的基本机制。要发挥能源战略规划和宏观政策导向作用，强化能源市场监管，提升监管效能，促进各类市场主体公平竞争，创新能源科学管理和优化服务。要发挥法治固根本、稳预期、利长远的保障作用，坚持能源立法同改革发展相衔接，及时修改和废止不适应改革发展要求的法律法规；坚持法定职责必须为、法无授权不可为，依法全面履行政府职能，不断健全能源法治体系。

第五节　结论与展望

从多情景分析看，中国的能源总需求还将保持较为明显的增长态势。

但从近年来的经济社会转型与能源消费结构变化看，中国的经济增长与煤炭消费之间的线性关系已经弱化，甚至出现脱钩。得益于政府加快绿色发展、推动低碳转型的努力，得益于经济产业结构向更趋低碳、绿色方向的转移，得益于关键产业经济能效的明显提升，中国有望从根本上摆脱主要依靠煤炭带动经济社会发展的粗放模式，走出能效更高、对生态环境更加友好、人与自然和谐共处的可持续发展道路。中国向国际社会做出的“双碳”承诺，已经内化为动员全社会切实降低碳排放、加快绿色转型的系统性压力，各地区、各部门正在根据“双碳”时间表倒排各阶段减碳重点。国家层面，业已从法律、政策、行业标准、实施规范等多层面编织出加速转型的制度体系；社会层面，节能减排、循环经济、绿色发展的理念，已经渗透到国家的角角落落，可持续发展战略拥有坚实的社会基础；行业层面，重要能源企业已经明确低碳转型方向，在业务调整、绿色发展方面取得一定成效，积累了宝贵的转型经验。随着能源领域改革的不断深入，更加充分的市场竞争机制、更加合理的价格发现机制、更加灵活的供求调节机制和更加完善的风险调节机制将成为中国能源低碳转型的决定性力量，最终促成“双碳”目标的有效达成。

在低碳转型进程中，中国与欧美国家存在基本国情方面的差异，决定了中国的“双碳”路径势必具备较多特殊性。坚持低碳化和高效化并重，以优先发展可再生能源满足新增能源需求，以低碳清洁技术、模式改造化石能源系统，全面提高能源效率，是中国能源稳妥实现碳中和的科学选择。而能源领域的碳减排，电力系统肩负着重要使命。能源总消费达峰后，电力需求仍将持续增长，电力行业不仅要承接交通、建筑、工业等领域转移的能源消耗和排放，还要对存量化石能源电源进行清洁替代，任务较煤炭、油气更为繁重。电力系统减排的枢纽和推进转型的中心环节在电网。当务之急，应以时不我待的紧迫感和舍我其谁的勇气担当，加快推进电力领域的体制机制改革，按照“管住中间、放开两端”的原则，打破不合理的垄断状态，尽快完成发、输、配、售各环节的改革任务，建成更加有利于绿色转型的新型电力系统和行业生态，将推进“双碳”行动的政治要求与行业、企业高质量发展有机结合，最终达成可持续发展。

第十三章

碳中和背景下的中国绿色金融发展*

发展绿色经济，降低碳排放，是我国实现碳中和的重要物质基础。金融是现代经济的核心，是实体经济的血脉，发展绿色经济离不开绿色金融。我国绿色金融凭借政策支持和中国的巨大经济体量，相对其他主要经济体发展速度较快、体系较为健全、市场较为活跃，有一些比较成熟的金融工具，但面对碳中和目标带来的现实挑战，仍存在诸如金融资源配置不够充分、风险管理手段缺乏、市场定价能力不足等问题。

第一节　绿色金融发展现状

绿色金融是一种“绿色”的金融，是支持绿色经济发展，支持环境和气候友好型经济活动的金融行为。这种“绿色”是相对于高污染、高耗能、高排放，对环境和气候非友好的“棕色”经济活动及相应金融行为而存在的。相较于发达国家，中国的绿色金融虽起步较晚，但凭借强有力的政策支持、依托中国巨大经济体量和资源优势，我国绿色金融市场已经成为全球主要绿色金融市场之一。

一、概念辨析

目前，理论界尚未对绿色金融形成普遍认可的定义，且绿色金融常与环境金融、可持续金融、可持续投资、气候金融、碳金融等相互关联

---

* 本章作者：胡泊，中国华融资产管理股份有限公司内控合规部经理，主要从事金融不良资产、绿色金融等问题研究。

的概念同时出现。首先，“绿色金融”脱胎于环境金融和可持续金融。环境金融最早来自于西方学者对20世纪70年代以来一系列重大环境污染教训的反思，主要关注如何通过金融手段避免和抑制污染环境的经济活动。① 1972年，《增长的极限》首次提出可持续发展的观点，可持续金融的概念随之出现，主要强调将环境、社会和治理原则（ESG原则）纳入决策和投资过程。

表13－1　关于可持续金融的主要定义

机构	定义
国际货币基金组织	将环境、社会和治理原则纳入商业决策、经济发展和投资战略②
欧洲委员会	在金融部门做出投资决定时适当考虑环境、社会和治理因素的过程，从而增加对可持续经济活动和项目的长期投资③
汇丰银行	将环境、社会和治理标准纳入商业或投资决策的任何形式的金融服务④

自20世纪90年代以来，人们对气候变化的关注度提高，对金融如何支持降低二氧化碳等温室气体排放的讨论开始出现，并衍生出“气候金融”和“碳金融”概念。气候金融是指应对和减缓气候变化的一切投融资活动，包括应对气候变化和减缓气候变化两类投融资活动。⑤“碳金融”属用于减缓气候变化的金融行为，其概念有狭义和广义之分。狭义

① M. A. White, “Environmental Finance: Value and Risk in an Age of Ecology,” Business Strategy & the Environment, Vol. 5, Iss. 3, 1996, pp. 198－206.

② IMF, “Global Financial Stability Report: Lower for Longer,” October, 2019, https://www.imf.org/en/Publications/GFSR/Issues/2019/10/01/global－financial－stability－report－october－2019.

③ European Commission, “Overview of sustainable finance,” https://ec.europa.eu/info/business－economy－euro/banking－and－finance/sustainable－finance/overview－sustainable－finance_en.

④ HSBC, “Sustainable Financing,” https://www.business.hsbc.com.cn/en－gb/sustainable－finance.

⑤ World Bank Group, “Climate Finance,” https://www.ifc.org/wps/wcm/connect/Industry_EXT_Content/IFC_External_Corporate_Site/Financial＋Institutions/Priorities/Climate_Finance_SA/.

的碳金融指出售基于项目的温室气体减排量或者交易碳排放许可证所获得的一系列现金流的统称，主要是指碳交易市场；① 广义的碳金融还包括以碳配额、碳信用为标的的交易行为，以及由此衍生出来的其他资金融通活动；② 此外，也有一些学者将碳金融的概念等同于绿色金融，即为减少温室气体排放、减缓和适应气候变化相关的金融交易活动和各种金融制度安排③。

绿色金融这一名词最早见于20世纪90年代，当时有学者提出绿色金融是把金融行业与绿色产业结合在一起，将环境效益纳入金融创新的产物。④ 近年来，一些官方机构和国际组织对绿色金融有了较明确的定义，如二十国集团绿色金融研究小组在2016年发布的《G20绿色金融综合报告》，将绿色金融定义为能产生环境效益以支持可持续发展的投融资活动。⑤ 世界银行将绿色金融定义为向可持续全球经济过渡提供的具有环境效益的投融资。⑥ 中国政府在《关于构建中国绿色金融体系的指导意见》中将绿色金融定义为支持环境改善、应对气候变化和资源节约高效利用的经济活动，即对环保、节能、清洁能源、绿色交通、绿色建筑等领域的项目投融资、项目运营、风险管理等所提供的金融服务。⑦

通过辨析几个与绿色金融相互关联的概念，可较为明确地了解绿色金

---

① ［美］Rodney R. White、Sonia Labatt著，吴国卿译：《碳交易：气候变迁的市场解决方案》，台湾财信出版社2008年版，第32页。

② 中国人民银行研究局：《绿色金融术语手册》，中国金融出版社2018年版，第138页。

③ 马骏主编：《中国绿色金融发展与案例研究》，中国金融出版社2016年版，第55页。

④ 陈博文、陶建宏：《绿色金融研究综述与展望》，《经营与管理》，2021年第2期，第157页。

⑤ G20 Green Finance Study Group, *G20 Green Finance Synthesis Report*, http://www.pbc.gov.cn/goutongjiaoliu/113456/113469/3142307/2016091419074561646.pdf.

⑥ World Bank Group, "Executive Summary for Green Finance – A Bottom – Up Approach," https://www.ifc.org/wps/wcm/connect/ee178340 – c364 – 4c1c – 9306 – a37a68f809d0/Green_Finance_for_Developing_Countries.pdf? MOD = AJPERES&CVID = lnBtbPL.

⑦ 《中国人民银行 财政部 发展改革委 环境保护部 银监会 证监会 保监会关于构建绿色金融体系的指导意见》，http://www.pbc.gov.cn/goutongjiaoliu/113456/113469/3131687/index.html。

融涵盖的范围，即绿色金融的范围小于环境金融和可持续金融，大于气候金融和碳金融。

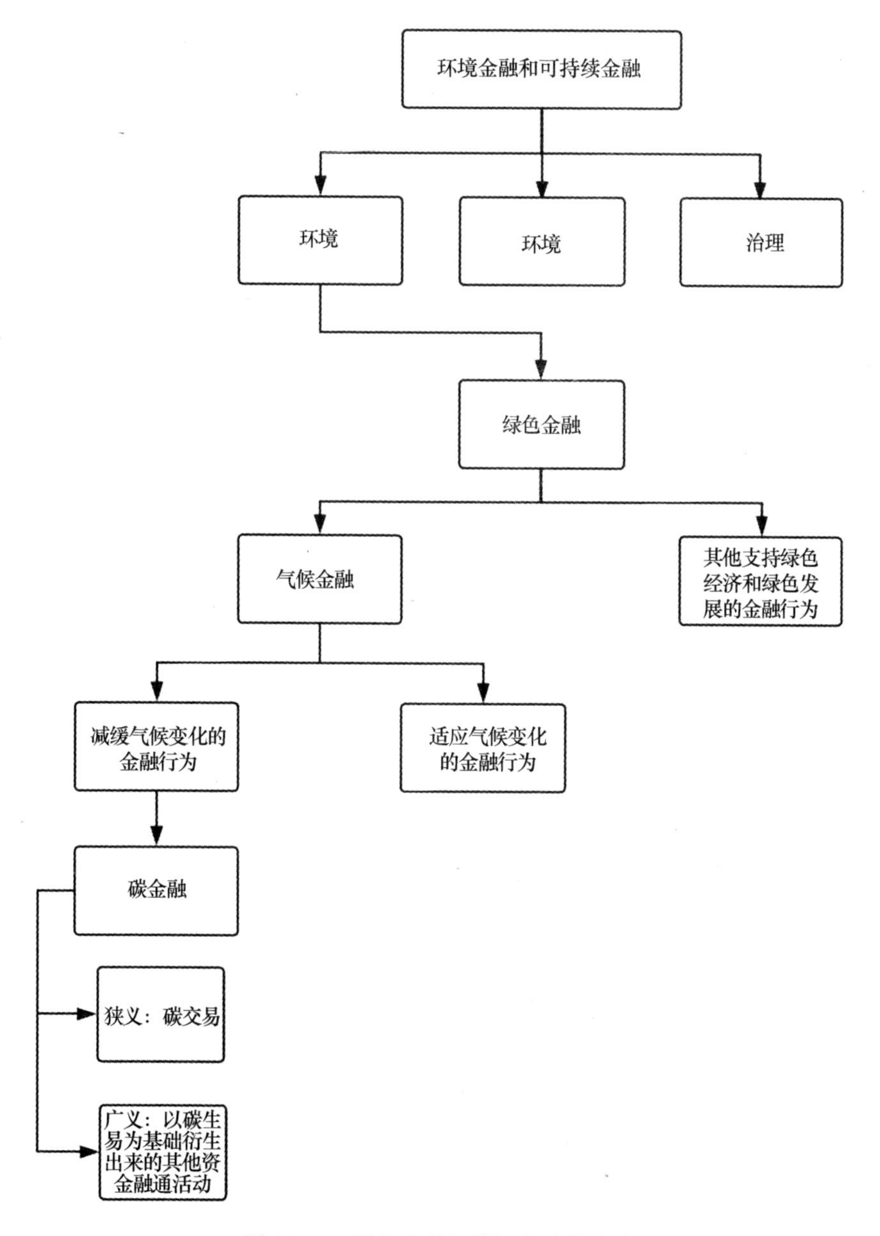

图 13－1　绿色金融相关概念及其关系

但绿色金融的内涵和外延并不是一成不变的，将随着绿色低碳领域的技术变革、理论以及制度创新动态发展。绿色金融作为一种金融行为，是对传统金融功能的深化，但未脱离金融服务实体经济的本质，即促进资金资本等各类要素自由流向环境友好、气候友好的产品市场、服务市场和技术市场，以提升环境质量、规避环境风险，实现人与自然的和谐共生。①

二、兴起与演进

20 世纪 70 年代，西欧国家开始“去工业化”进程，开启以转移高耗能、高污染等低端产业为主要内容的经济结构调整。② 相应地，人们的环保意识也逐渐增强。1972 年召开了首届“人类环境大会”，环境问题开始成为当时主要发达国家共同关注的话题。为推动经济结构调整，解决环境污染，发展绿色经济，人们开始探索使用绿色金融手段。绿色信贷是最早出现的绿色金融产品，德国政府在 1974 年主导成立世界首家政策性生态银行，为一般银行不愿接受的环境项目提供优惠贷款；1988 年德国又成立了世界第一家绿色银行，开始正式探索绿色信贷。③ 同一时期，为解决污染事故造成的损失赔偿问题，20 世纪 80 年代美国出现了环境污染责任险，并于 1988 年成立了专门的环境保护保险机构，用社会化途径和市场手段解决环境损害赔偿问题，绿色保险正式出现。④

20 世纪 90 年代以来，政府间气候变化专门委员会提出二氧化碳等温室气体排放是全球变暖的主要原因，人们逐渐将发展绿色经济与应对气候变化挂钩。相应地，为应对气候变化的项目提供资金支持，成为绿色金融的重要内容，气候金融也应运而生。1992 年《联合国气候变化框架公约》签订后，应对气候变化挑战成为各国共识，联合国环境规划署发起联合国

---

① 银保监会政策研究局课题组：《绿色金融理论与实践研究》，《金融监管研究》，2021 年第 3 期，第 1 ~ 14 页。

② 赵儒煜、阎国来、关越佳：《去工业化与再工业化：欧洲主要国家的经验与教训》，《当代经济研究》，2015 年第 4 期，第 53 页。

③ 列闻：《德国：政府银行深度参与绿色金融》，中国银行保险网，2021 年 1 月 11 日，http：//xw. sinoins. com/2021 – 01/11/content_378212. htm。

④ 李华友、冯东方：《“绿色保险”的国际经验及发展趋势》，《环境经济》，2008 年第 9 期，第 28 页。

环境规划署金融倡议，引导金融机构关注被投资企业履行应对气候变化等社会责任情况。① 1997 年签订的《京都议定书》量化了发达国家减排目标，建立了市场化的国际排放贸易机制。在此基础上，以碳排放权市场交易为核心的碳金融就此诞生。② 2003 年花旗集团、巴克莱银行和荷兰银行等银行机构，按照国际金融公司和世界银行“可持续发展政策与指南”建立了一套信贷准则，即“赤道原则”，其意义在于第一次将项目融资中模糊的环境和社会标准量化、明确化、具体化。③ 2007 年，欧洲投资银行发行世界首只绿色债券，筹集资金用于应对气候变化的项目，绿色债券作为一种针对环境保护和气候变化的新型金融工具正式出现。

2008 年金融危机后，各主要发达国家受全球金融危机和相继发生的欧债危机影响，绿色经济和绿色金融发展放缓。但随着气候变化挑战日益严峻，目前绿色金融在全球范围内仍取得较好的发展。在绿色信贷方面，截至 2021 年 4 月末，已有来自 37 个国家的 118 家金融机构采用了“赤道原则”④。绿色债券方面，截至 2021 年 4 月末，全球符合气候债券倡议组织标准的绿色债券累计发行规模达到 1.2 万亿美元。⑤ 碳排放交易方面，截至 2020 年末，全球已建立 28 个碳排放交易体系覆盖年排放量约 60 亿吨二氧化碳当量，约占全球 10.7%，覆盖 38 个国家和地区。⑥

三、我国绿色金融的发展历程

我国绿色金融的开端可追溯至 20 世纪 90 年代人民银行发布的《关于贯彻信贷政策与加强环境保护工作有关问题的通知》，要求金融部门的信

---

① UNEP FI，https：//www.unepfi.org/fileadmin/events/2004/stocks/who_cares_wins_global_compact_2004.pdf.

② 曾刚、万志宏：《碳排放权交易：理论及应用研究综述》，《金融评论》，2010 年第 2 期，第 54 页。

③ 曾刚、万志宏：《商业银行绿色金融实践》，经济管理出版社 2016 年版，第 15 页。

④ 数据来源：赤道原则网站，https：//equator-principles.com/members-reporting/。

⑤ 数据来源：全球符合气候债券倡议组织网站，https：//www.climatebonds.net/。

⑥ 数据来源：Wind。

贷发放和管理工作要配合环保部门把好环境关。① 21 世纪以来，我国经济快速发展，但环境保护问题凸显，建设“生态文明”的概念应运而生。②2005 年，国务院发布的《关于落实科学发展观加强环境保护的决定》，提出建立有利于环境保护的金融和信贷政策。此后，我国在绿色金融方面开展了一系列探索，原银监会在 2007 年和 2012 年先后印发《节能减排授信工作指导意见》和《绿色信贷指引》，初步建立绿色信贷认定标准、流程管理和信息披露体系；2011 年国家发改委发布《关于开展碳排放权交易试点工作的通知》，批准建立区域性碳排放权交易市场。

我国在 2012 年左右结束了工业化高速增长期，进入了与西方发达国家类似的“去工业化”阶段③。随后，2013 年党的十八届三中全会提出“加快生态文明制度建设”，我国绿色金融发展步入正轨，绿色信贷、绿色债券、碳排放权交易机制等金融工具开始较快发展。2015 年发布的《生态文明体制改革总体方案》首次提出“建立绿色金融体系”的目标。2016 年人民银行等七部委发布《关于构建绿色金融体系的指导意见》，正式构建了我国绿色金融的顶层设计框架。2016 年的《巴黎协定》提出了 21 世纪内把气温上升幅度控制在 2 摄氏度以内，并力争控制在 1.5 摄氏度以内的目标，中国在《巴黎协定》框架下承诺将在 2030 年左右实现碳排放达到峰值并尽早达峰的国家自主贡献目标。同年召开的杭州二十国集团峰会上，中美两个碳排放大国正式加入了《巴黎协定》，并将绿色金融正式列入峰会议题，写入峰会公报，中国的绿色金融开始探索融入国际绿色金融治理，并为世界绿色金融发展贡献中国方案。2017 年，“发展绿色金融”正式写入党的十九大报告，绿色金融被明确为推进绿色发展的重要抓手。目前，我国已形成多层次的绿色金融市场和多元化的绿色金融产品体系。截至 2021 年 3 月末，我国绿色贷款余额 13.03 万亿元人民币，存量规模世

---

① 曾刚、万志宏编著：《商业银行绿色金融实践》，经济管理出版社 2016 年版，第 83 页。

② 乔清举、马啸东：《改革开放以来我国生态文明建设》，《前进》，2019 年第 2 期，第 22 页。

③ 姚洋、[美] 杜大伟、黄益平：《中国 2049——走向世界经济强国》，北京大学出版社 2020 年版，第 17 页。

界第一位;[1] 绿色债券方面，截至2020年末，我国累计发行绿色债券约1.2万亿元，位居世界第二位[2]。

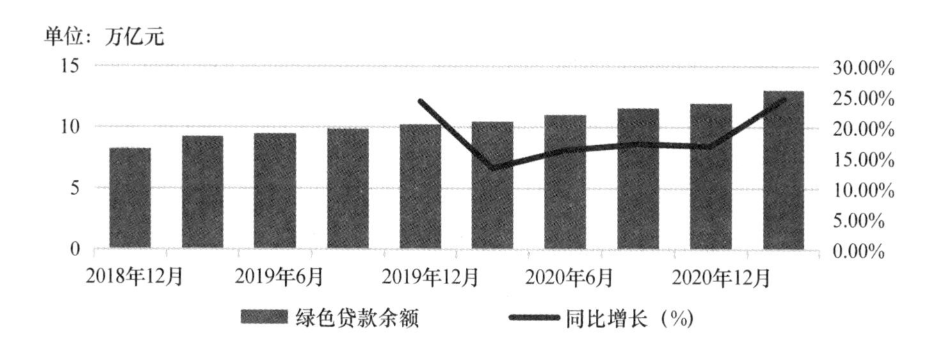

图13－2　绿色信贷发展情况

资料来源：Wind。

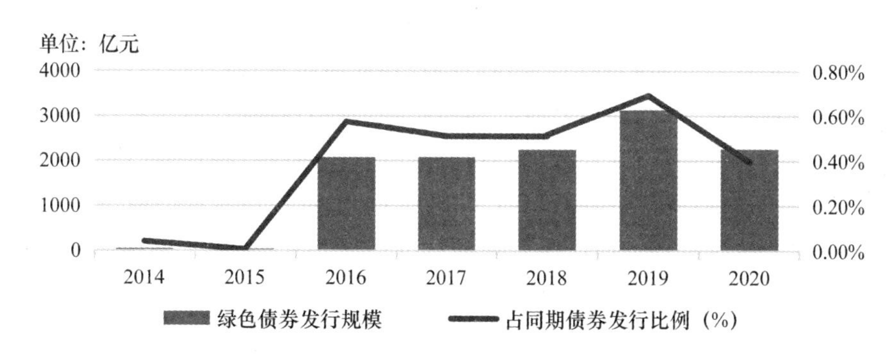

图13－3　绿色债券发展情况

资料来源：Wind。

在绿色金融支撑下，近年来我国节能减排效果显著。以绿色信贷为例，根据银保监会数据，按照信贷资金占绿色项目总投资的比例计算，21

---

① 《2021年一季度金融机构贷款投向统计报告》，人民银行网站，2021年4月30日，http://www.pbc.gov.cn/goutongjiaoliu/113456/113469/4241312/index.html。

② 《我国绿色债券成效显著 累计发行约1.2万亿元》，国务院新闻办公室网站，2021年2月9日，http://www.scio.gov.cn/xwfbh/xwbfbh/wqfbh/44687/44900/zy44904/Document/1698651/1698651.htm。

家主要银行的绿色信贷每年可支持节约标准煤超过3亿吨，减排二氧化碳当量超过6亿吨。[①] 一些机构以测算碳强度的方式计量银行信贷对碳减排的支持效果，发现2011～2017年我国银行业信贷碳强度下降57.3%，同期我国的单位生产总值的碳排放量下降31.1%，银行信贷的碳排放转型显著快于我国经济结构的碳排放转型，起到了引领作用。[②]

第二节　相关政策与方式

习近平主席在2020年9月第七十五届联合国大会上郑重提出，中国将提高国家自主贡献力度，采取更加有力的政策和措施，二氧化碳排放力争于2030年前达到峰值，争取在2060年前实现碳中和，即“30·60”目标。此后，美国、日本、韩国等国家相继跟进，宣布本国实现碳中和的时间表和路线图。2020年12月12日，习近平主席在气候雄心峰会上宣布：“到2030年，中国单位国内生产总值二氧化碳排放将比2005年下降65%以上，非化石能源占一次能源消费比重将达到25%左右，森林蓄积量将比2005年增加60亿立方米，风电、太阳能发电总装机容量将达到12亿千瓦以上。”为实现“30·60”目标、发展绿色经济，需要一场广泛而深刻的经济社会系统性变革，绿色金融在其中可发挥支撑作用。目前，世界各主要经济体在发展绿色金融，应对气候变化方面采取了很多行动，我国也在绿色金融的政策和具体实践上开展了大量有益探索，对发展绿色经济，减缓和适应气候变化起到重要推动作用。

一、金融支撑气候变化的主要政策

（一）国际社会支撑气候变化的绿色金融政策

全球各主要经济体近年出台大量支持绿色金融发展的行业支持政策和

---

① 《截至去年末国内21家主要银行 绿色信贷余额超11万亿元》，人民网，2021年3月26日，http：//sh. people. com. cn/n2/2021/0326/c139965－34642702. html。

② 《商业银行助推中国尽早实现“碳达峰”》，中国经济新闻网，2020年3月30日，http：//www. cet. com. cn/wzsy/ycxw/2516412. shtml。

金融监管政策，目的是规范绿色金融发展，更好应对气候风险，促进绿色经济发展。如前所述，欧洲国家由于较早进入“后工业化”，在应对气候变化问题上起步最早，发展绿色经济最为积极，形成了一套较为系统的绿色金融政策体系。2019 年 12 月，欧盟委员会推出《绿色欧洲协议》，提出为实现 2050 年实现温室气体净零排放①的目标，要实施总规模达 1 万亿欧元的“可持续欧洲投资计划”；明确“投资欧洲”基金的 30% 资金用于应对气候变化；欧洲投资银行到 2025 年气候融资占比达到 50% 等目标，并设立“公正转型基金”向受绿色转型转型影响最大的地区和行业提供支持。②

（二）我国支撑应对气候变化的绿色金融政策框架

实现“30·60”目标和“发展绿色金融”一同被写入了《国民经济和社会发展第十四个五年规划和 2035 年远景目标纲要》，成为我国今后一个时期的社会经济发展的重要方针。2020 年底召开的中央经济工作会议进一步将做好碳达峰、碳中和工作列入 2021 年重点工作，强调对绿色发展的金融支持。2021 年的《政府工作报告》又进一步明确“实施金融支持绿色低碳发展专项政策，设立碳减排支持工具”。2021 年 5 月底，碳达峰碳中和工作领导小组正式亮相，建立中央层面的碳达峰、碳中和工作协调机制。

具体政策层面，国务院在 2021 年初印发《国务院关于加快建立健全绿色低碳循环发展经济体系的指导意见》，提出“推动气候投融资工作”。随后，生态环境部联合国家发改委、人民银行、银保监会、证监会发布了《关于促进应对气候变化投融资的指导意见》，提出发挥投融资对应对气候变化的支撑作用，明确气候投融资的定义和支持范围，提出完善气候投融资政策体系、标准体系，鼓励各类资本参与气候投融资，加强国际合作等

---

① “碳中和”“净零排放”“气候中性”这三个名词含义有所不同，总体而言，其中“碳中和”只与二氧化碳有关，“净零排放”包括所有温室气体零排放，“气候中性”在前两者的基础上，还要考虑其他影响气候变化的因素，如辐射效应，参见“What is the meaning of carbon - neutral, net - zero and climate - neutral?”, https://100percentrenewables.com.au/meaning-carbon-neutral-net-zero-climate-neutral/。

② “European Green Deal,” https://ec.europa.eu/info/strategy/priorities-2019-2024/european-green-deal_en.

目标，为绿色金融支撑应对气候变化搭建了顶层设计。作为我国的中央银行，中国人民银行初步确定了金融领域助力实现“30·60”目标的“三大功能”和“五大支柱”。[①] 银保监会也提出，实现碳达峰、碳中和目标是绿色金融发挥作用的关键切入点，要在标准体系、法律法规、市场建设、信息披露、生态价值市场化这五个方面完善绿色金融政策框架[②]。

二、绿色金融支撑气候变化的方式

（一）资源配置

金融的本质是资金的融通，是将资金从资金供给方融通到资金需求方的工具。而绿色金融作为一种金融工具，目的是向适应和减缓气候变化的行动提供投融资支持。目前绿色金融发挥资源配置功能最主要的金融工具是绿色信贷和绿色债券。

1. 绿色信贷

国际上对于绿色信贷最重要的实践成果是形成了“赤道原则”。“赤道原则”目前已发展到第四版，我国的兴业银行、江苏银行、贵阳银行等7家银行也采纳了“赤道原则”。在绿色信贷的市场规模方面，我国现在已成为全球最大的绿色信贷市场，以银行信贷为代表的间接融资占绿色融资市场95%以上。截至2021年3月末，我国绿色信贷余额已达13.03万亿元[③]。从总量上看，绿色信贷是我国支持减缓和适应气候变化的最主要投融资工具。从具体实践看，我国绿色信贷主要通过调节信贷资源的配置，实现正向激励低碳经济活动、惩罚高碳经济活动的目的。对于钢铁、有色金属、煤炭等碳排放大户企业，绿色信贷通过设定严格的环境效益标准，

---

① “三大功能”是指充分发挥绿色金融的资源配置、风险管理和市场定价三大功能；“五大支柱”是指绿色金融标准体系、监管和信息披露、激励约束机制、绿色金融产品和市场体系、绿色金融国际合作。参见《绿色金融“三大功能”“五大支柱”助力实现“30·60”——访全国政协委员、经济委员会副主任、人民银行副行长陈雨露》，《金融时报》，2021年3月8日，https://www.financialnews.com.cn/zt/2021lh/lhft/202103/t20210308_213344.html。

② 银保监会政策研究局课题组：《绿色金融理论与实践研究》，《金融监管研究》，2021年第3期，第1~14页。

③ 《2021年一季度金融机构贷款投向统计报告》，人民银行网站，2021年4月30日，http://www.pbc.gov.cn/goutongjiaoliu/113456/113469/4241312/index.html。

倒逼企业加大绿色低碳技术改造，如《绿色信贷指引》中明确银行要严控“两高一剩”行业贷款，直接控制并减少二氧化碳排放。[①] 同时，绿色信贷通过定向支持绿色经济、低碳经济、循环经济企业和产品，带动金融资源流向低碳、清洁型企业，促进相关产业发展，为减少二氧化碳排放创造条件。此外，在我国间接融资市场还有绿色信托、绿色金融租赁等类信贷绿色金融产品。

2. 绿色债券

绿色债券已经成为国际上支持气候变化的重要金融工具之一。截至2021年4月末，全球符合气候债券倡议组织标准的绿色债券累计发行规模达到1.2万亿美元。[②] 近年来，我国绿色债券快速发展，发行各类绿色债券1万余亿元，募集资金主要投向清洁交通、清洁能源、污染防治等领域。“30·60”目标提出后，我国推出了《绿色债券支持项目目录（2021年版)》，不再将煤炭等化石能源清洁利用项目纳入绿色债券支持范围，进一步与国际标准接轨。同时，在绿色债券的基础上，我国银行间市场在2021年2月推出了“碳中和债”，专门聚焦“30·60”目标的绿色融资需求。截至2021年4月末，“碳中和债”仅两个多月便发行62只，发行规模1005.39亿元，涉及公司债、中期票据、政策银行债、短融、私募债、ABN、ABS等多个债券品种[③]。

（二）风险管理

根据世界经济论坛每年发布的《全球风险报告》，气候风险连续两年被列为全球面临的最大风险，而气候变化减缓和适应性的失败是未来影响最大的风险。[④] 气候变化的风险可分为物理风险和转型风险，其中物理风险主要指微观上的风险，具体为因气候变化导致的自然灾害及其衍生风险。转型风险主要指社会经济方面的风险，包括在应对气候风险进程中引发的一系列社会、经济问题。为管理和应对气候变化带来的风险，绿色金

① “两高一剩”是指高污染、高排放、过剩产能行业，包括炼铁、炼钢、铝冶炼、炼焦等。

② 数据来源：全球符合气候债券倡议组织网站，https：//www.climatebonds.net/。

③ 数据来源：Wind。

④ “Global Risks 2021 Fractured Future,” https：//reports.weforum.org/global－risks－report－2021/global－risks－2021－fractured－future/.

融需在宏观风险和微观风险的管理上发挥作用。

1. 宏观风险管理

2008 年金融危机后，维护金融稳定被公认为央行的重要职能之一，而气候变化带来的转型风险毫无疑问会对系统性金融稳定构成威胁，特别是转型风险可被金融市场复杂的交叉关系放大，对整个金融体系构成系统性冲击。[①] 花旗银行研究报告显示，中国的转型风险可能远高于日美欧等发达国家，甚至高于越南、菲律宾等东南亚国家。[②] 宏观审慎监管是防范和化解系统性金融风险的重要手段，具体包括识别和监测风险、降低金融风险发生概率和负面影响的政策工具。因此，就应对气候变化进程中的转型风险而言，绿色金融发挥风险管理作用的方式包括绿色金融信息统计，用于识别和评估气候风险/降低气候变化相关风险发生概率和负面影响的各类政策工具。

一是绿色金融信息统计。作为宏观审慎监管的重要内容，真实、充足、准确的气候风险数据和信息是识别和监测气候风险的基础。在绿色金融资金投向统计方面，我国是全球第一个建立起绿色信贷统计制度的国家，原银监会于 2013 年出台《绿色信贷统计制度》，要求银行业金融机构有效识别、计量、监测、控制信贷业务活动中的环境和社会风险，建立环境和社会风险管理体系，完善相关信贷政策制度和流程管理。在绿色信息披露方面，我国《绿色信贷指引》《非金融企业绿色债务融资工具业务指引》等制度均对绿色信贷和绿色债券支持项目的信息披露做出要求；证监会明确上市公司定期报告中要有“环境和社会责任”章节，并披露因环境问题受到行政处罚的内容；人民银行在其设立的绿色金融改革创新试验区内鼓励金融机构积极披露环境信息。相比国内，国际上对气候信息风险披露的要求更为严格，如英国已明确从 2022 年起，所有境内上市公司都要按

① 中国人民银行研究局课题组：《气候相关金融风险——基于央行职能的分析》，http：//www.pbc.gov.cn/yanjiuju/124427/133100/3982993/4027256/2020052216072629562.pdf。

② 中国人民银行研究局课题组：《气候相关金融风险——基于央行职能的分析》，http：//www.pbc.gov.cn/yanjiuju/124427/133100/3982993/4027256/2020052216072629562.pdf。

照气候相关财务信息披露工作组标准披露气候风险相关信息。[①]

二是降低金融风险发生概率的政策工具。气候变化带来的转型风险可分为两种，第一种是因绿色低碳转型进程缓慢，难以有效应对气候变化；第二种是在绿色低碳转型进程中，基于化石能源体系的产能大量闲置，引发从业人员失业、银行不良率高企，导致经济混乱和社会动荡等。

为应对第一种风险，可通过央行制定绿色货币政策加以应对。目前国际上已经形成了关于央行实施绿色量化宽松的讨论，即面向绿色金融的量化宽松货币政策，如将 ESG 因素纳入央行合格抵押资产的筛选标准，甚至由央行直接购买绿色债券。我国也提出“实施金融支持绿色低碳发展专项政策，设立碳减排支持工具”，目前人民银行已将绿色债券纳入货币政策的合格抵押品范围。同时，监管机构可通过针对绿色资产和棕色资产制定差异化的风险权重，即允许金融机构在进行资本计量时，降低绿色资产的风险权重，提升棕色资产的风险权重，以提高金融机构投放绿色信贷或购买绿色债券的积极性，降低绿色项目的融资成本。有学者指出，如果将绿色信贷的风险权重从 100% 降低为 50%，就可以将我国所有绿色信贷支持项目的融资成本平均降低 50 个基点（0.5 个百分点）。[②]

为应对第二种风险，一方面是减缓资产“搁置”对社会稳定的冲击，如欧盟在提出 2050 碳净零排放目标的同时，设立了公平转型基金，目的就是妥善应对气候转型进程中可能出现的各类社会问题，实现“公平的转型”[③]。在此方面，我国也开始着手探索，如人民银行明确提出将以能源结构调整为核心，创设直达实体经济的碳减排政策支持工具；中国银行间交易商协会推出了可持续发展挂钩债券，加大金融对传统行业低碳转型的支持力度。[④] 另一方面，降低“搁置”资产对金融系统本身的冲击，如国际

---

① 巴塞尔委员会的气候相关金融信息披露工作组，根据该小组制定标准，气候风险信息披露必须包括气候风险的指标和目标、管理气候风险的流程、气候风险对金融机构的影响、管理气候风险的治理结构四个核心指标。

② 马骏：《降低绿色资产风险权重》，《中国金融》，2018 年第 20 期，第 46 页。

③ 欧洲公平转型基金的资金主要由欧洲区域发展基金和欧洲稳定基金调入，虽然两者资金均来自欧盟财政预算，为财政专项支出，但由于欧洲央行自 2015 年以来就多次开启欧洲版量化宽松，因此公平转型基金也可被视为货币政策的重要工具。

④ 《交易商协会推出可持续发展挂钩债券》，中国银行间交易商协会网站，http：//www. nafmii. org. cn/xhdt/202104/t20210428_85556. html。

清算银行和绿色金融网络等国际机构已开始讨论修改《巴塞尔协议Ⅲ》关于最低资本的规定，要求银行对高碳信贷业务多计提资本，以应对转型时期可能出现的大规模违约①。

2. 微观风险管理和应对

针对因气候变化导致自然灾害的风险，绿色保险是最直接、最有效的风险管理工具。目前全球已有120家保险机构采纳了联合国环境计划署的可持续保险原则。② 国际上大部分绿色保险产品是环境保险和巨灾保险，其中巨灾保险可减缓气候变化带来的物理风险。支持绿色经济发展方面，海外的保险公司已开发出相应的绿色保险产品，如用于给绿色建筑建设项目增信的保险；帮助受天气不确定性因素影响较大的光伏、风能等可再生能源项目进行风险管理的天气保险；针对碳交易过程中的价格波动和交付信用风险，提供风险规避和担保的碳保险等。我国于2007年开始探索环境污染责任险，2010～2019年，责任保险的保费收入由2010年的115.9亿元增长到2020年的901亿元，年复合增长率为22.76%；赔付金额由44亿元上升至341.69亿元，年均复合增长率达25.58%③。

（三）市场定价

市场定价主要是指碳市场的价格发现功能。碳排放具有外部性，根据“科斯定理”，消除这种外部性的最好方式是确定产权归属，进而确定外部性的成本或价格。碳交易市场起到了市场定价的功能，将排放二氧化碳视为一种有偿的经济权利，并通过金融交易的方式对碳排放权进行市场化定价。作为一种价格型工具，碳排放权交易具有一系列优点。比如，政府通过确定每年碳排放总额上限，让减排成果比较直观和明确；不同的碳排放交易体系之间互联互通，可以促进跨境减排的协调，还可以促进碳市场流

---

① 朱隽：《气候变化与绿色金融国际实践》，中国金融四十人论坛，2021年2月11日，http：//www.cf40.org.cn/news_detail/11628.html。

② 数据来源：联合国环境计划署“可持续保险原则”网站，https：//www.unepfi.org/psi/。

③ 《中国责任保险保费规模逐年增长但增速逐渐下降 2020年财产保险公司赔款约370亿元》，中国保险网，2021年3月23日，http：//www.china-insurance.com/insurdata/20210323/54058.html。

动性。[①] 欧盟碳排放交易体系自2005年建立以来，已成为全球最有影响力的碳市场，覆盖的碳排放总量占欧盟地区的45%左右。[②] 此外，还有美国、英国、澳大利亚、韩国等国家建立了碳市场。

我国自2011年开始试点探索碳市场以来，初步构建了运行有序的管理机制，各试点覆盖的碳排放总量几乎都占到所属省市的40%以上[③]。在2019年，“两省五市”7个试点共纳入排放企业和单位3100多个，分配的碳配额总量约12亿吨，一二级市场共交易2.23亿万吨碳配额，交易金额合计57.3亿元，形成较为市场化的交易机制，在倒逼企业减排及能源转型方面取得了一定效果。[④] 2021年7月，全国性碳排放权交易市场上线交易。生态环境部作为碳交易市场的主管部门，先后制定了《碳排放权交易管理办法（试行）》《碳排放权登记管理规则（试行）》《碳排放权交易管理规则（试行）》和《碳排放权结算管理规则（试行）》等配套制度。同时，金融管理部门将配合环保部门参与碳市场的管理，在全国性的碳市场建设和运行中更多体现金融属性，引入碳金融衍生品交易机制，推动碳价格充分反映风险，最大化发挥碳价格的激励约束作用，以充分体现排放温室气体导致气候变化所带来的成本。[⑤]

第三节　问题与挑战

得益于绿色发展理念深入人心，近年来我国绿色金融事业从无到有，取

① 朱隽：《气候变化与绿色金融国际实践》，中国金融四十人论坛，2021年2月12日，http://www.cf40.org.cn/news_detail/11628.html。

② 中国现代国际关系研究院能源安全研究中心：《国际能源大转型——机遇与挑战》，时事出版社2020年版，第358页。

③ 中国现代国际关系研究院能源安全研究中心：《国际能源大转型——机遇与挑战》，时事出版社2020年版，第360页。

④ 中国现代国际关系研究院能源安全研究中心：《国际能源大转型——机遇与挑战》，时事出版社2020年版，第359页。

⑤ 《易纲行长出席中国人民银行与国际货币基金组织联合召开的“绿色金融和气候政策”高级别研讨会并致辞》，中国人民银行网站，2021年4月15日，http://www.pbc.gov.cn/goutongjiaoliu/113456/113469/4232138/index.html。

得了长足发展，有力支持了我国到2020年碳强度比2005年下降40%～45%的国际社会承诺。[①] 但随着时间推移，无论国际还是国内，二氧化碳减排这块"硬骨头"必定"越来越难啃"。面对碳中和这一新目标对我国未来发展带来的新挑战，现阶段我国绿色金融在发挥资源配置、风险管理、价格发现这三大功能上仍有一定差距。

一、资源配置方面

（一）实现碳中和的长期资金投入存在不确定性

人民银行行长易刚指出，中国在2060年前实现碳中和，预计需投入139万亿元，其中2030年前需每年投入2.2万亿元；2030～2060年需每年投入3.9万亿元。[②] 国家发改委有关人士指出，在2030年实现碳达峰，每年需要资金3.1万亿～3.6万亿，2060年前实现碳中和，需要在新能源发电、先进储能、绿色零碳建筑等领域新增投资139万亿。[③] 一些国内金融机构和学者根据不同的模型和口径计算出实现碳中和的资金需求均为100万亿元左右。[④] 无论采用何种计算方式，我国实现碳中和目标都需要长期、稳定、大量的资金支持。

根据人民银行有关数据估算，2020年度我国投向具有直接和间接碳减

---

① 根据生态环境部于2019年11月发布的《中国应对气候变化的政策与行动2019年度报告》显示，2018年中国单位国内生产总值二氧化碳排放比2005年累计下降了45.8%，已提前完成了我国在2009年向国际社会承诺的到2020年碳强度比2005年下降40%～45%的目标，参见http：//www.mee.gov.cn/ywgz/ydqhbh/qhbhlf/201911/P020200121308824288893.pdf。

② 《易纲行长出席中国人民银行与国际货币基金组织联合召开的"绿色金融和气候政策"高级别研讨会并致辞》，中国人民银行网站，2021年4月15日，http：//www.pbc.gov.cn/goutongjiaoliu/113456/113469/4232138/index.html。

③ 刘满平：《我国实现"碳中和"目标的意义、基础、挑战与政策着力点》，《价格理论与实践》，2021年第2期，第425页。

④ 中金公司通过汇总不同行业绿色投资需求，估算出中国实现碳中和目标的总绿色投资需求约为139万亿元，其中2021～2030年的绿色投资需要约为22万亿元；清华大学在《中国长期低碳发展战略与转型路径研究》中预测，若按《巴黎协定》设定的1.5摄氏度目标测算，中国未来30年需累计新增基础设施投资约138万亿元人民币；中国投资协会和落基山研究所估计，中国未来在可再生能源、能效、零碳技术和储能技术等7个领域需要投资70万亿人民币。

排效益项目的净新增贷款约为1.16万亿元。[①] 如果加上财政资金和绿色债券募集资金约1万亿元，仅能满足2030年前实现碳达峰资金需求的最低估算值。[②] 在静态条件下，假设未来10年绿色贷款年增10%，[③] 到2030年投向具有直接和间接碳减排效益项目的净新增贷款约为2.74万亿元。如果届时财政资金支持保持不变，[④] 且绿色债券募集资金金额保持一定增长，同样仅能满足在2060年前实现碳中和年均3.9万亿元的资金需求最低估算值。

考虑到“30·60”目标近40年的时间跨度，且我国未来M2增速趋于下行，实现“30·60”目标的长期资金投入能否得到满足仍存在一定不确定性，一是碳中和实际资金需求的不确定性。目前所有对碳中和所需资金量的测算均按2020年可比价格计算，如考虑远期通胀因素，实现“30·60”目标的资金需求可能远远超过目前的估算值，如按国家发改委测算，我国实现碳中和的资金缺口每年可能高达2.5万亿元。[⑤] 二是技术发展的不确定性。有研究表明，现有低碳/脱碳技术无法支撑我国实现碳中和目标，必须有革命性先进技术的突破和创新来支撑，势必需要更多资金投入

---

① 根据人民银行《2021年一季度金融机构贷款投向统计报告》，绿色信贷中67.3%投向具有直接和间接碳减排效益项目，因此笔者采用的估算方法是2020年净新增绿色信贷金额（1.73万亿）×67.3%≈1.16万亿。数据来源：人民银行网站，http：//www.pbc.gov.cn/goutongjiaoliu/113456/113469/4241312/index.html。

② 财政资金方面，2020年我国全国一般公共预算支出中节能环保支出6317亿元，中央本级政府性基金支出中用于可再生能源电价附加收入安排的支出838.65亿元，合计7155.65亿元，假设地方政府性基金相关支出不低于中央支出，我国2020年针对节能环保和可再生能源电价的财政支出接近8000亿元。数据来源：《2020年财政收支情况》，财政部网站，2021年1月28日，http：//gks.mof.gov.cn/tongjishuju/202101/t20210128_3650522.htm。绿色债券方面，2020年我国境内绿色债券共计发行217只，发行规模2242.74亿元。数据来源：《中国绿色债券市场2020年度分析简报》，中央财经大学绿色金融国际研究院网站，2021年1月20日，http：//iigf.cufe.edu.cn/info/1012/3676.htm。

③ 参照2015年至2020年M2平均增速10.11%确定。

④ 目前的财政补贴以可再生能源电价补贴为主，长期来看这部分财政补贴大概率将降低。

⑤ 刘满平：《我国实现“碳中和”目标的意义、基础、挑战与政策着力点》，《价格理论与实践》，2021年第2期，第425页。

相关技术研发和产业升级。①

（二）绿色金融的融资结构需进一步优化

实现“30·60”目标要大力发展低碳减排技术和产业，需要长期、稳定、低成本的资金投入，债券和股权等直接融资方式最能匹配碳中和融资需求。我国融资结构长久以来以银行贷款为主，但近年来以债券市场为代表的直接融资工具快速发展，2020年债券市场共发行各类债券托管余额达117万亿元，增长17.9万亿元；同期贷款余额172.75万亿元，增长19.63万亿元，债券市场规模已达到信贷市场规模的2/3。② 但在绿色金融领域，我国绿色贷款余额已达13万亿元，作为直接融资工具的绿色债券累计发行额仅1万多亿元，即使2021年一季度绿色债券发行规模达破纪录的1164.76亿元，相较绿色信贷的规模仍有很大差距。最能有效支持绿色低碳技术发展的绿色股权融资占比更低，相关机构统计2018年和2019年两年的绿色股权投资规模合计不足1000亿元。③

我国绿色金融市场直接融资占比不足的原因主要有三点：一是绿色信贷发展较早，在2013年就有明确的支持政策，特别是政策性银行和国有大行一般被要求履行更多社会责任，因此银行业投放绿色贷款的积极性相对较高；二是债券市场通常对发债企业要求较高，需有专业的证券机构进行承销和辅导，还需专业的评级机构对企业进行评级，融资门槛较高；三是绿色金融作为新生事物，具有一定的超前性和不确定性，市场投资者对风险较高的绿色股权投资接受程度较低。

（三）绿色金融的商业可持续性不足

以绿色信贷为例，截至2021年3月末，绿色信贷中用于基础设施绿色升级产业和清洁能源产业贷款余额分别为6.29万亿元和3.4万亿元，合计

---

① 刘满平：《我国实现“碳中和”目标的意义、基础、挑战与政策着力点》，《价格理论与实践》，2021年第2期，第426页。

② 数据来源：Wind。

③ 《补齐绿债市场短板 壮大绿色股权市场规模 绿色直接融资方兴未艾（访中金研究院经济学家周子彭）》，中国金融新闻网，2021年4月8日，https：//www.financialnews.com.cn/zq/202104/t20210408_216013.html。

占当期绿色信贷余额总量的74.37%。[①] 但目前，上述绿色金融项目的商业可持续性存在不确定性，一是绿色项目前期投入大、投资周期长、现金回报慢，较难与银行信贷或债券投资者相对较短的投资周期匹配；二是绿色项目一般具有较好的正外部性，生态效益、社会效益明显，但项目本身却呈负内部性，直接经济效益短期内较难体现；三是绿色项目多为传统产业转型升级及科技创新类项目，相比工艺成熟项目，具有更高的不确定性；[②] 四是目前的绿色项目很多以财政变相贴息或风险兜底方式进行，长期而言难以持续。[③]

（四）绿色资产的认定范围和认定标准仍需进一步明确

准确认定和识别绿色资产是绿色金融精准支持碳减排的前提，但目前我国在绿色金融支持的范围和标准上仍不清晰。一是内部认定标准不统一，我国对煤炭、油气产业的节能减排项目能否列入绿色信贷支持范围仍存在争议，反映在政策上就是银保监会和人民银行关于绿色资产认定标准不同。如人民银行已明确煤炭等化石能源清洁利用等高碳排放项目不再纳入支持范围，但银保监会仍将其纳入绿色信贷统计支持范围。二是对绿色资产的认定与国际标准存在差距，以绿色债券为例，在气候债券倡议组织制定的绿色债券标准中，要求至少95%的绿色债券募集资金应与绿色资产或项目挂钩，而发改委制定的《绿色债券发行指引》允许企业使用不超过50%的债券募集资金用于偿还银行贷款和补充营运资金。三是如何区分绿色资产和非绿色资产缺乏量化指标，如目前最新的《绿色产业指导目录（2019年版）》仅列出绿色经济活动的归类，未提供如何界定的方法论和量化指标。四是缺乏专业的评估和监督手段，我国尚未建立对绿色资产强制性的第三方认证制度，也缺乏对第三方认证资质的统一管理，这一方面

---

① 《2021年一季度金融机构贷款投向统计报告》，人民银行，2021年4月30日，http：//www.pbc.gov.cn/goutongjiaoliu/113456/113469/4241312/index.html。

② 《绿色信贷发展正当时　商业可持续瓶颈仍待突破》，中国金融新闻网，2019年9月12日，https：//www.financialnews.com.cn/shanghai/201909/t20190912_167926.html。

③ 其中较为典型的是基于“银政企”模式的绿色信贷，如13家商业银行2019年与苏州市工业园与合作推出“绿色智造贷”，定向支持园区内绿色制造项目实施和设备生产企业。“绿色智造贷”由工业园设立风险资金池，最高补偿单笔贷款本金损失的40%。数据来源：苏州工业园网站：http：//sme.sipac.gov.cn/epservice/techsub/Apps/finance/index.php？s=/FinanceProduct/detail/id/19。

导致金融机构缺乏专业手段识别对棕色资产的“漂绿”行为，另一方面使“漂绿”行为缺乏第三方监督。

二、风险管理方面

（一）金融机构气候风险信息披露的覆盖面不足

对金融机构来说，气候风险可能会造成直接的财务风险。有研究发现，气温长期上升对股票估值具有显著的负向影响。① 美国和全球资本市场的数据显示，气温每上升 1 个标准差，会导致股票估值下降 3% 左右。② 目前关于气候风险披露最为权威的国际规范是金融稳定理事会下设的气候相关财务信息披露工作组发布的《气候相关财务信息披露工作组建议报告》。该报告从治理、战略、风险管理、指标和目标四个领域提出了披露建议，每个领域中都包括若干维度的信息披露标准。在 2020 年度，气候相关财务信息披露工作组经评估 1700 家大型公司的年度报告后发现，自 2017 年以来气候相关信息披露的平均水平提高了 46%，但总体披露程度仍然较低。③

我国目前已有工商银行、兴业银行等 13 家机构开始探索按照气候相关财务信息披露工作组建议标准进行环境信息披露。国有六大行在 2020 年度的社会责任报告中均披露了银行应对气候变化信息，其中中国银行、建设银行、交通银行等都设置了专门章节讨论气候变化问题。但目前我国金融机构披露气候风险仍存在三方面不足：一是披露气候风险的金融机构仍然较少，仅限于部分试点单位；二是未披露高碳资产气候风险对财务指标的潜在影响；三是缺乏强制性，主要以企业自愿披露的形式进行。

（二）绿色金融项目的真实风险有待进一步评估

绿色金融项目的不良率、违约率等数据是金融机构优化相关风控模型，更好控制绿色项目风险、优化相关金融产品的基础。但我国绿色金融

① Bansal R，Ochoa M，Kiku D，“Climate Change and Growth Risks，” *Social Science Electronic Publishing*，2016.

② 王信、杨娉、袁萍：《应对气候变化与宏观政策协调》，《中国金融》，2020 年第 14 期，第 36 页。

③ TCFD，“Task Force on Climate - related Financial Disclosures 2020 Status Report，” https：//assets. bbhub. io/company/sites/60/2020/09/2020 - TCFD_Status - Report. pdf.

相关统计制度建立不足10年，且绿色金融项目周期一般较长，相关项目的真实风险难以充分掌握。虽根据现有披露数据，绿色项目的信用风险较低，根据银保监会数据，截至2017年6月末，国内主要银行节能环保项目和服务的不良贷款余额241.7亿元，不良率0.37%，比各项贷款不良率低1.32%。① 但绿色金融项目多投向制造业，制造业的不良率一般较高，有官员指出我国制造业的不良率在9%左右。② 此外，我国光伏产业自2010年以来持续产能过剩，如英利集团和无锡尚德等光伏巨头纷纷陷入债务危机，多家银行牵扯其中。因此，我国绿色金融项目的真实风险可能并不低于其他行业，需进一步客观评估。

（三）处置和应对气候风险的能力

如前所述，气候风险不仅会带来自然灾害等物理风险，也会带来社会、经济等方面的转型风险，并对金融体系产生全局性影响。但从目前绿色金融实践看，我国金融机构处置和应对气候转型风险的能力比较有限。一是由于气候变化造成的破坏短期内难以预见。金融机构更关注眼前的地方政府债券、房地产泡沫等风险，对气候变化带来的风险认识不足。③ 二是人们认识到气候风险的时间并不长，甚至科学上对于气候变化的原因及其影响也无明确定论，因此金融机构缺乏数据来评估气候变化带来的物理风险和转型风险，也缺乏评估气候风险的有效手段。三是以银行为代表的金融机构在化石能源相关产业积累了大量资产，为保持利润或掩盖风险，每年仍向其提供大量资金“借新还旧”，缺乏明确的退出计划和机制，对“高碳资产”存在“路径依赖”。四是缺乏专门的金融工具应对碳中和带来的社会、经济风险。从远期看，目前基于化石能源的工业体系大概率会在碳中和进程中成为“搁置资产”，衍生的工人失业、银行坏账等问题，将引发社会经济一连串连锁反应；从近期看，碳中和已经成为导致通胀的因

---

① 《深化信息披露 推进绿色信贷持续健康发展》，银保监会网站，2018年2月9日，http://www.cbirc.gov.cn/cn/view/pages/ItemDetail.html?docId=171282&itemId=915&generaltype=0。

② 《不良率9%，拿什么拯救制造业?》，经济观察网，2019年6月20日，http://www.eeo.com.cn/2019/0620/359101.shtml。

③ 王信：《审慎管理气候变化相关金融风险》，《中国金融》，2021年第4期，第42页。

素之一，自2020年9月碳中和目标提出后，市场对钢铁、煤炭等碳排放大户的减产预期提升，这种预期叠加经济复苏和相对宽松的货币政策，导致有关大宗产品价格较快上涨，以钢铁价格为例，2021年4月的钢材价格指数较2020年同期上涨了54%左右，较2019年同期上涨了30%左右。①

三、价格发现方面

（一）碳市场交易机制不合理，市场化定价程度低

目前世界各国正式投入运行的碳市场均受行政因素干预，市场化定价程度不高。我国“五省两市”试点市场也存在类似问题。一是市场低迷。免费向企业发放的碳配额过多，大多数企业排放需求都能得到满足，购买或出售碳配额的积极性不高。7个试点碳交易市场中，1万吨以上成交天数占比超过50%以上的仅有湖北碳交易市场，碳配额缺乏流动性。② 二是价格失灵。碳市场在一年中的大部分时间交易低迷，呈现“有价无市”或“有市无价”局面，但市场履约周期即将到期时（一般是年底），个别企业会因碳配额富裕或缺乏而集中开展碳配额交易，引起碳价短期内大幅波动。三是政府干预。碳排放权实际是企业用能权，我国试点碳市场由地方政府主管，部分地区为平衡地方经济发展利益，或避免因限制用能权而影响发电、燃气等重点民生领域，不时放松企业碳排放管控，碳市场对企业的约束作用不强。

（二）碳市场的相关金融工具和产品开发不足

一是碳配额自身的金融属性不足。由于我国试点碳市场交易量低迷，碳配额不容易找到买家，银行等金融机构自然难以接受企业以碳配额作为融资项目的抵质押物。二是碳市场现有金融工具缺乏配套法律法规。目前我国试点碳市场主要以买卖方双方直接交易为主，虽然一些金融机构为碳

---

① 《4月份国内市场钢材价格继续上升5月份振荡运行》，中国钢铁业协会网站，2021年5月21日，http://www.chinaisa.org.cn/gxportal/xfgl/portal/content.html?articleId=d331c8c1f7836d0c0fde8130018f591d5500771776236a524f271ddc661fce7&columnId=a44207e193a5caa5e64102604b6933896a0025eb85c57c583b39626f33d4dafd。

② 中国现代国际关系研究院能源安全研究中心：《国际能源大转型——机遇与挑战》，时事出版社2020年版，第362页。

市场开发了相应的配资、托管、担保产品，但碳交易的法律法规配套跟不上。① 如财政部印发的《碳排放权交易有关会计处理暂行规定》仅明确重点排放企业开展碳交易的会计处理规则，其他市场主体参与碳交易尚无明确会计处理规则。三是碳交易的期货、期权衍生品开发不足，目前我国碳市场全部是现货交易，类似欧盟碳市场的期货、期权交易方式仍未出现，企业无法使用期货和期权工具管理碳配额和碳交易的风险。

第四节　启示及对策

"30・60"目标是贯穿我国未来40年经济社会发展的重要任务之一，绿色金融必须有力引导并支持绿色经济发展，确保实现"30・60"目标。为此，我国要进一步挖掘绿色金融在资源配置、风险管理、市场定价方面的功能，破除体制机制障碍，使绿色金融更好服务绿色经济发展，助力实现碳中和。

一、资源配置方面

（一）完善绿色金融激励政策，降低资金成本，提升融资便利性

短期内，由于技术条件限制，绿色项目的正外部性大多无法体现为直接的经济效益，有必要通过一定行政手段，将绿色项目的正外部性转化为对金融机构的正内部性，提高绿色融资可获得性、降低绿色经济资金成本。一是采取必要的行政手段支持绿色低碳企业，短期内可采取一定的政府贴息、风险兜底、税收优惠、产业基金等方式，引导金融机构加大对绿色经济的金融支持力度，培育绿色金融市场。二是适度调整绿色金融监管政策，降低金融机构运营成本，在将绿色债券纳入合格抵押制品范围的基础上，央行可考虑提高绿色资产的再贷款优先权、提高质押率等；在绿色资产风险权重方面，在充分识别和评估相关绿色资产真实风险的基础上，适当下调金融机构绿色资产风险权重，减少金融机构

① 陈志斌、孙峥：《中国碳排放权交易市场发展历程——从试点到全国》，《环境与可持续发展》，2021年第2期，第33页。

资本占用。三是优化绿色金融融资结构，大力提高直接融资比例，进一步降低绿色债券的审批发行门槛，降低企业融资难度。在投资机构准入方面，可进一步下调私募股权基金、风投、创投基金设立门槛，鼓励支持设立 ESG 基金，同时降低境内外合格投资者门槛，吸引更多国内外资本投向绿色低碳产业。四是设立专门的政策性机构，可仿照出口信用保险设立政策性绿色金融信用保险机构，仿照国家融资担保基金设立绿色产业担保基金，为绿色低碳企业提供增信支持，分担金融机构开展绿色项目的信用风险。

（二）进一步完善绿色标准，加强制约监督

提高绿色金融发展质量的关键是制定更加完善、更具操作性的绿色金融标准。一是应尽快统一绿色经济活动和绿色资产认定标准，在资金投放前要明确绿色金融项目的准入标准，避免“漂绿”行为；资金投放后要加强制约监督，保证专款专用，促使资金流向真正的支持环境改善、应对气候变化和资源节约高效利用的绿色经济活动，防止金融机构或企业借“多头监管”进行监管套利。二是在绿色债券方面加强与国际标准衔接。目前国际主流绿债标准是 GBP 和 CBI,① 均要求债券募集资金 100% 投入绿色项目，且在信息披露和外部认证方面严于国内标准。要加强与国际标准衔接，共同形成国际金融市场普遍认可的绿色债券准则，以便吸引国际投资者投资国内绿色债券。三是大力发展绿色认证评估机构，建立绿色认证评估资质准入和管理体系，同时加大绿色金融的第三方认证强制性，引入国际绿色认证评估机构，提升相关专业服务能力。

二、风险管理方面

（一）提升金融风险管理能力，有效应对气候风险

一是目前一些金融机构对气候风险的认识还不深入，在应对气候风险

① GBP 即《绿色债券原则》（Green Bond Principles），由国际资本市场协会（The International Capital Market Association，ICMA）联合 130 多家金融机构共同出台，目前适用的是 2018 年发布的版本。CBI 即气候债券倡议组织（The Climate Bonds Initiative）发布的《气候债券标准》（Climate Bonds Standard），目前适用的是 2020 年颁布的 CBS 3.0 版本。

和实现“30·60”目标方面大多还停留在口号上。金融监管部门应加大政策传导力度，提高金融机构应对气候变化风险紧迫性的认识，重塑风险偏好和风控模式。二是提升气候风险评估能力，金融机构应定期对气候相关风险进行评估和压力测试，进而合理调整资产结构和风险拨备，更好应对未来的气候风险。三是金融机构要尽快统计并评估自身持有的高碳资产，及相关资产组合的碳排放量和强度，结合风险评估和压力测试结果，制定高碳资产退出计划和机制，尽快走出对高碳资产的“路径依赖”。四是建立专门的金融工具应对转型风险，一方面是借鉴欧洲公平转型基金的模式，建立政策性机构，对成为“搁置资产”的企业及其员工进行救助；另一方面是发挥我国金融资产管理公司作用，鼓励资产管理公司收购有“搁置”风险的资产，以资产重组方式压减落后产能，并为高耗能设备低碳、零碳、负碳改造提供资金支持，特别是在2030年前对高碳排放企业节能减排提供金融支持，有序实现碳达峰目标。

（二）提高绿色金融透明度，形成有约束力的绿色信息披露制度

目前我国对金融机构和企业的绿色信息披露无强制性要求，仅鼓励企业自愿披露，且各类企业披露的标准、形式、范围也不完全一致，难以量化绿色金融所产生的环境效益，更不利于金融机构掌握绿色项目的真实风险。一是可借鉴欧盟和中国香港的经验，强制上市公司发布社会责任报告，并按可量化标准披露绿色信息，特别是高碳资产的财务风险。二是逐步完善非上市企业的环境信息披露机制，目前欧盟要求员工超过500人的公众企业（包括非上市企业）在审计报告中披露ESG信息，① 我国可结合实际逐步要求符合标准的非上市企业向政府部门报备环境信息，如制造业企业向环保部门报备、服务业企业向工商部门报备等。三是对绿色信息披露不力的企业进行处罚，目前美国的上市公司如未按要求披露绿色信息或者披露信息严重虚假，将被处以数十万美元罚款并且通过新闻媒体对其违

① 王骏娴、秦二娃：《国际上市公司强制环境、社会及公司治理信息披露制度对我国的启示与借鉴》，http：//www.csrc.gov.cn/newsite/yjzx/yjbg/201602/p020160203527142038801.pdf。

法行为进行曝光。① 我国也可借鉴国际经验，加大对上市公司类似行为的惩处力度，形成有约束力的绿色信息披露机制。

三、市场定价方面

（一）合理设计全国性碳交易市场交易机制

碳市场是发展绿色金融的重要基础设施，履行碳资产的定价和流通功能，我国于2021年7月启动的全国性碳市场，应充分总结国际国内经验，合理微调碳市场交易机制。一是合理设置碳配额有偿分配过渡期。考虑到参与碳交易市场的高排放企业需要一定过渡期，因此已经印发的《碳排放权交易管理办法》明确碳配额分配以免费为主。但鉴于欧盟碳市场曾出现前期免费配额发放过多导致碳价低迷，后期又受政策干扰，配额突然收紧导致碳价飙升。因此，应合理设置过渡期长度，有序推进碳配额的有偿分配机制，既避免初期免费配额过多，又要避免政策过度干预，避免碳市场大幅波动。二是合理确定配额总量计算方式。2008年以前，欧盟碳市场配额机制以上一年度排放量为基数核算，在经历金融危机和欧债危机后，欧盟地区经济企暖回升，免费分配的碳配额却以经济危机期间大幅降低的排放量核算，导致碳配额严重不足，碳价大幅飙升，企业正常生产受到影响。应充分吸取欧盟教训，配额总量除考虑上一年度排放总量外，还要根据经济增长情况合理设置调节系数。三是审慎对接境外碳交易市场。随着全国性碳交易市场启动在即，一些观点提出我国应对接境外碳市场和发展中国家减排项目，但欧盟碳市场就曾因通过清洁发展机制购买的大量发展中国家廉价配额充斥市场，导致碳配额持续供过于求。

（二）提升碳市场交易便利性

一是在全国碳交易市场投入运行后，应着重提高碳排放权在确权登记、抵质押登记、交易过户等方面的便利性，鼓励金融机构接受碳资产作为抵质押物，进一步体现碳排放权的金融属性。二是加快完善碳排放交易配套法律法规，在法律层面进一步明确碳排放权的用益物权属性，使其成

① 王骏娴、秦二娃：《国际上市公司强制环境、社会及公司治理信息披露制度对我国的启示与借鉴》，http：//www.csrc.gov.cn/newsite/yjzx/yjbg/201602/p020160203527142038801.pdf。

为一项可交易的民事权利；在会计层面，结合全国碳交易市场运行实际，尽快制定金融机构和其他交易主体参与碳交易的会计处理规则。三是引入碳期货、碳期权等衍生品交易机制，为参与碳市场的企业和金融机构管理相关风险提供工具。四是加强碳交易市场风险管理，吸取欧盟碳市场过度金融化导致碳价大起大落的教训，在全国碳市场运行初期限制外国金融机构通过合格境外有限合伙人参与碳市场交易，特别是防止对冲基金等高风险金融机构过度投机碳市场。